Math Through the Ages:
A Gentle History for Teachers and Others

溫柔數學史

從古埃及到超級電腦

比爾・柏林霍夫（William P. Berlinghoff）
佛南度・辜維亞（Fernando Q. Gouvêa） 著
洪萬生、英家銘暨 HPM 團隊　譯

序

本書緣起於大約兩年前我們在科比學院（Colby College）數學系走廊的幾個隨興的交談，但是，它的根源卻更深更早。很多年來，一直都對數學史深感興趣，一方面基於數學史本身，另一方面，則是希望藉助它來對更廣泛的閱聽人，教授數學概念。我們兩人之一曾將數學史納為大學通識階段大學生的數學課程之主要內容，同時，他對 NCTM 標準化的中學數學系列的重要貢獻之一，也是將數學史融入其中。至於另一位呢，則在此一領域中完成了相當多的背景研究，也曾參與 MAA 的研究計畫 *Institute for the History of Mathematics and its use in Teaching*，並且曾在科比學院教授一門數學史課程。我們都相信：通曉一個數學概念或技巧的歷史，可以促成這一概念或技巧本身的更深層、更豐富理解。

可惜，大部分數學史著作之宏偉，都令人敬而遠之，這對於教師或其他對於數學史有興趣卻無暇探索的人來說，都是不幸的。如果你在準備教二次方程或負數、或者你只是對於 π 、度量衡和 0 的歷史好奇時，你需要一些歷史背景，那麼，你將從何處尋找呢？大部分數學史書的索引，總是引導你去參考互不相干的零散內容，要求你自己將它們拼湊在一起，成為一個前後連貫的結構。至於在網際網路上進行專題搜尋，則極易被資訊所淹沒，有的可靠，有的似是而非，很少明確告知什麼是什麼。

因此，我們決定寫一本書滿足你的需求。本書主要部分，是二十五則有關基礎數學的某些普通概念的歷史素描。這些素描利用例證說明了一個概念、過程、或主題的起源，往往連結了似乎相異但卻擁有共同歷史根源的事物。在這二十五則之前，我們安排了一個從古到今數學史萬花筒，為塑造今日數學的重要人物與事件，提供了一個敘事的架構，從而為這些分散但自足的素描，佈置了一個統合的脈絡。當然，這些素描單元的選擇難免主觀；其標準部分基於我們自己的興趣，部分則是由於我們認為這些可能引發教師與學生的興趣。

我們已經盡可能精確地反映今日被熟悉的歷史事實。然而，歷史畢竟不是嚴正科學（exact science），而且不完備或相互衝突的來源，在學者之間，經常導致他們針對事實有無法相容的判斷。有些有關人物與事件的故事已經演化多年，形成一種極少文獻證據支撐的「傳說」。儘管這些對於歷史學者不無困擾，然而，很多這類故事卻深具價值，它們就像每一個文化中的傳說一樣，發揮了寓言的啟發作用，或者勾起記憶的「引子」，以幫助你或你的學生記住某一個數學概念。與其完全忽視這些軼事而喪失其價值，我們不如精選最有趣的幾則納入本書相關題材，連同適當的提醒以避免過於表面的對待。

為了幫助你追溯你感興趣的單元之進一步資訊，本書「延伸閱讀」（What to Read Next）這一節提供了一個有註解的書單。它包括了參考著作的一些指標，不過，其初衷則是一張簡短的「必讀」（ought-to-read）書目，我們認為數學史的愛好者應該都樂意分享。

至於有關本書使用記號的註記：近幾年來，一些數學史著作都使用 B.C.E（"before the common era" 公共紀元以前）和 C.E.（"the common era" 公共紀元），以分別取代比較傳統的 B.C. 和 A.D.。這究竟是一種歷史文獻的未來記號呢，還是一時的「政治正確」之時尚，當然跟我們所諮詢的史家有關。在不偏好任何立場的前提下，我們已經選擇了自認為本書潛在讀者更為熟悉的記號。

謝辭

很多遠近同仁的分享他們的知識，並回應我們有時頗為古怪問題的寬容，我們獲益良多。特別地，我們感謝佛蒙特州的數學教育顧問 Sharon Fadden、麻薩諸賽州 Lynnfield 中學的 Jim Kearns，以及緬因州的 Oxford Hills 綜合中學的 Bryn Morgan，他（她）們協助閱讀並評論本書的早期版本。我還要特別感謝下列四位：Georgia Tobin 為本書創造了埃及與巴比倫數碼的 TEX 符號、Michael Vulis 將這轉換成 PostSript 規格、南肯德基州立大學的 Robert Washburn 提供了素描 6 的部分材料，Eleanor Robson 慷慨地允許我們使用她所畫的古巴比倫圖表中的一張（見本書第 74 頁）。

我們之中一人有機會利用兩個暑假參與 MAA 的 *Institute for the History of Mathematics and its use in Teaching*（IHMT），對此我們深為感激。IHMT 協助參與者將數學史的終身興趣，轉換成為容易建立的知識之堅實基礎。為此，我們要對 IHMT 的籌劃者 Fred Ricky，Victor Katz，和 Steven Schot，以及贊助機構 MAA（美國數學協會），乃至於 IHMT 的所有同仁，表示特別的謝忱，他們是有趣的、多樣的、充滿知識的，以及有裨益的一群人。其中很多人在本書撰寫時回答我們的問題、提供有用的建議，我們更是感激不盡。

我們大大地受惠於很多數學史家，撰寫本書時，曾大量閱讀與使用他們的著述。要不是我們曾企圖站上這些巨人的肩膀，大概不可能完成此一工作。我們試著在散佈本書各處的參考文獻註解，與「延伸閱讀」那一節中，向讀者指引他們的研究成果。

我們也想針對回答我們的問題者，感謝 Don Albers、Martin Davis、David Fowler、Julio Gonzalez Cabillon、Victor Hill、Heinz Luneburg、Kim Plofke、Eleanor Robson、Gary Stoudt、Rebekka Struik，以及 *Historia Mathematica* 群成員。當然，我們自負文責。

本擴充版說明

當本書出版（或原版）問世時，有一些想要在課堂上使用本書的教師，詢問我們哪一類的問題可以提給學生撰寫報告。為此，並有來自 MAA（本書原出版單位）的鼓勵，我們增列了「習題與專題」（Questions and Projects）。這個擴編版適合了課程的相當大幅的內容分佈，包括有很多設計用以訓練未來的中小學教師，或者是在職教師專業發展課程的部分內容。

本書潛在讀者的數學背景之各種可能，當然引出了為他們而設計的問題之種類與層次的多樣性。在每一單元素描之後，我們都安排了「習題與專題」（譯按：在本中譯本中，我們將它們移到 PART 5〈思考與討論〉）。這兩者只是大約區別一下，不過，「習題」傾向於比較直接了當，儘管還是有一些較不尋常，還有一些需要一點研究。相對之下，「專題」則包括經過審慎規劃的開放性的問題，因此，經常需要研究與獨立思考兩種能力。至於「數學簡史」這一節之後，則有「大圖像」專題（"big-picture" Projects），它們對於本書相關內容之任何一點，應該都相當有用才是。

基於下列不同的讀者目標，我們已經建構了每個單元（含一開始的〈數學簡史〉）後面的習題與專題：

- 為了在素描中學習更多的數學概念；
- 以歷史方式做或表達數學；
- 為了學習更多各有關單元的數學史；
- 希望看到數學史如何以及在何處可以適合更寬廣的歷史觀點。

比較之下，上述某些目標當然與某些素描更加相襯，因此，並非所有目標都得以在每一組「習題與專題」中呈現。然而，在每一組中至少有一個問題說到上述最後一個目標。至於熟練所需層次，則因地制宜，以致於讀者無論背景如何，都可以找到接近的某些內容，並且一我們希望一都有興趣去做。在「習題與專題」中，我們所引述的原始文本（original texts）都原封未動，除了訂正初版或原版的錯誤或不當的內容。

另一方面，針對本書，一部相當完整的《教師手卷》（*Instructor's Guide*）也已經由 MAA 出版了。它包括了本書問題之解答、對大部分「專題」的背景之討論，以及進一步研究的參考資料。

有很多人對於本擴張版貢獻良多。我們特別感謝 Otto Bretscher（科比學院數學系）、Zaven Karian（MAA 的 CRM 編輯委員）、Sarah Maline（緬因州立大學 Farmington 分校，藝術史系）、Farley

Mawyer（紐約城市大學約克學院，數學與電算機科學系）、Daisy McCoy（Lyndon 州立學院，數學系）、Steve Pane（緬因州立大學 Farmington 分校，音樂系）、Peter Rice（科比學院，學生），以及 David Scribner（緬因州立大學 Farmington 分校，數學系） 等人的協助。當然，我們也必須感謝我們兩人的妻子，Phyllis Fischer 與 Marie Gouvea，在整個計畫中，她們提供了有用的忠告、建設性的批評，以及耐心的支持。

對於 MAA 將本書納入「教室資源材料」叢書之一，我們十分高興，同時，也特別感謝 MAA 同仁 Don Albers 與 Elaine Pedreira 的鼓勵與幫贊。我們也謝謝 MAA 與 Oxton House 出版社的幫忙，使得本書可更廣泛地被參考、可愉悅地觀看，並且容易閱讀與使用。

目 次

PART 1
數學教室中的數學史

數學從何而來？算術永遠都像你在學校中所學的方式運作嗎？它可能以其他方式運作嗎？是哪些人想到代數的那些法則呢，同時，基於什麼原因呢？而有關幾何的事實與證明又如何呢？

數學就像文學、物理學、藝術、經濟學或音樂，是人類不斷成長的努力成果。它擁有過去與未來，當然也擁有現在。我們今日所學習與使用的數學，在很多方面，迥異於一千年前、或五百年前，甚至於一百年前的數學。無疑地，二十一世紀的數學也將演化成為一種不同於二十世紀的東西。學習數學是什麼玩意兒，就像去瞭解另一個人。你越瞭解某人的過去，你就越能瞭解他或她的現在與未來，並且與之互動。

要想在任何層次上學好數學，你需要先理解相關問題，以便可以將解答賦予意義。而要理解一個問題，通常依賴通曉某個概念的歷史。這個概念從何而來？為何它現在或過去顯得重要？誰曾經想要這一解答以及為什麼？數學發展的每一階段，都建立在先前的成果上。每一位該發展的貢獻者，都曾經或現在是一個有著過去和某種觀點的人。針對他們的成果，他們如何反思以及為何如此思考，經常是我們理解他們的貢獻的一個關鍵性成分。

要想在任何層次上教好數學，你需要協助學生看到底蘊的問題所在，以及將細節組織在一起的思維類型。對於這樣的問題與類型之注意，可以說是學校數學－特別是那些基於 NCTM 標準所設計－最佳課程的商標。大部分學生，尤其是初年級，自然都對事物無從何而來感到好奇。由於你的協助，那種好奇可以引導他們對於他們必須知道的數學過程賦予意義。

這麼說來，在數學教室中使用數學史的好方法，究竟是什麼呢？湧上心頭的第一個答案，或許就是「說故事」－歷史軼事，或更一般地，傳記資訊。這裡，有一個典型的場景。每當引進如何將一個等差數列（arithmetic progression）求和時，教師通常告訴學生一個有關高斯的故事：

> 當他十歲時（有些版本說成七歲），高斯的老師給他的班級出了一道很長的題目，顯然意在求個安靜，讓自己輕鬆一下。這個題目是要求將 1 到 100 的數加起來。全班學生開始埋頭在他們各自的線條板上計算時，高斯卻只是在他的線條板上寫上 5050，並且說：「這就是答案！」驚奇萬分的老師認為高斯只是猜對了，由於他自己也不知道答案，就要求高斯保持安靜，等班上其他學生計算好了，再看看誰的答案正確。出乎意料之外，其他學生的答案也是 5050，證明了小高斯的答案果然正確。他究竟怎麼做的？

說這樣的故事的確有一些用處。畢竟，這是一個有趣的故事，其中有一位學生成了英雄人物，機智更勝於他的老師。這個故事本身將讓學生深感興趣，而且他們或許會記住。由於牢記在他們的記憶中，這個故事有如一個掛鉤，可以在上面掛一個數學概念—在本例中，這是指算術數列的求和方法。就像大部分傳記的評論一樣，這個故事也提醒學生，有真實的人物在他們所學習的數學背後，同時，某人也必須發現這一公式，並掌握這一概念。最後，特別是當故事照上述方式來說時，這個故事可以引導班級學生自己發現公式。（畢竟，如果一個十歲小孩可以做得到……）。

然而，這個例子也引發了一些問題。那個故事出現在很多不同的文獻上，而且有好幾個不同版本。所求總和經常是另一個更複雜的算術數列。至於老師的愚蠢，有時還被他對高斯的態度之過當反應所強化。這些變貌都引起了這則故事的真實性之質疑。它真的發生了嗎？我們如何得知？它有意義嗎？

在某種程度上，它是否真實之意義不大，但是，教師可能會對告知學生一個可能沒那麼真實的故事耿耿於懷。在我們的例子中，某些問題其實並不是那麼難以搞定。這個故事，是由高斯本人老年時告訴他的朋友，因此，沒有特別理由懷疑它的真實性，儘管不無可能加油添醋，就像很多老人喜歡吹噓當年勇一樣。最原始版本似乎提到一個涉及很大數目且為非特定的算術數列，但是，整體來說，上述版本好像也沒有那麼離譜。不幸地，要確定一個軼事是否為真，並非易事。所以，當教師使用一個軼事時，最好向學生口頭上提一下說他們所聽到的故事，並不必然是嚴謹的史實。

不過，使用歷史或傳記軼事的主要限制，經常由於它們只是略微連結到數學而已。本書雖然包括一些這樣的故事，[1]但是，我們希望導向在課堂上使用歷史的一些其他方法，更緊密地將數學與歷史交織在一起。

其中之一，就是使用歷史以提供寬廣的俯瞰視野（broad overview）。對於學生而言，學校數學的經驗莫過於一些毫不相關的片段資訊之隨機組合。可是，這並不是數學被實際創造的真相。人們為了某理由做事，而且通常以一種浩大的跨世代的合作，在前人的基礎上建立結構。歷史資訊往往可以容許我們與學生分享這一個「大圖像」。同時，這種資訊也可用以說明為何某些概念被發展出來。例如，有關複數的素描 17，就說明了何以數學家會被引導去發明讓學生起初覺得奇怪的新種類之數。

大部分數學家研究種種的問題，而且，關鍵的洞識往往來自不同學科的跨界與連結。這個「大圖像」的部分，正指向下列事實：數學不同部分的諸多連結的確存在。關注歷史是察覺這些連結的一種方法，而在課堂上使用歷史，當然也可以協助學生察覺。

歷史在對於知識內容加上脈絡時，對於學習也頗有幫助。畢竟數學是文化的產物。它是在特別的時間與地點由人們所創造，因此，經常被那個脈絡所影響。有關這一方面，一旦知道得更多一點，一定可以幫助我們理解數學如何與其他人類活動調和一致。譬如說吧，在人類歷史上，數目一開始被發展而幫助政府藉以追蹤食物生產之數據，這一個想法或許無助於我們學習算術，但是，它卻將算術從一開始即嵌入一個有意義的脈絡中。這個想法也可以提醒我們思考數學在政府

---

[1] 有很多這一類故事的來源，可以參考本書最後〈延伸閱讀〉一節。

治理中所扮演的角色。收集統計數據，就是今天政府仍然繼續在做的事。

對於我們以及我們的學生而言，知道一個概念的歷史，可以導向*更深層的理解*（deeper understanding）。譬如說吧，考慮負數的歷史（請參考素描 5）。在有關負數的基本概念被發現之後很長一段時間，數學家一直覺得它們很難搞定。問題不在於他們無法瞭解操作這些數目的形式規則，而是他們覺得這個概念本身窒礙難行，並且也不知道如何按有意義的方式加以詮釋。理解了這件事，就有助於我們理解並且同情學生可能面對的困難。知道這些困難在歷史上如何被克服，也可以在協助學生克服這些路障的同時，為我們指出一條路來。

歷史也是*學生活動*（student activities）的一個很好的來源。它可以簡單到要學生去研究一位數學家的生平故事，也可以精緻到像一個專題，探索地引導學生重建一個導致數學突破的歷史路徑。有時，它可以激發（高年級）學生研讀原典之企圖心。經由學生的積極參與，上述所有這些方法，都可以提升他們的數學成就感（ownership of the mathematics）。

在本書中，我們已經試著提供所有這些使用歷史的方法之相關材料。下一個部分〈數學簡史〉則提供了數學從遠古到二十一世紀的數學史的簡明俯瞰，並且為本書提及之個別事件，建立了一個年表的、地理的架構。緊接著的二十五個素描，則為我們所涵蓋的每一個單元，打開了數學與歷史脈絡兼顧的更深一層理解。最後，〈延伸閱讀〉部分以及散佈本書各處的參考文獻備註，提議了一個更龐大的資料來源，讓你及你的學生針對任何你們感興趣的理念、人物或事件，可藉以追溯更進一步資料。

當然，歷史如何在數學教室中扮演角色，我們還可以多說一些。事實上，這是一個由國際數學教育委員會（ICMI）所贊助的研究主題。本研究主題之成果已經出版（參考 [55]）。它不易閱讀，但卻包括了很多有趣的理念與資料。同樣有用的資料，也可參考 [134]、[24] 和 [81]，都是由 MAA 所出版。這些資料都混合了數學史論文，以及歷史在 K-12 乃至學院的數學教學之使用的相關論文。

在美國數學教師協會（NCTM）所出版的期刊《數學教師》（*Mathematics Teacher*）中，經常出現一些歷史論文，其中包括了歷史如何可以使用在教室中的一些理念。在這些路數上，還有其他很多計畫，其中一個努力的成果，是由卡茲（Victor Katz）和米開羅薇姿（Karen Dee Michalowicz）所領軍的團隊，他們已經生產一系列基於歷史主題的教室模組（historical module），即將由 MAA 出版，可能以 CD-ROM 形式問世。[2]

---

2 譯按：本 CD-ROM 已經出版，名稱為 Historical Modules for the Teaching and Learning of Mathematics.

PART 2

數學簡史

數學的故事延伸了好幾千年。它歷久而彌新，最早可以追溯到字母發明時期，而在今天，新的篇章還不斷加入。因此，本篇俯瞰充其量不過是那個廣大疆域的一個簡短考察而已。至於它的目的，則在於提供讀者有關這個疆域的地勢之一般印象，同時，或許這也可以協助你更加熟悉一些更重要的地標。

我們現在在學校所學數學的很大部分（並非全部），其實都相當古老。它屬於一個始於古代近東，[1]接著在古希臘，然後是中世紀伊斯蘭帝國等地發展與成長的傳統。後來，這個傳統紮根於中世紀後期與文藝復興時期的歐洲，而最終變成為今日舉世理解的風貌。雖然我們並未完全忽視其他傳統（譬如中國數學），不過，由於它們甚少影響我們今日所教數學，所以，極少成為眾所矚目的焦點。

我們的考察花在古代數學的時間，遠遠多於我們對最近研究成果的付出。的確，這個失衡是真實的。最後這幾個世紀是數學大幅度進步的時代。然而，這些較新的成果所處理的單元，卻遠遠超出學校數學課程的範圍。我們寧可專注於我們在學校內教與學的數學相關故事。因此，這部分考察越到現在顯得越薄。另一方面，有關近、現代數學我們可能提及的許多單元，則出現在本書的素描之中。

數學史的研究，就像其他的歷史研究一樣，完全依賴史料。這些大部分是書寫的文件，不過，工藝製品有時也十分重要。當這些史料豐富時，我們對於所研究時代的圖像之把握，會比較理所當然。可是，當它們相當稀少時，我們就變得很難以確定了。此外，數學家書寫他們的學科之故事，也有好幾個世紀了。這通常會對某些事件引出「標準故事（版本）」來。這些故事通常大部分為真，但是，有時候歷史研究也會改變我們對於曾經發生的事件之觀點。同時，史學家也一直在爭論所謂正確的故事。為了保持本書篇幅的簡短，這篇考察將忽略很多這類微妙的事物。為了做一點彌補，我們會提供參考資料

---

[1] 譯按：目前近東（Near East）一詞目前較少使用，有些學者寧願使用西亞一詞。

以便你可以找到更多資訊。為了幫助你上路，我們也提供了一張有註解的書單，可能這就是進一步研究的良好切入點（參考頁 227 開始的〈延伸閱讀〉）。

當你讀完這一篇考察，可能訝異何以很少女性被提及。在二十世紀以前，西方文明的大部分文化排斥女人進入有意義的形式教育系統，尤其與科學有關者。而且，即使一個女人學習足夠多的數學以致於有實質貢獻時，也經常在爭取認可時備受煎熬。她的作品經常以匿名方式發表收場，或者由一位有地位取得出版的標準管道之（男性）數學家來提及或推薦。有時候，它甚至完全未出版。直到最近幾年來，史家才開始揭開這些女人的極其隱晦數學成就的全貌。[2]

在我們這個時代，對於科學上女性的大部分障礙已經消除了。不幸地，有些古老的「不公平遊戲場域」之效應仍然存在。譬如說吧，有關數學是一種男性領域之觀點，就一直是很有回春活力、自我滿足的一種預言。不過，很多事情都在變化之中。細心的歷史研究結果以及很多的二十世紀女性數學家，都證明了女人可以成為具有創造力的數學家，[3]她們曾經在過去有過實質貢獻，在未來也勢必可以如此延續才是。

開端

沒有人完全知道數學何時以及如何開始。我們的確知道在每一個曾經發展書寫的文明中，也可以找到數學知識的某一層次之證據。數目與形狀之命名，以及有關計數和算術運算的基本概念，似乎是所有人類共同遺產的一部分。人類學家已經發現獲取可以詮釋為數學的很多史前工藝製品。最早這樣的工藝製品在非洲出現，並且時間可以追溯回到很久遠的 37000 年前。它們顯示男人與女人已從事數學活動有很長一段時間了。現代的人類學家與民族數學（ethnomathematics）

---

2 優良參考文獻如 [105]、[69]、[100]、[73]、[107]、[108] 和 [118]。
3 想要閱讀一位二十世紀特定的女數學家，請參看 [113]。

的研究者也觀察到全世界有很多文化，證明他們對於形式與數量都有很深刻的察覺，[4]同時，也經常處理需要數學理解的一些相當老練與複雜的事。其中包括，從畫出一個長方形的地基，到為紡織、編籃以及其他手工藝品設計繁複的類型。屬於當時前識字（pre-literate）社會的這些數學的（或前數學的 pre-mathematical）的元素，可能是我們有關最早人類數學活動真相的最好提示。

到了公元前 5000 年（5000 B.C.）時，當書寫系統首度在古代近東發展時，數學也開始崛起成為一個特定的活動。[5]當很多社會採用中央集權政府的各種組織形式時，它們需要有追蹤物產、還有多少欠稅等方法。因此，瞭解田地大小、籃子（容器）的體積，以及為了某一特別任務所需勞工數目，當然都十分重要。至於度量單位，常常隨興之所至而出現，也製造了很多涉及相當難度的算術之單位轉換問題。[6]遺產法律也引出有趣的數學問題。[7]處理這些議題，都是「書記」的專業。他們通常是專業的官僚，能夠書寫和解決簡單數學問題。數學成為一門學科，誕生於書記傳統與培養書記的學校。[8]

我們在這一時期所擁有的數學發展，大都來自美索布達米亞，在今天伊拉克境內，底格里斯河與幼發拉比河之間的區域，還有來自埃及，北非尼羅河流域的河谷。看起來，類似的發展在同一時期也出現在印度與中國，儘管我們有關的特定資訊相當有限。

---

4 參考 [7] 與 [60]。後者包括了如何在課堂上使用這些材料的許多想法。

5 想知道這件事如何發生所提出的一個理論，請參考 [121]。

6 譯按：如將歷史場景轉到中國秦漢時期，那麼，在一斤十六兩的情況下，斤兩如何互換，以及公斤與所謂的臺斤如何互換的問題。在此，我們特別提醒讀者所謂的臺斤其實在中國漢代即已出現，可參考洪萬生〈半斤八兩談公制：兼談臺斤與日斤〉，收入洪萬生《孔子與數學》（臺北：明文書局，1999），頁 75-82。

7 譯按：如將時間往後挪，歷史場景搬到穆斯林世界，則遺產問題是阿拉伯數學的特有篇章，請參考蘇意雯，〈可蘭經裡的遺產一代數學〉，《科學月刊》37(9) (2006): 700-704。

8 譯按：有關這一點，中國秦漢時代的「以吏為師」傳統，就是最好的證據之一。請參看洪萬生、林倉億、蘇惠玉和蘇俊鴻合撰的《數之起源：中國數學史開章《筭數書》》，臺北：明文書局，2006。又，《筭數書》乃是一部漢簡數學書，於西漢呂后二年（公元前 186 年）埋葬，墓主為降漢之秦吏。

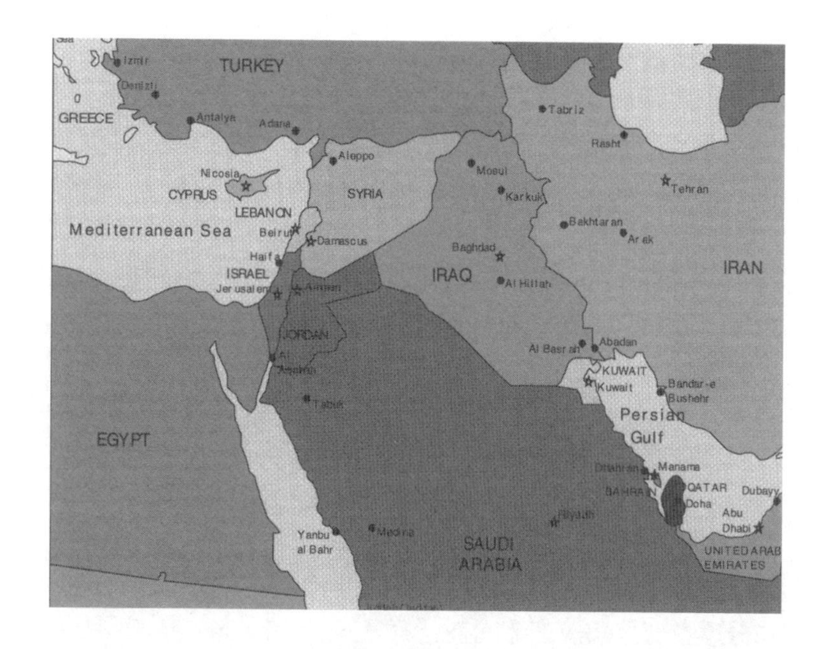

古埃及人利用墨水在紙莎草上書寫，紙莎草是一種不易歷經數千年後仍得以倖存的材料。此外，大部分埃及考古遺址都靠近石造廟宇或皇陵，而非製造數學文件的古代都市的遺址。結果，我們只有少數文件，可以提示埃及數學究竟像什麼樣子。因此，我們的知識相當概略，以致於學者對於埃及數學的本質與內容之看法，並未完全一致。不過，美索布達米亞的文化之處境，則相當不同。這些民族利用木製尖筆在泥版上寫字。有很多泥版倖存至今，而且細緻的研究已經導致我們對於他們的數學之更精細理解，儘管仍然不無爭議。這兩個文明大約存在於同一個時代，但是，他們是否彼此相互影響，則似乎證據十分有限。事實上，他們的數學風格相當不同。

有關埃及數學的大部分資料來源都出自《蘭德紙莎草文書》，因蘭德（A. Henry Rhind）而得名，他是十九世紀的考古學家，將它帶到英國。這份文書大約可以追溯到公元前 1650 年左右。它在一邊包括用以協助計算（特別是乘法）的數表，而在另一邊，則收集了一堆或許是用以訓練書記的問題。這些例子涵蓋了廣泛的數學想法，不過，總是扣緊書記完成任務所需之技巧。從這些及其他來源，我們可推論古埃及數學的基本風貌：

- 埃及人使用了兩種記數系統（一種在石頭上書寫，另一則是在紙莎上書寫）兩者都以十作群組。其中一個系統針對十的各種乘冪（如10^0、10^1等等），可能使用不同的符號來表示。某個特別的乘冪之乘積，通常以所需重複次數表示之，譬如，｜和∩分別代表一和十，如此，57 就可以表示如下：
∩∩∩∩∩｜｜｜｜｜｜｜。這種方法本質上與羅馬數碼相同，只有十的乘積之表示法不同。另一個系統則更為複雜，仍然是基於十的乘冪，只是多了不少符號。（參看素描 1。）
- 他們的基本算術運算是加法與倍增算法（doubling）。在乘或除時，他們運用了一種奠基於倍增的精巧方法。
- 在處理分數時，他們只運用「第 *n* 個部分」的想法，而非一般的分數。也就是，他們會說「第三個」（the third，亦即1/3）和「the fourth，第四個」（亦即 1/4）等等。[9]我們目前所稱之「其他分數」（other fractions），他們會利用前述那些單位分數（分子都等於 1）的和來表示。譬如，我們現在所稱之「3/5」，他們會稱之為「1/2 和 1/10」（亦即：3/5 = 1/2 + 1/10）。另一方面，由於倍增算法在他們的數學中如此重要，在《蘭德紙莎草文書》中就有一個數表，其中分子都是 2，至於分母則是從 3 到 101 的所有奇數。[10]譬如，2/5（第五個的兩倍）就等於1/3＋1/15（第三個和第十五個）。目前，學者仍然在爭論這些表示式是如何計算得到。（參考素描 4 和 9。）
- 他們可以解簡單的一次方程式。（參看素描 9。）
- 他們知道如何計算或逼近好幾種圖形如圓、半球面與圓柱體等面積及體積。或許在已知的資料來源中，最困難的幾何問

---

[9] 譯按：這些分數常被稱為「單位分數」（unit fraction）。
[10] 譯按：此一數表相當有名，常被稱為「2÷n表」。可參考 [20]。

題，莫過於截頂方錐體積（truncated square pyramid）的正確計算。[11]當然，對於某些圖形，盡其所能的不過是近似值。例如說吧，圓面積的逼近如下：取這個圓的直徑，除掉它的「九分之一」，將餘數自乘後即得。如用我們現在的術語，這是說直徑 d 的圓面積等於$(\frac{8}{9}d)^2$，一個實際上還蠻好的近近值。（參看素描 7。）

四千年前的埃及數學已經是一個相當完備發展的知識體，其內容頗類似我們今日中、小學階段所學習的計算與幾何。它藉助問題來記錄與教學，這些問題都充當例子俾便模仿。大部分的問題似乎都有其書記的實作經驗之根源。不過，也有少數看起來像是針對菜鳥書記，讓他們有機會表現一下解決困難或複雜問題的好本事。埃及數學家在日常工作所需之外，究竟發展科學到何等程度，我們並不十分清楚，同時，有關他們的方法如何被發現，我們也一無所知。

大部分有關美索布達米亞數學的資訊，都來自製作於公元前 1900 年到 1600 年的泥版，這一時期通常稱作古巴比倫時期（Old Babylonian period）。這一區域的數學，也因而被稱為巴比倫數學。不像埃及數學的遭遇，很多這樣的泥版已經被挖掘出來了。這允許我們發展有關美索布達米亞數學一個更佳清晰的圖像，儘管很多謎團仍然存在。

巴比倫書記的數學活動，似乎起源於管理中央政府的日常需求。然後，在書記訓練學校的脈絡中，人們對科目本身發生興趣，將問題及技巧推到純粹實用需求之外。就像一位音樂家無法滿足於婚禮或畢業典禮之表演，訓練良好的書記也希望超越日常問題到精巧老練的事物上。其目標無非是成為一位數學巨匠，有能力處理複雜且令人印象深刻的問題。

這個時期的的大部分數學泥版，不是輔助計算的數表，就是訓練

---

[11] 譯按：這個立體在中國古代稱為方臺或方亭，中國第三世紀數學家劉徽曾證明它的公式之正確性。

菜鳥書記的問題集。有一些含問題的泥版包括答案或甚至是完整的解答，然而，其中卻很少說明在那些被教授或展示的方法背後之發現過程。學者對於這些方法可能是什麼已經發展出一幅好的圖像。正如所有的歷史重建一樣，這幅圖像牽涉了大量猜測。儘管如此，吾人還是可以非常確定下列的很多事項。

- 在他們的計算中，美索布達米亞書記經常利用基底為六十的位值系統，來表徵數目。重複使用代表 1 與 10 的符號，被用以表示 1 到 59 的數目。至於這些群的符號彼此之間的不同相對位置，就指出它們是否代表60^0（=1）、60^1 或 60^2 等等。（參見素描 1。）
- 他們廣泛使用了有關乘積、倒數和互換係數等數表。分數通常表示為「六十進位」之形式。這好比我們今天將分數寫成十進位小數，只不過它使用 60 的乘冪而非 10 的乘冪。（參看素描4。）
- 正如埃及人，巴比倫書記能夠處理線性方程式。他們也能解決我們會說是導向二次方程式的廣泛問題。許多這一類問題都相當人工化，而且其存在似乎只是為了讓書記展現好本事。用以解決二次方程式的方法背後之想法，或許基於「割切移補幾何學」（cut and paste geometry），其中正方形與長方形的片段被移動以發現其解。不過，泥版上的解當然全都是數值的。（參看素描 10。）
- 巴比倫幾何，就像埃及的一樣，都以度量為主。他們看起來已經知道並應用一些我們現在稱之為畢氏定理的案例，同時，他們也逼近各種普通圖形的面積或體積的公式。

巴比倫數學的一個有趣面向，是有一些問題的出現甚至不是意在應用，而勿寧是為了娛樂目的。這些都通常是可以化約成為求解二次方程式的著迷問題。這裡有個例子：

> 有一塊梯形田地。我割下一株蘆葦，充當度量用的蘆葦（measuring reed）。當它未斷時，我沿著它的長度方向，

度量了一個 60 步（three-score steps）。現在，它的第六段（亦即 1/6 部分）折斷下來了，我利用它繼續度量了 72 步。再來，蘆葦的 1/3 和 1/3 腕尺長折斷下來了；我沿著上寬度量了 60 步。其次，我運用上述第二次折斷下來的蘆葦長，度量了下寬有 36 步之多。已知這個梯形的面積是 1 針毬（bur）。試問原來的蘆葦有多長？[12]

除了相當奇怪的語言以及我們大部分人不知道多少個平方腕尺等於一個「針毬」（bur）之外，這是一個仍然可出現在「娛樂數學」（recreational math）專欄的問題—當然，它依然相當困難。像這一類的謎題一直在整個數學史上現身。

古巴比倫時期末所發生的一個社會變化，似乎終結了這個豐饒的時代。大部分書記開始居家學習，而非在專門學校訓練。書記技藝成為家族傳統，於是，書記不再精通數學。結果，我們看到泥版上的數學混雜了許多其他學科知識。數學喪失了獨立的地位，而且，大部分的熱情與創意消失了。只有在很晚之後，大約公元前 300 年時，我們才看到數學興趣的復甦，而這次則是為了服務巴比倫天文學。

整體而言，巴比倫數學是由方法所驅動。一旦解某一特定問題的方法在握，書記似乎總會沈迷在建構更多可以被那個方法所解的精巧問題。在書記學校的富有創造力的時期，他們發展很多這類方法，其中最令人印象深刻的，或許是二次方程式的解。他們以 60 乘冪來表徵數目的想法也非常重要，特別是當它用以表徵分數時。現在我們仍然將 1 小時劃分成 60 分，以及 1 分劃分成 60 秒，這一事實主要經由希臘天文學家，可以回溯到巴比倫六十進位分數；大約 4000 年之後，我們仍然受到巴比倫書記的影響。

有關早期中國數學史，我們所知不多。大約公元 100 年紙張發明之前，中國人在樹皮或竹簡上書寫，因此，他們的手稿極易腐壞。甚

---

[12] 此文本取自參考文獻 [77]，頁 77。不過，我們這裡的形式稍微現代化一點。

至以紙為載體的書籍，也很罕見代代相傳，而是常常帶有變化或校勘的傳抄。這些天然的困境有時候伴隨著人為的剛愎自用。在中國帝國統一之後，秦朝建立之初（約 220 B.C.），始皇帝下令將早期出版圖書焚燬，但官方檔案，以及有關醫、卜、農、林等被認為「有用」之書例外。[13]因此，我們所擁有的古代中國的數學文本非常稀少，而且即使有也都是後世的抄本，經常加了很多後來的材料。因此，古代中國數學的所有重建，多少是暫時性的。

我們確實擁有的數學文本似乎反映了官僚階級的興起，他們被期待有能力解簡單的數學問題。正如埃及與巴比倫的文本，中國數學文本包括了問題及其解。不過，在古代中國，解答通常連著一個解這類問題的一個通解（general recipe）。[14]

早期中國數學文本中最重要的，通常被認為是《九章算術》。我們現在所知之文本，是經過魏晉數學家劉徽在公元 263 年校勘與補充。[15]劉徽在他的注序中提及：本書材料可以追溯回到公元前第十一世紀，但是，他也承認本書大約在公元前 100 年左右成書。第二個時間差不多廣被接受，不過，對於第一個時間，學者的分歧則在於該如何嚴肅對待。《九章算術》在中國數學上扮演了一個核心角色。後世許多數學家都曾經為它作注，並且以它為起點進行數學研究。

《九章算術》的單元種類相當繁多。其中問題顯然都來自實用情境，但是，它們都已經被形式化了。某些問題還有娛樂風格，其中有幾個也出現在西方數學，有時甚至於形式完全一樣。這或許反映了沿著一條聯繫中國與西方世界的「絲路」之文化接觸。「比例」看起來是這些早期中國數學家的核心概念，在幾何方面（亦即相似三角形）與代數方面（亦即利用比例解題）都是如此。許多幾何問題都藉

[13] 這一道命令究竟實際執行得如何徹底，則不無疑問。
[14] 譯按：這個通解在中國古算書如《九章算術》中，常冠以「術曰」來表達。
[15] 譯按：除此之外，劉徽通過注解的方式，也為《九章算術》建立了一個理論體系。

著「割切移補」方法加以解析。[16]至於關連到解線性方程式的許多問題，則是基於比例而得以處理。[17]

原來的《九章算術》只包括問題及其解答，然而，劉徽的注解則核證了這些解題的法則。這些當然都不是基於公理的形式證明，但是，它們卻都是證明無誤。在劉徽之後，中國數學中的證明通常都擁有這種非形式化的特性。

在公元前 100 年以前開始的中國數學傳統繼續發展，並且成長了好幾個世紀。但是，由於中國與西方鮮少接觸，這個傳統並未真正地影響西方數學，因此，我們將不進一步討論其內容。

我們對於早期印度數學所知甚少。有證據顯示：一個可行的數系曾經被用在天文及其他計算上，還有，針對初等幾何，他們也有實用的興趣。《吠陀經》（*Vedas*）收集了許多詩篇，或許是在公元前 600 年左右完成最終形式，包括了一些數學材料，主要都是存在於祭壇建造之討論的脈絡之中。其中，我們也找到一個畢氏定理之敘述（參見素描 12）、正方形對角線長的逼近方法，以及許多有關立體的表面積與體積之討論。其他早期資料來源顯示印度人對於甚大數目之興趣，同時也提示其他面向的數學發展，對於往後印度數學之主導，幾乎可以確定。印度數學傳統相當直接地影響了西方世界，因此，在本「簡史」篇中，我們稍後還將進一步討論其細節。

在這些文明之中，是否曾經彼此接觸，而且，某一支文明的數學是否影響另一支？對於歷史上的這一時期而言，我們一無所知。歐美學界對於非西方數學的興趣在近年來有所成長，然而，學術上的共識卻還有待建立。

有關埃及、美索布達米亞、中國和印度等文明之數學，在 [64] 的第 1 部分和 [123] 等參考文獻中，有很好的引導性論文。[80] 中的概述也很有用。有關古代（特別是埃及和美索布達米亞）數學老舊

---

[16] 譯按：這個方法的中國版，應該是劉徽所使用的「以盈補虛」與「出入相補」。

[17] 譯按：這是指《九章算術》中的第七章〈盈不足術〉。

但仍然有用的討論，可以在 [103] 找到。另一個可讀的概述，則是 [78]，它同時包括了有關非西方數學的一個說明，以及對其影響和重要性之熱情論證。有關中國數學的廣泛資訊，參看 [94] 或 [91]。參考文獻 [124] 也很有趣，這是《九章算術》的英文翻譯，其中有充分的註解與評論。[18]

希臘數學

許多古代文化發展出各色各樣的數學，但是，希臘數學家的獨特，在於他們將邏輯論證與證明擺在數學的中心位置。正因為如此，他們永遠地改變了所謂作數學是什麼意思。

我們無法確知何時希臘人開始思考數學。他們自己的歷史說最早的數學論證可以追溯到公元前 600 年。希臘數學傳統一直維繫著活力與成長，直到公元 400 年為止。當然，在那一千年之間，經歷了很多改變與成長，而史家也十分賣力研究，以便瞭解導致特殊的希臘人觀點之過程。由於大部分資料來源都相當晚，所以，這項任務顯得更加困難。除了柏拉圖與亞里斯多德著作中的備註，以及一些斷簡殘篇之外，我們有關希臘數學的最早見證者，是歐幾里得的《幾何原本》，大約是公元前 300 年的作品。我們有關希臘數學史的大部分資訊，時間上甚至是更晚近，來自公元第三或四世紀。這些文本或許保留了早期材料，但是，很難確定。儘管一大部分學者的偵察工作都用以重建整個歷史，不過，這些議題離塵埃落定可是還早得很呢。我們在此的說明，當然只能涉及整個希臘數學史宏偉的研究成果之皮毛吧。

我們必須強調：當我們談論「希臘數學」時，「希臘」這個字的主要指涉，是指其中所使用的語言。希臘文是大部分地中海地區的共同語言。它曾經是商業和文化語言，所有受過教育的人都使用。類似

[18] 譯按：更權威的翻譯，目前所見應該是林力娜與郭書春的法文翻譯：Karine Chemla et Guo Shuchun, *Les Neuf Chapitres: Le Classique mathematique de la Chine ancienne et ses commentaries.* Paris: Dunod, 2005.

地，希臘數學傳統也是理論數學的支配形式。並非全部「希臘」數學家都出生於希臘，譬如，阿基米德就來自敘拉古（在西西里，現在是義大利的一部分），而且，歐幾里得傳統上也是定居於亞歷山卓（在埃及）。在大部分案例中，我們對於這些數學家的屬於哪個民族、國籍或信仰一無所知。他們所共享的就是一個傳統、一種思維方法、一種語言，乃至於一個文化。

就像大部分的哲學家，最早期的數學家似乎都是些擁有獨立生計的人民，花得起時間進行學術研究。稍晚以後，有些數學家充當占星術士以謀生，少數數學家則由國家所支助，其方式不一，而且有些似乎負責教學（通常是一對一形式，而非學校情境）。不過，整體而言，數學是那些有錢有閒—而且，當然也要有才智—的人們之一種心智追求。在任何時間，工作中且有創意的數學家或許極少數，可能不過是一打左右而已。[19]數學家大都孤獨工作，同時，也只能利用書信彼此交流。儘管如此，他們建立了一個知識傳統，總是讓接觸它的人印象深刻。

希臘數學的主導形式是幾何學，雖然希臘也研究（正）整數的性質、比的理論、天文學，和力學。後面二者也按非常幾何式和理論式風格處理。他們並未「純」數學和「應用」數學之間嚴格劃分界線。（事實上，那種區分只能追溯到十九世紀。）大部分希臘數學家對於實用算術或實際度量長度與面積興趣不大。這些議題僅在相當晚的時期，才走到前臺（例如，公元第一世紀時海龍的著作，他應該是受到巴比倫數學的影響），而且，他們在某種程度上一直屬於另一個（分離的）傳統。

根據古希臘幾何史家，第一位希臘數學家當推泰利斯，他生活在

[19] 雷維爾・內茲（Reviel Netz）估計希臘數學整個一千年之間的數學家總數不超過 1000 人。當然，也許有 300 名在後世僅知其名；約有 150 名在倖存的文本中留下名字。參看 [102，第 7 章]。譯按：這一位內茲就是《阿基米德寶典—失落的羊皮書》（臺北：天下文化）的作者之一。本書由曹亮吉教授中譯，值得閱讀。

公元前 600 年左右，至於畢達哥拉斯，則還要晚一個世紀。不過，當那些歷史書寫完成時，泰利斯與畢達哥拉斯兩人都已經成為了遠古的神秘人物了。有關他們兩位，故事可多著呢，但是，我們卻很難確定哪一則（如果有的話）包括了歷史的真相。兩人都被認為曾在埃及與巴比倫學習數學。泰利斯還被認為是第一位企圖證明某些幾何定理的人士，這些定理包括任意三角形的內角和等於兩個直角的和，相似三角形的對應邊成比例，以及圓被它的任一條直徑平分。

後來的希臘作者說了很多有關畢達哥拉斯的故事。許多傳說集中在一個稱作畢達哥拉斯兄弟會（Pythagorean Brotherhood）的半宗教社團（即使女人實際上也可以成為會員）。畢氏學派的基地或許是在克羅托那，是一個由希臘人在南義大利移居的城市。這個兄弟會是一個秘密會社，為主要是宗教與哲學的各種學問奉獻心力。

有關這個兄弟會，一大堆奇怪的故事在流傳。大部分都是幾個世紀以後由「新畢氏」哲學家添油加醋所書寫。他們描述這個社團的某些習俗讓我們感到奇怪，其他的則是知名的有意義。比如說吧，成員顯然從未吃肉與豆類，從不打獵，不用皮革，穿著白色，並且睡在白色的亞麻布床單上。他們有一堆儀式用以強化成員的社群感，並以五星形為其符號。他們相信一種靈魂轉世的說法，並發展出一種數目神秘主義一認為數目是實在的神秘法則。每天都遵循一個共同、簡單的養生之道，用以強化心靈與肉體。他們從事運動以保持苗條，而且每日花一大部分時間討論且研究 *mathematike*，[20]亦即「被學習的東西」。

後世畢氏學派的許多成就和想法，或許都在最後歸給畢達哥拉斯本人。大部分學者相信畢氏本人並非活躍的數學家，儘管他可能對數目神秘主義感興趣。然而，在後來某個時間點之後，某些畢氏學派成員開始建構形式論證，從而研究數學。由於畢氏學派之影響維持了一段時間，所以，我們知道（或可以猜測）他們的一些數學想法。他

[20] 譯按：這個希臘字應該是今日 mathematics（數學）的原形。

們似乎相當關心正整數的性質以及比的研究（後者關連到音樂）。在幾何學上，他們當然因畢氏定理而獲得榮耀。（參看素描 12。）不過，看起來他們經常被津津樂道的最重大成就，莫過於不可公度量比（incommensurable ratios）的發現。

「比」在希臘數學中扮演了一個非常重要的角色，這是因為希臘幾何學家並不直接在他們研究的客體上賦予數目。一條線段就是一條線段。可以有相等線段、較長或較短線段，以及一條線段可等於其他兩條接在一起，然而，希臘數學家從未論及一條線段的長度。[21]面積、體積以及角都被視如不同種類的量，都沒有必要連結到任意數目。如此一來，吾人究竟如何比較不同的量呢？其實，希臘數學家所做的，就是與諸量的比打交道。譬如說吧，為了找出圓的面積，我們利用了公式 $A=\pi r^2$，它告訴我們說：取半徑長，自乘，再乘以一個我們叫 π 的常數。這個乘積結果將是一個數目，我們稱之為面積。希臘人利用下列說法表達了同一個想法：

> 兩圓之比等同於這兩圓半徑所張拓之正方形之比。[22]

按我們今日之術語，我們會說「兩圓之面積」和「兩正方形之面積」。我們或許也會使用符號：若 A_1 和 A_2 是這兩圓的面積，且 r_1 和 r_2 是兩個半徑，則

$$\frac{A_1}{A_2}=\frac{r_1^2}{r_2^2}$$

（參看圖一。）如此可得

$$\frac{A_1}{r_1^2}=\frac{A_2}{r_2^2}$$

---

21 當然，在希臘的每天日常生活中，長度被計算或度量，就像其他地方一樣。在這個希臘傳統中，存在了一個介於理論數學和數學概念的日常用途之間的真實鴻溝。

22 譯按：在歐幾里得的《幾何原本》中，第 12 卷命題 2 如下：圓與圓之比如同直徑上正方形之比。這兩者當然等價！

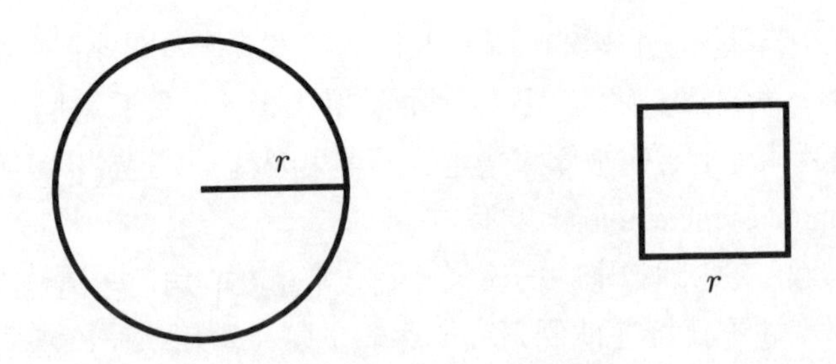

圖一　半徑 r 的圓形及邊長 r 的正方形

也就是說，一個圓形與一個邊長等於半徑的正方形之比（亦即 A/r^2），永遠相同，無論這個圓多大多小。我們現在將這個比當作一個數目，[23]並稱之為 π，而且我們也知道這是一個相當複雜的數目。（參看素描 7。）

某些「比」容易理解，因為它們等於兩個正整數的比。如果一條線段等於另一條線段的兩倍，則它們的比就是 2:1。同理，所謂的兩個線段比是 3:2，這也容易理解。畢氏學派的偉大洞察力，就在於他們可以看到兩個線段的比，並不是永遠那麼簡單！事實上，他們證明了一個正方形的邊與對角線之比，就不可能是任意兩個正整數之比。他們稱這一類線段叫做不可公度量，並且將這種線段之間的比稱作不可比。[24]

到了哲學家柏拉圖（428-348 B.C.）與亞里斯多德（384-323 B.C.）的時代，瞭解有關不可公度量線段的存在，是每一個有教養的公民教育的一部分。兩位哲學家都曾利用它作為例子，說明某種東西在感官世界沒有證據，但卻可以被理性所發現。他們兩位也對數學表

---

[23] 譯按：比（譬如 a:b）與比值（a/b）顯然不同，不過，我們可以看成一樣。至於理由呢，當然說來話長。

[24] 譯按：英文字為 irrational，直譯為無理的，從希臘字的意義來看，也相當接近。接著，我們將原註翻譯如下：「說真的，他們實際上使用希臘字 *alogos* 和 *arrehetos*，意即『不可說』（unspeakable）和『不可表達』（inexpressible）。然而，「irrational」（意即『無比』）這個字卻在歷史上風行下來。」

現了興趣與推崇。傳說柏拉圖學院門口刻了一個記號說：「不懂幾何學不准進來！」這個故事可能不是真的，因為提及這個銘刻的最早倖存文本書寫於柏拉圖身後超過 700 年。儘管如此，這樣一個銘文顯然與他對數學的態度一致。例如，他在《理想國》中將數學列為理想教育的根本內容。他也在很多對話錄中，提及數學的成果。（參看素描 15 有關「柏拉圖立體」的描述。）

亞里斯多德也經常在他的著作中提及數學。例如當他討論正確的論證時，他使用了數學例子。這指出到了他的時代，數學家已經投入數學敘述的形式證明之研究了。大約此時，他們或許開始理解：為了證明定理，吾人必須從少數幾個未證明的假設開始。這些基本的假設或設準（postulates）被視為理所當然，而且被視為真。這就是迄今（大部分）屹立不搖、最古老的希臘數學作品之結構：歐幾里得的《幾何原本》。

在柏拉圖和亞里斯多德的時代，以及歐幾里得的時代之間，希臘文化出現了重要的變化。這兩位哲學家以及或許大部分與它們有關的數學家，都在雅典——古希臘文明的中心之一定居，不過，早在亞里斯多德時代，亞歷山大大帝即已征服了其他民族，並締造了一個偉大帝國。為此，他擴散了希臘語言、文化以及學術到世界其他各地。在往後好幾個世紀，居住在濱東地中海國家的有教養人民，都說希臘話。因此，希臘語成為那個地區的國際語言。希臘學術當然也擴張了。它在北埃及近尼羅河口一個稱作亞歷山卓的城市（這是多個以亞歷山大大帝為名的都市之一），以一種壯觀的方式開花結果。或許這是因為它連結到著名的神廟、謬思女神（博物館）[25]和同樣知名的圖書館。到了公元前第四世紀時，亞歷山卓成為希臘數學的真正中心。

除了歐幾里得或許約公元前 300 年定居在亞歷山卓這一事實之外，我們對他本人幾乎一無所知。我們所擁有的只是他的著作，其中最有名的，當然是一本稱作《幾何原本》的書籍。這是一本希臘傳統

[25] 譯按：謬思女神（the Muses）居住的神廟稱作 Museum，今翻譯為博物館。

的最重要數學成果的集大成，以系統化的方式組織，並被呈現為一種形式演繹科學。這種呈現方式難免乾澀但卻很有效率。本書開宗明義就是 23 個定義，緊接著是 5 個設準和 5 個「公理」（或共有概念 common notions，歐幾里得視為不證自明）。其後，我們有一系列的命題，每一個都跟隨著證明。不過，其中沒有連結材料，也沒有企圖說明動機。[26]在每一個命題之後，有一個附圖（diagram），以及以關鍵性方式參考此圖的證明。（參看素描 14 所提供更多細節。）稍後，當歐幾里得移到其他主題時，他引進了更進一步的定義和設準。依循這種方式，他涵蓋了平面和立體幾何，研究正整數的可分解性，擬定有關比的一個精密理論，[27]而且發展一套有關無理比（irrational ratios）的複雜分類。[28]總之，《幾何原本》將到那時為止的希臘數學主要成就，綜合成為一個單一結構。

《幾何原本》是一項偉大的成就，不僅對希臘數學，同時，也對西方數學傳統，它的風格與內容一直發揮著巨大的影響力。研讀它的第一部分內容成為了西方世界通路的一個知識儀式，甚至到了近如二十世紀早期，仍然如此。歐幾里得的著作被尊為清晰、精準的論證之典範，因而也被那些希望做到嚴密與精準的學者所模仿。[29]

希臘幾何學並未總結在《幾何原本》。歐幾里得本人也著述了有關圓錐曲線、幾何光學、以及求解幾何問題方面的作品。阿基米德（約公元前 250 年）完成了有關各種曲線形的面積和體積的著作，而阿波羅尼斯（約公元前 200 年）也寫下了一部圓錐曲線專書，時至今日，它仍然能令人印象深刻地展現幾何的能耐。在好幾個世紀中，幾何學繼續成為一個核心的興趣之所在。

---

[26] 譯按：這應該是作者前面提及本書風格「乾澀」（dry）的主要原因之一。

[27] 譯按：這是《幾何原本》第 5 卷的內容，被認為綜合整理歐多克索斯（Eudoxus）的研究成果而得。

[28] 譯按：這是《幾何原本》第 10 卷的內容，本卷有 115 個命題，為全書之最。

[29] 譯按：譬如伽利略的《兩種新科學的對話錄》（第三、四天）；牛頓的《自然哲學的數學原理》、《光學》，乃至於史賓諾莎的《倫理學》等書，都模仿了《幾何原本》的風格與體例。

我們在《幾何原本》中所看到的數學成果之有系統、有秩序呈現，充其量只是希臘傳統的一部分而已。另一個重要的成分（有些人宣稱這是最重要的）是數學問題的傳統。事實上，吾人常可看到「坐在」歐幾里得文本「背後」的這些數學問題。例如說吧，由於希臘人不利用賦予數值的方式來度量面積，因此，他們研究面積的方法，就是試圖去作一個長方形（或正方形）與給定圖形之面積相同。針對直線所圍成的圖形，歐幾里得已經在《幾何原本》第一、二卷中處理。事實上，歐幾里得又進一步增色：他證明如何在給定一個底邊、一個底角的前提下，求作一個平行四邊形，使其面積等於一個給定多邊形加上或減去一個給定的長方形。

然而，當我們企圖針對一圓形來作同樣的事情，那麼，究竟該如何是好呢？也就是說，給定一個圓形，吾人是否可以作一個正方形，使其面積等於這個圓形呢？這就是所謂的化圓為方問題，而最後變得極難以解決。事實上，它很快地導向我們所謂的「作圖（或建構）」是什麼意思。一旦希臘數學家事先給定一個特別定義的圖形（如割圓曲線或阿基米德螺線），那麼，他們知道如何解這個化圓為方問題。但是，這算是本問題的解答嗎？某些數學家反對說這些曲線的作圖本身不無疑慮，因此，本問題可以說並未真正解決！

在化圓為方之外，希臘時代還有另兩個問題也十分有名。一個是三等分一角問題—求作一個角等於一個給定角的三分之一。另一個是倍立方體問題—求作一個正立方體，使其體積是一個給定正立方體體積的兩倍。希臘數學家最終解決了這兩個問題，不過，他們的解答卻永遠必須仰賴某些輔助設計（有時是機械設計，有時是數學設計）。後世數學家以「增列」只利用尺規作圖的條件，重新銓釋了這些問題。我們現在知道：在這些限制下，沒有一個作圖是可能的，不過，這只有等到十九世紀才證明完成。某些希臘數學家曾經知道（或懷疑）這一點，儘管他們沒有能力證明。譬如說，帕普斯（寫於約公元320 年）就曾在批評一個倍立方體的尺規作圖解法時，解釋說每一個人都知道求解這問題需要其他技巧。

這些與其他問題都是希臘幾何學研究背後的主要動機之一。數學定理似乎總在趨向求解某些問題時被發現。事實上，某些幾何問題如此困難，以致於它們充當十七世紀數學家有關座標幾何發展的研究動機。

當幾何學是希臘數學的核心單元時，許多其他主題也相繼露臉。譬如說吧，有一些興趣表現在天文學上，因而，一個精巧的球面幾何學（有關球的表面之幾何研究）得以發展，用以說明和預測恆星與行星的運行。為了能夠在天空上定位一顆行星，吾人需要有一種度量角的方法，因此，數（number）與量（magnitude）不能完全分開。於是，希臘天文學家只好向巴比倫數學家「借將」，開始利用數目來度量角。吾人可以看到這種巴比倫的連結，因為角的部分是以六十進位方式來表示（這就像它們今天仍然使用一個角的「幾分」和「幾秒」一樣）。還有，在這一個脈絡中，我們也看到了三角學的起點。[30]（參看素描 18。）

最有名的希臘天文學家是托勒密（Claudius Ptolemy），大約在公元 120 年左右，他居住在亞歷山卓。他在很多主題上都有著述，從天文學到地理學再到占星術，不過，他最有名的著作是《大全》（*Syntaxis*），至於今日暱稱的《大成》（*Almagest*），則源自幾世紀之後的阿拉伯學者，在阿拉伯文中，Almagest 意指「最偉大」。托勒密的著作提供了有關天文現象的一個可行的實用描述。這是直到十五世紀哥白尼的《論天體之旋轉》出現之前，幾乎是所有位置天文學（positional astronomy）的理論基礎。

丟番圖可能現身在托勒密之後約一世紀左右，他是希臘數學家中最具有創意者之一。他的《數論》（*Arithmetica*）不包括幾何與圖形，[31]而是完全聚焦在代數問題上：就是一系列的問題與解答。在這

---

[30] 有趣的是，三角學似乎不曾被應用在地球上的三角形，直到好幾個世紀之後才改變。

[31] 譯按：arithmetica 相當於英文的 arithmetic，本義指數論（number theory）。相當於今日的小學算術通常利用 practical arithmetic 來表示。在英語世界，

些問題中，丟番圖使用了一個記號代表未知數及其乘冪，這暗示了一千年之後在歐洲發展的代數符號。他的問題永遠要求數值解，這對他而言表示有理數（普通分數）。[32]例如說吧，有一個問題要尋求一個將某平方數寫成另兩個平方數的和之方法。在其解法中，丟番圖永遠使用特定的數目，然後進一步說明他如何找到這個解。當他求解這個問題時，他一開始說：「假設這個平方數為 16」。然後，他通過了好幾個步驟，最後歸結到

$$16=\frac{256}{25}+\frac{144}{25}=(\frac{16}{5})^2+(\frac{12}{5})^2$$

不過，儘管他的解是以特定的數來呈現，但是，它們卻可以一般化。讀者被假定看到一個類似的程序，可以在任何選定的初始數上操作。這個進路的一個有趣面向，是偶而會有一個問題對某些初始數可解，但對於其他則否。在這些案例中，丟番圖通常理出條件使得他的問題可解，並再進一步確認他的確盡力求一般解。

丟番圖的著作似乎失傳了，但也被再發現了好幾次。最終，它深刻地影響了十六與十七世紀的歐洲代數學家。不過，在古希臘時期，可能沒有帶來太多的衝擊。

在大約公元 300 年之後，希臘數學喪失了它的某些創意本領。在這一時期，學術界開始出現一種針對古老作品的編輯與註解之時尚。這些著作是我們有關希臘數學傳統的最佳來源，因為它們收集了那麼多早期材料。同時，他們也製造了如何區別原始典籍與他們所添加和評論之困難問題。或許希臘後期數學最重要的數學家，就是第四世紀中葉的帕普斯。他的《數學匯編》是一種「全集」，其中包括了原始典籍、有關早期作品的註解，甚至是其他數學家著作的摘要。從歷史觀點來看，帕普斯最重要的部分，就是他有關「解析法」的討論。粗

---

arithmetic 大約從 1850 年代之後，就擁有現代的意義了。不過，在高等數學中，數學家所使用的 arithmetic 當然保留丟番圖的原味了。

32 所謂普通分數（common fractions）是相對於單位分數（unit fractions）來說的。

略地說，「解析」是一種發現證明或求解的方法，至於「綜合」則是賦予證明或作圖的演繹論證。例如說，吾人在《幾何原本》一書所見，盡是綜合。當然，帕普斯的討論並不是那麼針對性。這種含混最終變得十分重要，因為文藝復興時期的數學家理解他時，都認為在很多希臘數學的背後，存在了一種秘密的方法。他們企圖釐清這是甚麼樣的方法，導致了十六、十七世紀很多新穎的理念與發現。

在帕普斯之後，大部分重要數學家都涉及了早期著作之評註。泰昂活躍在公元 375 年的亞歷山卓，編寫了歐幾里得《幾何原本》以及托勒密的《大全》之新版。泰昂的女兒海帕蒂雅則寫下了他父親的作品、阿波羅尼斯的《圓錐曲線論》，以及丟番圖的作品之評註。[33]海帕蒂雅也是著名的柏拉圖哲學教師，是亞歷山卓擁有這項專長的最後一位，在那裡，基督教已經成為支配性的宗教了。不幸地，她捲入奧瑞斯提（亞歷山卓城提督）與西瑞爾（亞歷山卓城大主教）的權力鬥爭，最後被大主教的狂熱追隨者殘酷地謀殺了。

普洛克羅斯（約公元 450 左右）可能是希臘傳統中最後一位重要的作家。他寫下了有關歐幾里得《幾何原本》部分內容之評註，其中深受新柏拉圖主義之影響。他的評註包括了早期希臘數學的歷史，今日大部分學者認為其中納入了更早期的歐德姆斯之部分作品。

第五世紀為希臘數學傳統的古典形式畫下了一個句點。不過，在離開這個時期之前，我們必須注意到這個希臘傳統，並不是唯一在公元前 600 年到公元 400 年間希臘、希臘主義式（Hellenistic）乃至於羅馬文化中延續的數學。這麼說好了，在希臘數學家的「科學」傳統表層底下，存在了一個「次科學的」（subscientific）傳統。這表現在日用數學上。無論數學家如何著迷於幾何而鄙視數目，商人必須作加和減，收稅官必須測量土地面積，建築師和工程師則必須確定他們所設計的建築物與橋樑不會倒塌。所有這些都需要數學知識。這種知識

---

[33] 海帕蒂雅並不是希臘時代唯一活躍的女數學家。至少另一位也為人所知：潘德蘿湘是一位數學教師，她是帕普斯的《數學匯編》第三卷之訴求對象。

似乎以差不多獨立於數學家的研究之方式傳承下去。事實上，這一傳統的大部分從未被書寫下來。（唯一的例外是海龍，他立足於科學的與次科學的傳統之間，並試圖讓雙方對話。）這個次傳統的另一個有趣面向，是再一次地，娛樂數學的現身，極像巴比倫文本所顯示。

有關希臘數學的研究，可以說是汗牛充棟。由於它是如此地有影響力，所以，數學史書出現了大量這一類概述。閱讀如 [80] 和 [28] 等書中這樣的章節，的確是開始學習更多的一個好方法。在 [64] 中有一個簡短的摘要。至於易於閱讀的全書篇幅之概述，則是 [32]。

主要感謝西斯（Thomas L. Heath）和紐約 Dover 出版社，許多希臘數學文本都有英文翻譯本，例如參看 [42]。吾人也可以在諸如 [54] 的資料書籍中，找到實質的大量內容。至於次科學傳統，則在 [77] 中有所討論。針對娛樂面向來說，請參考辛麥斯特的著作（例如 [128] 和 [127]）。最後，有很多最近的著作改變了我們對希臘數學的理解。典型地看，這些都有一點困難，但是，它們讀起來也令人興奮，三個重要的例子有 [86]、[59] 和 [102]。

同一時期的印度

接下來大約有四百年左右的時間，歐洲與北非幾乎未見任何數學方面的活動。在西歐、北非和中東，由於蠻族的侵略，粉碎了羅馬帝國，這種情況下的社會條件並不利於知識活動的進行。雖然東羅馬帝國的勢力依舊強盛，並且受到希臘文化極大的影響，不過，拜占庭的學者們顯然比較關切其他的事情。偶有真正對古代數學內容深感興趣的人，才會將其手抄謄本保存下來。七世紀時，伊斯蘭民族的出現，更加攪亂了這個地區的安定。到了第八世紀，伊斯蘭勢力已席捲了整個北非以及大半的中東，甚至還包括部分的西歐。而一直到伊斯蘭王朝的政局逐漸穩定下來之後，數學研究才終於找到安身立命之所。

當然，在這段時期裡，人們仍舊持續進行著營造、買賣、賦稅與量測等等的活動，因此，次科學傳統（subscientific tradition）得以在這些地區存留下來。很多情況下，對於人們是如何理解與傳遞數學的概念，我們只掌握到極少數的證據。現有的文本指出，當時的數學實用並不深刻，然而它仍舊保有一定的地位。舉例來說，西方哲學家曾讚揚幾何學的好處，但真正在解釋他們口中的究竟是何種幾何學時，他們則提出一種混雜的觀念一涵蓋了部分希臘幾何學、部分度量和勘測的傳統素材，以及相當的形而上的臆測一來說明。

在歐洲和北非沈寂的這段時期當中，印度的數學傳統逐漸成長與繁盛起來。如同之前曾經提到的，正當希臘數學開始發展的時候，印度便已存在著地區性的數學傳統。這種傳統很可能受到巴比倫晚期天文學家的影響，無疑地，當時印度學者精通若干的希臘天文學文本。事實上，在印度天文學是研究數學的主要原因之一，許多印度數學家所研究的問題，其靈感均來自於天文學。自此開始，印度人對數學本身的概念產生興趣，即便有些許娛樂的因素在裡面。

和希臘數學一樣，印度的數學家當中，只有少數是我們熟知並且能夠研讀得到其作品的。其中，最早的一位是阿耶波多（Āryabhata），他在西元第六世紀初完成他的著作。至於第七世紀，就屬婆羅摩笈多（Brahmagupta）與婆什迦羅（Bhāskara）最重要，兩人同為第一批認識並處理負量（negative quantities）的人。（參見素描 5。）而十二世紀的另一位婆什迦羅，可能是中世紀最重要的數學家。（為了方便起見，大部分史學家會以婆什迦羅一世（Bhāskara I）與婆什迦羅二世（Bhāskara II）作為區別。）不論何種情形，現存的數學文本幾乎都是廣泛的天文學書籍的一部分。

印度數學家最著名的便是發明了十進位記數系統（decimal numeration system）。（參見素描 1。）他們保留了稍早系統裡代表 1～9 的九個符號，並引進了位值制記數法。此外，他們還替空位創造了一個符號一以一點或一個小圓圈來表示空位。（參見素描 3。）這就是我們仍沿用至今的計數系統。

上述這段重大進展的歷史到目前為止仍晦澀不明。當時中國對於十進位算板（decimal counting board）的使用很可能造成了某種程度的影響，[34]無論如何，到了西元 600 年，印度數學家已開始使用十進制的位值記數系統（place-value system based on powers of ten），同時也替這類數字開發出相對應的計算法則。前面所提及的數學家，每一位均曾在他們的著作裡，闡述十進位法並給出計算的規則。這個新系統就本身而言，似乎十分方便，所以很快地它便傳到其他的國家。一份寫於西元 662 年敘利亞的手稿就提到這個新的計算方法。有證據顯示，在那之後不久，柬埔寨和中國也開始使用這個系統。到了第九世紀，新的記數系統在巴格達亦為人所熟知，並以此為據點流傳到歐洲去。

對於三角學，印度人也做出重要的貢獻。希臘天文學家發明了三角學，以便用來描述行星與恆星等天體的運動。或許印度的天文學家是從托勒密（Ptolemy）的先驅者—希帕恰斯（Hipparchus）—那裡習得此一理論。整個希臘三角學的研究，其實圍繞在一個角所對的弦這個觀念上頭打轉。假設圓內的一個圓心角 β，將 β 角兩邊與圓的兩個交點連接起來，所得的線段便稱為角 β 的弦。（參見圖二(a)。）不過，在多數的情況下，我們考慮的並非此弦，而是某個角的二倍角所對弦的一半。因此印度數學家替它取了一個名字，叫作「半弦」（half-chord）。這個名稱後來（經阿拉伯人）被誤譯為拉丁文的「sinus」，今天我們所使用的正弦（sine）便是因此而來。實際上，由圖二(b)我們知道

$$\sin(\alpha) = \frac{1}{2}\text{chord}(2\alpha)$$

這個從弦到正弦的觀念轉變，使得三角學較以往容易得多。（細節參見素描 18。）

34 譯按：古代中國人使用算籌進行計算時是否仰賴算板，史家至今仍然找不到它存在的任何證據。

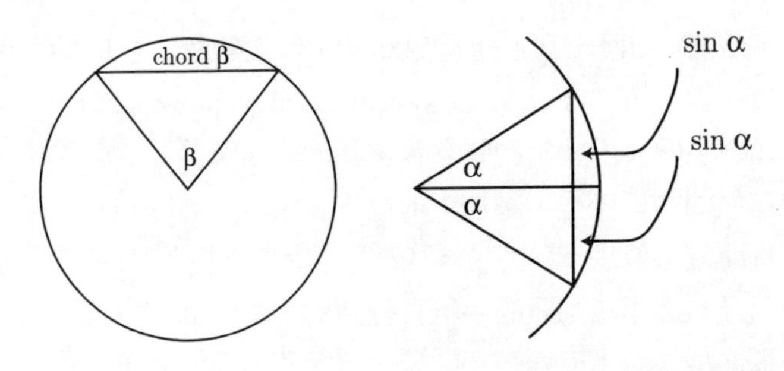

(a)一個角所對的正弦　　(b)一個角的正弦是其倍角所對弦的一半

圖二　弦與正弦

然而，當時的正弦被視為是某個特定圓裡面的一條線段，並不是抽象的數目字或比值。例如，阿耶波多用半徑長 3438 單位的圓建構出一個正弦表。（為何阿耶波多會選用 3438 呢？因為他希望此圓的周長盡可能地接近 21600＝360×60，這樣一來，圓周上一單位長就相當於是弧度一分。）這個正弦表針對每一種角度給出了一個正弦的長度—亦即關於該圓的某一線段長。因此，90° 的正弦就是 3438。如欲將此表應用在半徑長度不同的圓上，則必須按比例來作調整。

由於要正確求出正弦值是幾乎不可能的事，在建構正弦表的時候，就需要用到近似的技巧。托勒密當時便以這種技巧去製作他的弦表。印度數學家進一步將他的想法發揚光大，於是，近似的方法就變成他們數學當中很重要的一部分。從簡單的觀念出發，印度的數學家最後發展出一套相當精巧的近似值公式。

印度數學家對代數和組合學的某些面向同樣深感興趣。他們已經有能力計算平方根與立方根，並且知道如何對等差數列求和。針對二次方程式的問題，基本上，印度數學家使用與今天相同的公式，唯一不同的是，當時的公式均以文字來表達。他們經常透過形式活潑的問題來舉例說明二次方程式。下面的這則例子出自婆什迦羅二世：

> 一群猴子，其中有八分之一排成正方形陣列在樹叢裡快樂地蹦蹦跳跳。剩下的 12 隻猴子則在丘陵上吱吱喳喳地聊

著天。試問一共有多少隻猴子呢？[35]

除了單變數的方程式之外，印度數學家也鑽研多變數的方程式。這類方程式通常有許多組解，因此，為了增加問題的趣味性，必須加進若干的條件—通常是指定其答案的類型，而當中最常見的就是整數解。阿耶波多與婆羅摩笈多已經能夠找出線性整係數方程式 $ax + by = c$ 的整數解 x、y 了。[36]婆羅摩笈多甚至著手去研究更艱深的問題，像是找出 $92x^2 + 1 = y^2$ 這類方程式的整數解。稍後，他的想法被婆什迦羅二世給一般化了：針對方程式 $nx^2 + b = y^2$ 整數解存在的情況下，婆什迦羅二世提出了一個求解的方法。這一類的問題可說是非常困難，因而印度數學家於此一領域的成就，相當令人印象深刻。

從第六世紀開始一直到十二世紀，印度的數學家創造出各式各樣的有趣數學。就今天的觀點來看，他們的文本其實遺漏了很重要的一件事，那就是：對於這些方法與結論如何尋得，他們並未做說明。印度數學家在文本中並未給出任何的證明或推導。然而，這些結論不可能單憑臆測就可以得到，所以，肯定有人曾經設法推導過。一個可能的原因，或許是他們將推導的過程當作商業機密才未將其寫下。

以一千年前的標準來說，印度與歐洲相距甚遠，兩者之間的接觸可說少之又少，因此，歐洲人不可能直接從印度人那裡獲悉任何的數學知識。相反地，如同我們即將在下一節討論的那樣，透過巴格達與阿拉伯的代代相傳，許多在印度所發現的成果才得以進入西方世界。

印度數學史的研究至今仍如火如荼地進行著，這也意謂市面上有許多的相關學術出版品，但真正可靠的入門書籍卻不多見。如果想要學習更多的相關知識，建議可以從 [78] 開始，先有一個概觀的瞭解。接著若還想知道更多的細節，才進到 [64] 第 1.12 節、[123]，和 [80] 第 6 章，這三本書均提供了進一步學習的相關訊息。

---

35 參考[80]；由H. T. Colebrooke所翻譯。

36 這裡所用的 $ax + by = c$ 是現代的代數形式，當時並不是這樣表示的！參見素描 8。

阿拉伯的數學

西元 750 年，伊斯蘭王朝的勢力範圍已經包含從印度西端一直到西班牙的部分地區內。擴張的時代即將步入尾聲。阿拔斯（Abbasids）——一個嶄新的王朝剛剛掌握了政權，他們的第一步便是建立一個新的帝國首都—這個稱為巴格達的新城市很快就成了王朝的文化中心。巴格達座落在相當於現今伊拉克中心的底格里斯河之上，而這樣的地理位置讓它自然而然地成為東、西文化交會的一個據點。

第一批被帶到巴格達的科學作品是有關天文學的書，其出處可能來自印度。然而，在第九世紀初期，當時的阿拔斯國王就決定要更積極地去促進帝國的文化與知識層面的發展。他們下令興建「智慧宮」（the House of Wisdom）——一種科學院，並且開始蒐羅希臘文和梵文的學術抄本，同時，還召集了有能力解讀這些文本的學者。接下來有好幾年的時間，許多重要的希臘與印度的數學書籍被拿來翻譯和研讀。於是，一個屬於科學與數學創作的全新紀元便就此展開了。

在所有的希臘文本當中，最先被翻譯的當然就是歐幾里得的《幾何原本》，它具有極大的影響。在學習並吸收了歐幾里得的進路後，阿拉伯的數學家們便將其全然地採納使用。從那時起，他們之中有許多人開始以嚴謹的態度陳述各種定理，並且按歐幾里得的方式加以證明。

如同希臘一般，阿拉伯的數學傳統中最為著名的，就是他們擁有共通的語言。在幅員遼闊的帝國裡，學者們用的是阿拉伯文。然而，並非所有以阿拉伯文作為書寫工具的偉大數學家就一定是阿拉伯人，他們甚至還不一定是回教徒。共通的語言讓他們得以在彼此作品的基礎上，創造出煥然一新、生氣蓬勃的數學傳統。這個傳統從九世紀一直到十四世紀，持續活躍了數百年之久。

阿爾・花剌子模（Muhammad Ibn Mūsa Al-Khwārizmī）是最早揚名的其中一位阿拉伯數學家，我們從名字推知他來自花剌子模（Khwārizm）這個地方——一個位於現今烏茲別克境內的鹹海（the

Aral Sea）以南的城鎮，今天叫作海瓦（Khiva）。阿爾・花剌子模活躍於第九世紀中葉，他寫了好幾本對後世極具影響力的書，其中有一本專門解釋用來書寫數目及操作算術的十進制位值系統。根據阿爾・花剌子模的說法，此種位值系統源自印度。三百年後，這本書出現了拉丁文譯本，並且成為有意學習此種全新記數系統的歐洲人士的主要資料來源。（參見素描 1。）

另一本也是出自阿爾・花剌子模的書叫作《還原和對消的規則》（*al-jabr w'al-muqābala*）。此書以二次方程式作為開端，接著一連串討論了實用幾何、簡易線性方程，以及如何運用數學知識來解決遺產問題，而其中最著名的部分，便是二次方程式。（參見素描 10。）阿爾・花剌子模在書裡闡述如何求解二次方程式，並且還替像美索布達米亞數學那樣純粹利用幾何進路的方法做出辯證一這一點兒都不讓人驚訝，因為事實上巴格達距離古巴比倫城僅僅才 50 哩而已。當這本書後來被翻譯成拉丁文的時候，「al-jabr」就變成了「algebra」。

在上述兩本以及其他的著作中，阿爾・花剌子模似乎一直不斷地把他從各處所學的素材傳授給讀者。他從印度人那裡學到了十進位記數法則。相較之下，有關他的代數著作資料究竟來自何處，我們就不太清楚了。也許印度、希伯來數學，甚至是美索布達米亞本土的傳統都或多或少對他的代數作品造成影響，而絕大部分的素材則可能源自次科學（subscientific）的實用的傳統。若果真如此，阿爾・花剌子模便可說是純粹數學（scientific mathematics）向次科學傳統學習的一個例子。

自阿爾・花剌子模以後，代數學搖身一變成為阿拉伯數學相當重要的一部分。有些數學家致力於此學科的奠基工作，並為代數學的方法提供歐氏風格的證明（Euclidean-style proofs），另外有些數學家則拓展了這些方法。阿拉伯數學家學會了多項式的運算、某些代數方程的求解，甚至還有其他許多東西。值得一提的是，阿拉伯人處理代數問題並不像我們一樣使用符號，而是完全使用文字。舉例來說，他們會以「三份地產（properties）共值四份物件（things）和二個德拉克馬（dirhems）」[37]這類的字句來表示方程式 $3x^2 = 4x + 2$。[38]同樣地，所有的解答也是一字一句用文字寫成。（更多細節請參考素描 10。）

阿爾・海亞米（Umar Al-Khāyammī，西方則稱作 Omar Khayyam 歐瑪・海雅姆）是阿拉伯最著名的數學家之一，他大約活躍在 1048 至 1131 年間。今天多數人認為他是一個詩人，但在當時，他同時也是有名的數學家、科學家和哲學家。[39]阿爾・海亞米著作代數書籍的目的之一，便是想要找出三次方程式的解法。雖然最後他並沒能如願尋得其代數解，但是，他卻找到了幾何的解法。透過拋物線與雙曲線的作圖—這樣的方法已突破尺規作圖的限制，阿爾・海亞米找到了三次方程式解的對應點。儘管如此，他在書裡還是寫道：若想替三次方程式找出一個數值解，這種幾何的作法並沒有太大的效用。幾個世紀以後，這一個他用文字記錄留下的挑戰，終於被義大利的代數學家給解決了。（關於此事的更多細節請參考素描 11。）

對阿拉伯的數學家來說，只有正數才具有意義。不過另一方面，若是跟希臘人比起來，他們已經可以將各種線段長度看成是純粹的數目了—有一部分原因是由於他們對三角學概念的拓展深感興趣。他們注意到：藉著單位線段長度的選定，就可以利用比值的觀念來定義其他線段的長度。

除了代數學之外，阿拉伯數學家在幾何學和三角學方面也做出了重要的貢獻。他們研究幾何學中最基本的觀念，特別是歐幾里得的第五設準（postulate）。（參見素描 19。）同時，他們還著手新的幾何學研究，並進一步擴充了希臘人的成果，其中又以三角學最為重要—大概是因為它在天文學上的應用。不可避免地，三角學的發展最後引

[37] 譯按：「德拉克馬（dirhem或作dirham）」一字源自於一種希臘錢幣的名稱，阿拉伯地區有許多國家使用它來當作一種貨幣的單位。

[38] 這裡「平方」用「地產」（properties）來表示，原因是它們可以代表（土地）面積。

[39] 有些學者認為詩人阿爾・海亞米與哲學家兼數學家阿爾・海亞米其實是不同的兩個人，不過，這僅僅只是少數人的意見。

發了方程式近似解的研究，而最著名的例子就是十四世紀阿爾·卡西（Al-Kashi）所提的 n 次方根的近似解法。

組合學亦曾出現在阿拉伯的傳統當中。阿拉伯人至少已經知道今天所謂的「巴斯卡三角形」（Pascal's Triangle）的前面幾列（參見圖三），同時他們明白 $(a+b)^n$ 與圖中這些數目的組合學詮釋之間的關連。受到歐幾里得與丟番圖（Diophantus）作品譯本的影響，阿拉伯人對數論也有所涉獵。事實上，他們對於數學的各個分支，幾乎都做出了貢獻。

$$
\begin{array}{ccccccccccccc}
 & & & & & & 1 & & & & & & \\
 & & & & & 1 & & 1 & & & & & \\
 & & & & 1 & & 2 & & 1 & & & & \\
 & & & 1 & & 3 & & 3 & & 1 & & & \\
 & & 1 & & 4 & & 6 & & 4 & & 1 & & \\
 & 1 & & 5 & & 10 & & 10 & & 5 & & 1 & \\
1 & & 6 & & 15 & & 20 & & 15 & & 6 & & 1 \\
 & & & & & & \vdots & & & & & &
\end{array}
$$

圖三　巴斯卡三角形：圖中每一個數都是上一列正上方左右二個數

最後必須一提的是，實用數學也逐漸在進步。舉個例子來說，或許是因為一至少有一部分是因為這樣一伊斯蘭政府對於雕像的禁止，包括任何人體的藝術雕塑，結果，一種複雜而又精巧的裝飾藝術便順勢發展出來。人們用一種簡單的圖式當基礎，重複拼接出各種圖形來裝飾建築物。這樣的裝飾必須事先進行某些層面的考量及規劃，因為並非所有的圖形，都可以透過重複拼接的方式來覆蓋整個平面。事實上，判定何種圖形可按此種方式蓋滿平面就是一個數學問題，與平面鋪磚的研究和對稱的數學理論息息相關。不過，目前並無證據顯示阿拉伯的數學家是否曾經留意到這方面的數學概念的豐富趣味。反而是工匠們一或許是透過實驗吧一發展出這些圖案與式樣。一直到十九、二十世紀，數學家才發現隱藏於其中的數學概念。

阿拉伯的傳統擁有十分豐富的創造力，他們在希臘與印度數學當中揀選出最佳的一面，並進一步發展下去。令人遺憾的是，最後只有一小部分流傳到歐洲去。結果導致許多的成果都必須要重新再去發掘，有時甚至還是好幾世紀以後的事了。直到十九世紀，歐洲的學者才著手去研究阿拉伯的數學文本。自此以後，歷史學家對這個時期有比較深入的瞭解。目前，我們對於阿拉伯人成就的瞭解仍舊不足，還有很多的手稿值得去閱讀和研究，而且總是能有新的發現。

讀者若要閱讀更多有關阿拉伯數學的資料，可以從 [64] 的第 1.6 節、[80] 的第 7 章，以及 [123] 第 137 到 165 頁開始。[136] 第五部分的某些文章提供了與阿拉伯數學作品相關的例子。[15] 更是做了專書簡介，是一份相當有用的資料。此外，還可以參考 [112] 的第二卷。

中世紀的歐洲

大約在第十世紀前後，西歐的政治及社會生活逐漸穩定下來，人們也因而再次把重心轉移到教育上面。許多地方都出現了專門訓練準傳教士與神職人員的「教會學校」（cathedral schools）。他們專注於古典傳統中入門「三學科」（trivium，即文法、邏輯與修辭）的學習，而比較資深的學生便繼續「四學科」（quadrivium，即數論、幾何、音樂與天文）的修行。事實上，可能只有極少數的學生會去研究四學科裡的數學問題，不過，藉著課堂的參與倒是激起他們對於數學的興趣。

一旦人們對數學感興趣，他們究竟可以去哪裡進一步的學習呢？答案很簡單，那就是可以到伊斯蘭所統治的地方去，而其中最容易到得了的地方非西班牙莫屬。多瑞拉（Gerbert d'Aurilla, 945-1003），也就是後來的教宗西爾維斯特二世（Pope Sylvester II），便是一個很好的例子。為了學習數學，多瑞拉曾造訪西班牙，之後就在法國的萊姆（Rheims）這個地方重新籌辦了一所教會學校。他重新引進算術與幾何的研究，教導學生使用算板，甚至還包括了印度—阿拉伯數碼（但似乎並不是完整的位值系統）。

接下來的幾個世紀，許多歐洲學者就待在西班牙從事各種阿拉伯論著的翻譯工作。然而，只有少數的歐洲學者真正精通阿拉伯文，因此，翻譯的工作就落到許多居住在西班牙，熟稔阿拉伯文的猶太人身上。這些阿拉伯文的作品通常會先透過猶太學者翻成某一共通的語言，然後再被轉譯成拉丁文。許多的希臘文本一包括從亞里斯多德（這是最具影響力的一位）開始一直到歐幾里得一因為經由阿拉伯文再被轉譯成其他的語言，而開始對西方世界產生影響。另外，有很多原來的阿拉伯文本也被翻成其他文字了。[40]

西班牙距離巴格達十分遙遠，而它其實也不是文化與知識的活動中心，因此，只有最老舊或者最簡單的數學文本才有可能被擺在西班牙的圖書館裡頭。或許這可以解釋阿爾・花剌子模的作品在當時為何會如此突出。西元 1145 年，他的代數書籍被契斯特的羅勃（Robert of Chester）所翻譯（正是因為這樣，「al-jabr」變為拉丁文的「algebra」）。此外，他以印度一阿拉伯數碼所寫的算術著作似乎也已經被翻譯或者改編了好多次。其中有很多的版本開頭便寫著「dixit Algorismi」（阿爾・花剌子模如是說），就因為如此，「algorism」一字開始指利用印度一阿拉伯數碼所做的計算過程。今天的「algorithm」（算法）一意思是完成某事的做法，便是原意為操作算術過程的「algorism」這個字轉變而來的。

教會學校的制度最後終於導致十三、十四世紀在波隆那、牛津、巴黎和其他歐洲大城出現了首批的大學。這些大學的學者對數學多半不感興趣。然而，亞里斯多德的作品確實造成很大的影響。他在運動理論方面的著作讓一些牛津與巴黎的學者開始去思索運動學一對於移動中的物體的研究一的問題。這些學者裡面，最偉大的一位應該就是奧雷姆（Nicole Oresme, 1320-1382）了。奧雷姆曾研究比例論（the theory of ratios）和若干運動學方面的問題，不過，最令人印象深刻的還是他用來表示變量的作圖方法一此法與今天函數作圖的概念不謀而

---

[40] [80]第291頁的表替整個翻譯工作提供了一個清楚的輪廓。

合。除此之外，關於運動的問題讓他開始針對無窮級數中那些數量愈來愈小的項，考慮它們的總和。他獲得了許多與這些求和問題相關的重要結果—有些還利用到精妙的繪圖技巧。

商業貿易是歐洲人和伊斯蘭帝國接觸的另一個途徑。比如皮薩的李奧納多，[41]他的父親便是一個商人。由於從小就跟隨父親四處旅行，他學會不少阿拉伯的數學。在他的書裡面，李奧納多將其所學做了解釋與擴充。他的第一部著作叫做《計算書》（*Liber Abbaci*）約於 1202 年出版，接著在 1228 年做了修訂。這本書開頭說明了印度–阿拉伯記數法，然後便廣泛地去考慮一系列的問題，其中某些問題相當實用：例如匯率的換算、利率的計算等等。而剩下的就比較像今天代數教科書裡面的文字題。值得一提的是，此書的內容還包括了二次方程式解法的幾何詮釋，以及一些其他理論的進路介紹，然而，問題才是真正討論的重心所在。

李奧納多其餘的作品同樣也是非常地重要。他的《實用幾何》（*Practica Geometriae*）是一本具實用價值的幾何手卷。這本卷子似乎受到了巴爾・希亞（Abraham bar Hiyya）—此人於十二世紀居住在西班牙—作品很大的影響。（巴爾・希亞原先是以希伯來文寫成，不過卻剛好是當時眾多被翻譯成拉丁文的作品之一。）李奧納多另外還寫了一本《平方數之書》（*Liber Quadratorum*），書裡顯示出他的創造力與才能。此書詳述在整數根的限制下，如何求解各種二次方程式，而這些問題都包含了兩個以上的變數。早在費馬和歐拉的作品問世至少四百年以前，《平方數之書》便已出現，並給了他們不少啟發。

李奧納多的工作或許是後來促成義大利出現鮮明傳統的重要因素之一。隨著商業不斷發展，義大利的商人對計算的需求日益增加，因此，義大利的「計算師傅」（abbacists）便嘗試著撰寫算術與代數相關的書籍來滿足這種需要。這些書通常以人們每天所使用的義

[41] 李奧納多往往由於其父親名字的關係，而被稱作斐波那契（Fibonacci）。不過，並沒有證據顯示李奧納多曾用這個名字來稱呼自己。

大利文寫成，而非專屬於科學家的拉丁文。帕奇歐里（Luca Pacioli, 1445-1517）的工作可說是此一傳統的顛峰，他的《算術、幾何及比例性質之摘要》（*Summa de Aritmetica, Geometria, Proportione e Proportionalita*）是一本相當龐大的實用數學手卷，包含了從日常算術到複式簿記法（double-entry bookkeeping）等各種內容。印刷業也在此時的德國發展起來並於義大利臻至興盛。帕奇歐里的《算術、幾何及比例性質之摘要》一書就是首批付印的其中一本數學書籍，因為這樣，此書有了更廣泛的流通，後來還成為許多代數研究工作的基礎。（更多關於帕奇歐里紀錄的細節請參考素描 2 與素描 8。）

雖然我們可以找到許多中世紀歐洲重要文本的翻譯及不同版本，但明確寫到與數學史有關的資料卻不多見。在 [80] 的第 8 章裡有關於此一時期的充分概述；[64] 的第二部分則提供了相當實用的補充。而關於早期文藝復興其中一本比較有趣的書是 [135]，書裡探討了商業文化和首批以大眾語言書寫的數學書籍之出版間的關係，值得一提的是，《翠維索算術》（*Treviso Arithmetic*）—此類最早出版的書籍之一，這本書也收錄了它的譯本。

十五與十六世紀

大約在十四世紀末，世界上許多不同的文化紛紛都孕育出非常有趣的數學知識。位於中美洲的馬雅（Maya）發展出用以表示數目的二十進位的位值系統（base-twenty place-value system）（參見素描 1）以及相當複雜的曆法制度。中國數學家則創造出精巧的方法來解決各式各樣的問題，比如說，他們能夠用一種方法來求解線性方程組，這個方法非常近似於今天我們所謂的「高斯消去法」（Gaussian elimination）。所以會使用這樣的名稱，是因為高斯在十九世紀重新發現此法的關係。[42]除此之外，印度與阿拉伯數學同樣持續不斷地發

---

[42] 此法亦被稱作「列消去法」（row reduction）。譯按：在《九章算術》中，此一方法稱作「方程術」。

展著。

上述這些文化某種程度上彼此間相互隔離，並且孤立於歐洲文化之外。事實上，他們在某些方面還是有所接觸的，特別是商業貿易，然而，當時似乎只有極少數在數學知識上的交流。後來情況有了戲劇性的轉變。從十五世紀以降，歐洲人開始發展航海的技術，同時帶著歐洲文化航行到遙遠的大陸去。到了十六世紀末，從南美洲到中國有很多地方都成立了耶穌會學校（Jesuit school）。耶穌會的文化網絡後來拓展到全世界，正因如此，歐洲數學在各地被教授和研究，最後並且站上全世界數學的龍頭地位。

隨著歐洲的船員開始航向其他各洲，解決航海技術方面的問題就變得愈來愈重要。長距離的航行全仰賴天文學以及對球面幾何的深入瞭解，於是，也就有助於將三角學推向眾所矚目的焦點。占星術也是這個時期的文化裡相當重要的一部分，而繪製星座圖同時又依賴有關三角學知識的充分掌握。如此一來，三角學遂成為十五、十六世紀數學當中一個重要的主題。

正當航海術、天文學與三角學如火如荼進行的同一時間，人們對算術和代數的重視與日俱增。隨著商人階級的興起，有愈來愈多人發現自己需要計算的能力。由於代數往往被認為是一種廣義的算術，當學者們想要進行更深入的研究時，他們便自然而然地從算術轉往代數。十七世紀以後，代數學一直還是數學家所關注的焦點，詳情我們將會在下一節討論。

代數學與三角學原本就息息相關，並且彼此相互影響。三角學是一種代數化的幾何學（algebraized geometry），而代數學與三角學又都是求解問題的方法。通常同一個學者在這兩個主題上都會有所著述。穆勒（Johannes Muller, 1436-1476）便是一個最佳的例子，他同時也被稱作雷喬蒙塔努斯（Regiomontanus，這個名字源於拉丁文的「來自柯尼斯堡」（Königsberg），也就是他的出生地）。除了翻譯過許多希臘的經典作品和研究星座之外，穆勒還寫了《論各種三角形》（*De Triangulis Omnimodis*），這是第一本完全論述三角學的專書。

有非常非常多的新概念在此時被引進三角學裡面。編列三角函數表（正弦 sine、餘弦 cosine、正切 tangent、餘切 cotangent、正割 secant、餘割 cosecant）成為標準程序，新的公式與應用陸續被發現。最初，所有的焦點都集中在球面三角學之上，不管是天球（celestial sphere）還是地球。接著，人們首次也開始把三角學應用於平面三角學之上。在這個過程中，正弦和餘弦始終都被當成是某一特定線段的長度，並沒有人將它們當作是比值，或是單位圓上的長度。當時所有正弦函數表的製作，都必須要有一個固定半徑的圓做基礎才行，至於在應用上，則必須利用比例去求出符合手邊半徑的資訊。（關於更多早期的三角學，請參考素描 18。）

另外有一件事與這一切多多少少有些關連，那就是義大利的畫家發現了透視畫法。能夠想到如何畫出具有立體效果的圖，是相當困難的一件事情。其實透視畫法的繪圖規則有實質的數學內涵，儘管文藝復興時期的畫家並未對這些規則進行完整的數學分析，然而，他們確實明白自己所做的是一種幾何學。其中有些人，像是杜勒（Albrecht Dürer），對透視畫法當中所牽涉的幾何學知識就相當精通。事實上，杜勒寫了第一部印行的作品—這本書處理高次平面曲線的問題，而他在透視畫法與比例方面的研究，都反映在他的繪畫，以及同時代畫家的藝術創作之上。（參見素描 20。）

針對此一時期的數學，在 [80] 的第 9、10 章，以及 [64] 的第二部分裡有詳盡的研究。[123] 則提供了非歐洲的觀點。[56] 也是非常值得一讀的一本書，當中討論了文藝復興時期的數學與藝術，並對於透視畫法的發現做了特別的介紹。

代數成年禮

隨著時間進入近代早期，數學開始變得愈加豐富與多樣化。儘管某些時候人們會有某些關注的焦點，但總是還有其他的單元會被研究。由這點來看，我們還是選擇並遵循某些重要的路線來進行論述，並不會試圖要去涵蓋每件事。在十六世紀與十七世紀初期，代數成為眾所矚目的焦點。

瞭解此時的代數究竟什麼模樣，是非常重要的一件事。李奧納多（按即斐波那契）的《計算書》，和啟發它的阿拉伯代數一樣，全是用文辭寫成的—方程式與計算過程均以文字表示，並毫不省略地一一寫出來。在李奧納多之後，十六世紀以前，曾有學者發明了許多縮寫字，例如用 *p* 來代表「加」（plus），但是他們並未真正改變其本質，特別地，他們未曾引進任何一般性或標準化的記號，人們還是從算術的準則出發嘗試去解方程式。當時所處理的，大部分都是一次或二次方程式，又或者是很容易就可化約成一次或二次的方程式。

The whetstone of witte, whiche is the seconde parte of Arithmetike: containyng thextraction of Rootes: The Cossike practise, with the rule of Equation: and the woorkes of Surde Nombers.

〔摘自雷科德著作的書名頁〕

義大利的代數學家用 cosa 這個字—亦即「事物」（thing）之意，來表示方程式裡的未知量。後來，其他國家的學者也群起仿效，不過，他們用的是 coss（譯按：意指「未知數」），因此，他們又被稱為「未知物計算家」（cossist），而代數學有時候也被叫做「解未知物之術」（the cossic art）。[43]英國學者雷科德（Robert Recorde, 1510？-1558）是這個傳統的一個最佳的例子，在他的著作《技術之基礎》（*The Grounde of Artes*, 1544）裡面，他解釋了基礎算術。這本書以英文對話的形式寫成，曾大受歡迎而發行了 29 版。雷科德的第二本書，書名叫做《勵智石》（*The Whetstone of Witte*，1577 年），是一部他自己形容為處理「解未知物之術」，亦

[43] 當時的英語拼法尚未統一，所以，在其他地區也出現了「cossick」或「cossike」等異於「cossic」的拼法。

即代數學的續篇著作。（這本書的書名其實是個雙關語：在拉丁文裡頭，cos 恰好就是「磨刀石」（whetstone）的意思！）代數被視為是一種流行且實用的數學，在奠定算術的基礎之後，它也是用來鍛鍊心思，使其敏捷的一帖良方，這些都是早期代數學傳統的典型。

雷科德只是其中一個例子而已。從葡萄牙的努斯（Pedro Nunes, 1502-1578）到德國的史蒂費爾（Michael Stifel, 1486-1567），所謂的未知物計算家遍佈於歐洲各地。這些人特別擅長於創造記號。他們用不同的符號來代表未知量、未知量的平方等等，對於代數的運算以及開方，有些人則以特殊的記號來表示。另外，也有人僅僅只將關鍵字用縮寫方式列出。值得一提的是，除了未知數以外，當時並沒有代表量的符號；這些量往往以數字來呈現。人們能夠列出像 $x^2 + 10x = 39$ 這樣的式子，卻沒辦法寫出形如 $ax^2 + bx = c$ 一般的式子。因此，儘管確實「知道」二次公式，他們並無法寫出像我們今天所使用的一樣的公式；取而代之的是，他們利用文字把方法記錄下來，另外，還列舉出許多的例子。（更多有關代數符號系統的演進，請參考素描 2 與素描 8。）

在這個時期，有好幾位代數學家曾試圖去尋找求解三次方程式的方法。首先於義大利由費羅（Scipione del Ferro, 1456-1526）和塔爾塔利亞（Tartaglia, 1500-1557）做出關鍵性的突破。[44]他們都發現了如何求解某些三次方程式的方法，不過，兩人都對自己的解法相當保密，因為當時的學者多數受到有錢人的贊助，並藉由在公開的競賽中擊敗其他學者來掙得工作。知道三次方程式的解法，讓他們可以提出問題來挑戰對手—他們明白對手不可能會解這類問題，所以，人們自然會想盡辦法做好保密的工作。

在三次方程式的案例中，卡丹諾（Girolamo Cardano, 1501-1576）首先打破了這個保密的模式。他說服塔爾塔利亞告訴他三次方程式

---

[44] 雖然塔爾塔利亞真正的名字是馮塔納・尼柯洛（Niccolo Fontana），通常大家還是以他的綽號—塔爾塔利亞來稱呼他，該綽號有「口吃的人」（stammerer）的意思。

解法的秘密，並且允諾絕不會洩密。一旦他得知塔爾塔利亞的某些方法以後，他便能將其推廣為求解任意三次方程式的方法。由於認為自己已做出實際的貢獻，卡丹諾最後決定不再遵守保密的承諾。他寫了一本名為《大技術》（*Ars Magna*）的書，這本（以拉丁文寫成的）學術性論文對於如何求解三次方程式做了完整的說明，並附上精巧的幾何證明。此書還收錄了由他的學生費拉里（Lodovico Ferrari, 1522-1565）找到的一般四次方程式的解法。儘管卡丹諾曾對塔爾塔利亞的貢獻表達謝意，但後者對卡丹諾的毀約還是感到非常憤怒。他曾公開提出抗議，不過，最後他能做的還是非常有限，事實上，三次方程式的公式解到今天通常還是稱作「卡丹諾公式」（Cardano's formula）。（參見素描 11，有更多關於此一工作人性面向的故事。）

〔摘自卡丹諾著作的書名頁〕

卡丹諾所寫的仍是舊式的記號，舉例來說，方程式 $x^3 = 15x + 4$ 他會寫成像下面這樣：

> cubus.aeq.15.cos.p.4（讀作「一個立方等於 15 個物加上 4」）

接著，他便給出求解方程式的步驟，這些步驟就像今天我們所用的三次方程解公式那樣。因為在他所舉的方程式裡，係數往往都是數字，他只好用文字來描述這個方法並列出適用的例子。

然而，有一個非常嚴重的問題產生了。引用卡丹諾的方法來解上述提到的方程式，會得到（以現代記號表之）：

$$x=\sqrt[3]{2+\sqrt{-121}}+\sqrt[3]{2-\sqrt{-121}}$$

當時在二次方程式當中，根號裡面出現負數代表此方程式無解，但在這邊卻很容易檢查出該方程式有一個解是 $x = 4$。卡丹諾的方法解決了大部分的三次方程式，不過，在這個例子裡頭他卻碰了釘子。最後，他決定把這個問題掩蓋起來，因此，在他的書中幾乎沒有提到像剛剛那一類的方程式，即便有也是隱密而又簡短的。（參見素描 17。）他的方法適用於每一個他詳細討論到的方程式。

卡丹諾刻意忽略的問題，後來被邦貝利（Rafael Bombelli, 1526-1572）解決了。在其著作《代數學》（*Algebra*）裡，他從幾個不同的層面去拓展卡丹諾的想法，其中最特別的是，他創造出一種能夠處理上述會導致負數平方根問題的三次方程式。或許我們可以說邦貝利的作法是複數理論的始祖，雖然我們並不清楚他是否已真的將它們當成「數目」來看待。邦貝利將它們稱作是「關連到一種新形式的三次方程的根式解」（linked cubic radicals of a new type），並且還說明了要如何操作它們才能得到答案。（更多有關複數的起源，請參考素描 17。）

另一個由邦貝利所發展出的重要概念，是透過更直接的方式，將代數與幾何連結起來。卡丹諾只能把 x^3 想像成是一個未知邊長的立方體的體積。從另一方面來說，邦貝利已經開始去考慮一個包含邊長為 x^2 的圖形，並且引用這些圖形來解釋他的方程式。由於強調與幾何的連結，邦貝利可說是已朝著後來代數學的發展方向邁出了第一步。

邦貝利的《代數學》還有另一項重要的特色。當他在撰寫這本書的同時，邦貝利得知雷喬蒙塔努斯曾翻譯過丟番圖《數論》的一部分內容，於是他找出這份譯文並仔細研讀。這部古老的希臘著作，對他的思考方式明顯產生了極大的影響。實際上，在邦貝利作品的後半部分，就有許多取自丟番圖書裡的問題。通常這些問題都是會有好幾個解的多變數方程式，不過，我們所要求的是該方程式的整數或分數解。因為求解這類方程式必須具備好幾種不同的代數技巧，邦貝利所做的並未超越丟番圖已有的成果許多，但他又一次地替後來的發展鋪好了一條路。

一直到十六世紀末，透過韋達（François Viète, 1540-1603）的巧手，代數終於看起來比較像它現在的模樣。除了其他工作之外，韋達在法國宮廷裡面擔任密碼學家（cryptographer）—把攔截到的秘密訊息破譯出來的解碼專家。或許這就是導致他最重要的新發明的原因：他的想法是吾人可以用字母來代表方程式中的數字。韋達使用 A、E、I、O、U 五個母音字母來表示未知量，另外以子音字母來表示已知數。於是，他成了第一位能夠列出形如 $ax^2 + bx = c$ 這類方程式的人，雖然他的寫法看起來會像「B in A squared + C plane in A eq. D solid」。（別忘了，這裡母音字母 A 是未知量，而子音字母 B、C、D 則代表數值參量（numerical parameter）。）

這種方程式的形式凸顯了韋達所擔心的一件事：他總是認為數量應該要具有同等的維度（equidimensional）。由於 A^2 乘上 B 會得到一個「立體的」（solid，即三維的）量，他明確指出 C 必須是個平面，如此一來，CA 亦是一個立體，最後 D 也一定是個立體。前面我們已經說過，邦貝利就沒有這樣的煩惱，而在稍後，笛卡兒會設法讓大家相信最好還是別去擔憂維度的問題。

不過，韋達做過最重要的一件事或許是提升代數的地位，使其成為數學中很重要的一部分。事實上，在代數學裡頭，一開始我們常常會假設 $ax^2 + bx$ 等於 c，接著才去推論出 x 的值等於多少。這個做法讓韋達想到四世紀的數學家帕普斯所謂的分析（analysis）—首先假定問題已被解出，然後由此假設出發逐步進行演繹。於是，韋達便主張希臘的分析學其實是代數學，希臘人應早已對此有所知悉並一直保守這個秘密。[45]在這個時候，與幾何學比較起來，代數學通常被認為

---

45 關於此點他的主張是錯的，但替代數學創造一個希臘起源，在當時那個非常重視古典學問的年代是相當具有好處的。

是不那麼重要的。藉著賦予代數學一個希臘血統，韋達成功地讓更多的數學家接納它。（參見素描 8，有更多關於韋達在代數學方面的貢獻。）

最後，笛卡兒（René Descartes, 1596-1650）讓代數學完全達到成熟的境界。在他著名的作品《幾何學》（*La Géométrie*，以他的另一本書《方法導論》（*Discourse on Method*）附錄的方式印行）當中，笛卡兒提出本質上就是今天我們所用的記號。他建議利用倒數幾個小寫的字母（如 x、y 和 z）來表示未知量，而開頭幾個小寫的字母（如 a、b、c）則表示已知量。他還提出在變數上面使用指數來代表該變量的乘冪。最後，他又指出只要固定一個單位長度，任何數均可解釋成幾何裡頭一條線段的長度，因此，x^2 便可以指一條長度是 x^2 的線段。如此一來，笛卡兒就完全除去韋達關於維度的憂慮了。（若想獲得更多笛卡兒如何影響代數記號發展的資訊，請參考素描 8。）

這個時期有三個發明非常非常的重要。首先，無法找到五次方程式的一般解，這件事促使代數學家提出更深刻的問題。慢慢地，一個關於多項式及其根的理論逐漸成形。其次，笛卡兒和費馬（Pierre de Fermat, 1601-1665）成功地連結代數與幾何學，發明了今天所謂的「坐標幾何」（coordinate geometry）。就像可以幾何的方式來解釋代數方程式，他們證明了吾人亦可以代數的方式來解釋幾何上的關係。（更多關於坐標幾何，請參考素描 16。）費馬和笛卡兒兩人藉由運用代數學去解出帕普斯曾討論過的著名難題，來說明代數在求解幾何問題方面的威力。最後，費馬引進了一種屬於全新範疇的代數問題。這些問題都跟希臘數學家丟番圖的作品有關，但遠遠超出丟番圖的研究。特別地，費馬開始提出「關於數目的問題」（questions about numbers），他所謂的數目其實是指整數。例如，一個平方數有可能等於 1 再加上一個立方數嗎？這個問題就等同於方程式 $y^2 = x^3 + 1$，費馬想要在 x、y 均為整數的限制下，求解該方程式。這個方程式有一組很簡單的答案，$x = 2$，$y = 3$。然而，是否還有其他的整數解呢？費馬發展出解答這類問題的方法。另外，他也可以用這個方法來證明他所謂的「否定命題」（negative proposition）—這種命題是說某些方程式無法被解出。舉例來說，他就證明了方程式 $x^4 + y^4 = z^2$ 沒有（非零的）整數解。

可惜的是，有好長一段時間就只有費馬體會到這一類問題的趣味。除此之外，他並非一位專業的數學家，而是任職於法國土魯斯（Toulouse）法院的一個律師。因此，他從未出版過他的證明。相反地，他透過和朋友的信件往來，闡述他的想法與發現，不過，他並未提出任何技術上的細節。於是，一個世紀以後，其他數學家又必須去重新發現這類議題，並且再去尋找所有的證明。等到討論十八、十九世紀歐拉等人的研究時，我們還會回來討論這個話題。

在 [80] 的第 9 和第 10 章中，有關於早期代數學發展的論述。若想要更詳細的研究資料，可以參考 [10]。另外也可以參考 [12]，裡頭收錄了一系列關於代數以及其歷史教學的文章。

微積分與應用數學

十六世紀末、十七世紀初，在數學家發展代數學的同一時間，另外有一批人正設法利用數學去瞭解宇宙，這些人通常被稱作「自然哲學家」（natural philosopher），而其中最有名的一位應該就是伽利略（Galileo Galilei, 1564-1642）。伽利略一生中大多數時間都定居在義大利的佛羅倫斯。他的研究涵蓋天文學以及運動物理學。此外，他還將數學分析融入觀察與實驗裡頭。事實上，伽利略堅信吾人必須藉由數學才有機會瞭解這個世界。

然而，伽利略並不是唯一的一位。在德國，刻卜勒（Johannes Kepler, 1571-1630）透過古老的希臘錐線幾何來描述整個太陽系。由於數學上的興趣，希臘人曾對橢圓做過研究。刻卜勒卻發現行星沿著橢圓形的軌道繞太陽運轉，並且有系統地利用數學定律去描述各行星的如何移動。在法國，梅森納神父（Father Marin Mersenne,

1588-1648）[46]嘗試讓許多來自各地的學者齊聚一堂，進行討論並分工合作以便理解這個世界。在英國，哈里奧特（Thomas Harriot, 1560-1621）持續發展代數學，並且將數學應用於光學、航海等等其他問題。此外，笛卡兒—他曾藉由連結代數學與幾何學而做出突破性的變革—也開始試著去瞭解彗星、光線和其他的現象。

這些研究工作帶來了一些引人關注的特殊議題。運動學的研究，不可避免地衍生出牽涉到空間與時間之無限分割的艱澀問題：假使一個運動中的物體之速度隨時間不斷地改變，那麼，吾人該如何得知它的速度呢？又該如何計算它在某段時間內所走過的距離呢？

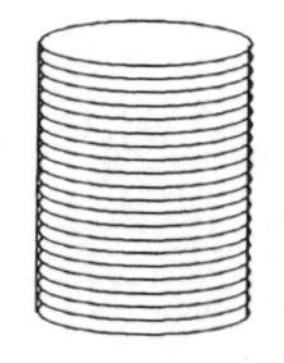

上述這些都不是新產生的問題。從中世紀開始，就有許多學者，如奧雷姆等人，就已開始針對此類問題進行討論，不過，它們與其他問題之全新關連，卻再一次地突顯其重要性。另外，曲線的切線和曲線圖形面積的求法，也一樣非常重要，因此，開始有很多數學家著手去進行研究。卡瓦列利（Bonaventura Cavalieri, 1598-1647）便是其中的一位，他是耶穌教團成員（Jesuat），[47]也曾是伽利略的學生與波隆那大學的教授。為了研究曲線圖形的面積，卡瓦列利提出「不可分割量之原理」（principle of indivisibles）。這個概念是說，平面區域可以看成是無限多條的一組平行線段，而立體圖形則是無限多個的一組平行平面區域。舉例來說，我們可以將一個圓

---

[46] 梅森納是聖方濟各會（Franciscan）的修道士，同時也是重要的音樂理論家以及優秀的業餘數學家。

[47] 千萬別和「Jesuit」（耶穌會士）搞混了。「Jesuati」是1366年至1668年間天主教會中的一個教團。譯按：Jesuit與Jesuat其實意義相同，均指「耶穌的會眾」，為了在中文區別起見，我們將前者譯為「耶穌會士」，後者為「耶穌教團成員」。卡瓦列利是耶穌教團成員。而有名的耶穌會（Society of Jesus）為目前天主教會內最大的修會，是因應十六世紀宗教改革所成立的修會。耶穌會對東西文化交流貢獻良多，與徐光啟合譯《幾何原本》的利瑪竇（Matteo Ricci）就是耶穌會士。前輔仁大學董事長、臺灣首位樞機主教—單國璽主教亦為耶穌會士。

柱體想成是一疊大小相同的圓；一個球體則是一疊大小不同的圓。利用這樣的想法，卡瓦列利便可計算出許多先前難以去分析的圖形面積和體積。法國的費馬、笛卡兒，以及其他多位歐洲的數學家亦曾從事類似的研究。大概在 1660 年左右，人們已經很明顯地能夠視實際的需要解出這一類問題，然而，卻尚未有一個一般化的方法出現。

1660年代晚期，牛頓（Issac Newton, 1642-1727）與萊布尼茲（Gottfried Wilhelm Leibniz, 1646-1716）各自都發現了這個一般化的方法。事實上，兩人的方法還是有些微的不同。牛頓的方法強調的是他所謂的「流量」（flowing quantities）與「流數」（fluxions）一亦即流體的變化率（rates of flow）；萊布尼茲則引用「無限小量」（infinitesimal）作為進路：如果以變數 x 來表示一個量，他將其「微分」（differential）dx 定義為一段無窮小的時間內，x 的改變量。流數與微分兩者基本上都是今天我們所說的「導數」（derivative）。

微積分的發現最重要的部分，就是對於下述事實的體認一吾人可以發展出一套方法來計算這些事物。它是一種計算的方法，屬於「微積分學」（calculus）。萊布尼茲應是唯一看清這個事實的人。在其第一篇有關該主題的論文中，他曾強調過在不需實際去思索究竟發生什麼事的情況下，就能夠把問題解決是相當重要的一件事。我們真正需要做的，就只是應用微積分裡的法則而已。[48]

擁有威力如此強大的工具以後，很多人開始把它應用於這個世界。於是，它變成十八世紀數學的主題。當時，牛頓完成了他的《原理》（*Principia*）一其內容是有關運動定律與太陽系運轉的數學解析。雅各・伯努利（Jokob Bernoulli, 1654-1705）和他的弟弟約翰・伯努利（Johann Bernoulli, 1667-1748），還有其他數學家也開始學習使用微積分，其中約翰更是扮演了相當重要的角色。由於他的哥哥已經是家鄉（瑞士的巴賽爾）裡面的數學專家，約翰不得不到其他的

[48] 今天教授微積分的人當中，有些會認為當初萊布尼茲做的工作太好了，其實，這是可以理解的！

地方去尋求發展。他靠著教授法國的一個貴族—羅必達（Marquis de L'Hospital, 1661-1704）—新的微積分學來維生。伯努利同意寫信給羅必達，向他解釋微積分，而這些信件的內容將全歸羅必達所有。最後，羅必達在1696年以自己的名義出版了第一本微積分教科書—但其實內容基本上都是出自於伯努利的信件！

短時間內便出版了許多這一類的書籍，而很多數學家也繼續利用微積分來研究自然界的事物，其中有一位叫做丹尼爾·伯努利（Daniel Bernoulli, 1700-1782），他是約翰·伯努利的兒子。丹尼爾曾對力學與流體靜力學做過研究。義大利有一位阿涅西（Maria Gaetana Agnesi, 1718-1799）曾寫過一部教科書，統一處理了代數、坐標幾何與微積分，使她成為影響現代數學的首位女性。儘管阿涅西的書早已過時，對很多人來說還是非常有用。後來，阿涅西變得很有名，甚至還被聘為大學的教授。

在法國，微積分這個新數學概念的散播，和牛頓關於運動與萬有引力等新觀念的流傳息息相關，並且有許多學者參與其中。裡頭最重要的，是一位女性—夏德萊夫人（Emilie de Chatelet, 1706-1749），她替牛頓的《原理》作了大量的法文譯注。由於歐洲人比較喜歡萊布尼茲所用的術語和記號的關係，夏德萊同時也得翻譯數學的那一部分。在這個過程中，她澄清了好幾個重大的議題，並協助說服了人們去相信新物理學是正確的。

然而，這個時代最偉大的數學家非歐拉（Leonhard Euler, 1707-1783）莫屬。他出生於瑞士，早年並跟隨約翰·伯努利（那時，他已取代他哥哥在巴賽爾的地位了）學習。歐拉一生大部分的時間都待在（俄國）聖彼得堡與柏林（當時普魯士的首都）。此時的大學對於科學研究並不是很感興趣，反倒是有好幾個歐洲的國王建立了皇家科學院。在皇家科學院裡，學者們可以進行研究與溝通，他們甚至還互相比賽看誰能夠招募到當時最好的學者。歐拉一生幾乎都與聖彼得堡科學院（St. Petersburg Academy）有密不可分的關係。雖然他曾有一度被誘離開並在柏林科學院（Berlin Academy）待了幾年，但最後他還是回到俄國。

研讀歐拉的作品會讓人有一種印象：他真是一位充滿各種想法的人。歐拉在作品裡面論述了數學與物理學的每個面向，另外還提及許多的天文學、工程學和哲學知識。在數學方面，歐拉把微積分發展成一個威力十足的工具，並將它應用於各式各樣複雜的問題之上一不論是純數學或是物理學。他曾撰寫教材向其他人解釋這些學問。在他的「微積分預習」（precalculus）教材裡頭，歐拉非常重視函數的概念。值得一提的是，書中有很多約定俗成和觀念，即使到了今天我們都還在使用。

歐拉並未在此停下腳步。他重新發現和整理了費馬的數論，並替費馬的命題找出正確的證明，因而確立了數論在數學上的重要地位。歐拉研究過代數與多項式，還差一點證明了代數基本定理（Fundamental Theorem of Algebra）。另一方面，他曾研究三角形中的幾何學，又發現與多面體相關的基本定理，並開始研究曲線和曲面幾何。歐拉把數學應用於船隻與渦輪機的設計上，以及其他工程方面的問題；甚至也考慮了彩票和著名的「七橋問題」一完全不重複地走過七座橋一次。值得一提的是，如果研究某件事物所需之數學早已可得，他就立刻拿來運用；反之，他便會去發展新的數學。今天歐拉的作品早已有超過八十卷被印行。他總是一頭栽進他的研究當中，絕不會等到正確的方法出現才動手。不過，稍後若有比較簡單或者更好的方法，他便會重新撰寫相關的論文。閱讀歐拉的論文讓人瞭解為何他會對各種問題產生興趣，以及他的想法是如何產生的。

歐拉對後世產生了極大的影響。他是首位提議將正弦和餘弦想成是角的函數，同時以單位圓的觀點定義兩者的人。此外，他也是用現代形式來表現牛頓運動定律的第一人。歐拉推廣用 π 來代表圓周率，並且替自然對數的底數創造了 e 的符號。他的教材所樹立起的風格與記號，被沿用了相當長的一段時間。在數學裡頭，到處都有以歐拉為名的概念。

在拉普拉斯（Pierre Simon Laplace, 1749-1827）和拉格朗日

（Joseph-Louis Lagrange, 1736-1813）的研究當中，我們或許可以看到十八世紀數學的高峰。拉普拉斯是一個不折不扣的應用數學家，他寫了非常著名的關於天體力學與機率論的書籍—全部都是充斥各種數學知識的巨作。這些書另外有比較普及的版本：分別是說明太陽系如何運作的《宇宙系統論》（*The System of the World*），以及解釋機率論基礎概念、並主張其廣泛適用性的《機率的哲學論文》（*Philosophical Essay on Probabilities*）。（有關早期機率論的發展，請參考素描 21。）至於拉格朗日，他涉足於數學的各個領域，從代數學到微積分均可見其蹤跡。他最重要的一本是與力學相關的論述，其中，他提出一個可以說明事物如何及為何運動的數學理論。這部著名的書籍，不但在物理學史上佔了相當重要的地位，同時，也因本書中完全沒有圖形而聲名大噪。拉格朗日認為本書的公式，已充分地掌握各種物理現象，當然就不再需要任何圖形了。

十八世紀是一個相當令人樂觀的年代。拉普拉斯毫不猶豫地就把機率的計算，運用在裁決與陪審活動上面。儘管如此，現代的讀者常常會發現他所用的假設非常怪異。[49]同樣地，拉格朗日不需倚賴圖形便可從事物理的研究工作。因為這樣，數學家認為他們手邊必定握有一把「實在之鑰」（the key to reality），而在大多數情況下，這把鑰匙似乎都能順利地開啟各式各樣的大門。

然而，情況也並非總是那麼順利。最有名的例子，就是愛爾蘭哲學家暨英國國教柯隆尼區主教（Anglican Bishop of Cloyne）柏克萊（George Berkeley, 1685-1753）的文章所引起的爭辯。有一位數學家曾公開表示宗教信仰既不可靠而又缺乏確定性，柏克萊因此被這樣的無神論主張所激怒。於是，柏克萊提出反駁，他認為微積分的基礎—這個數學家非常重視的概念—同樣靠不住。在他這篇毫不留情的論文—〈分析學家〉（*The Analyst*）裡頭，他指出牛頓的「流數」與萊布尼茲的「無限小量」兩者的定義都不明確，而且在某些方面來說是有

---

[49] 例如，將人類的決策過程考慮為從甕裡抽取彩球，這樣的想法真的合理嗎？

矛盾的。流數的計算靠的是兩增加量所得的商。牛頓似乎有時會令兩增加量為 0，有時又令它們不為 0。柏克萊很明確地指出這個矛盾：

> 這些流數是什麼？速度的瞬時增量。那這些相同的瞬時增量又是什麼？它們既非有限量，也非無限小的量，又不是零。我們難道不應稱它們為死去量的鬼魂嗎？

柏克萊在論文的前頭便提出其主要的觀點：「……一個能夠瞭解二階或者三階流數的人，依我看來，不應該對於神學的任何論點那樣過份苛求才對。」

柏克萊亦以牛頓當作例子，他說牛頓為了節省時間，在其書寫的過程中會跳過困難的地方、或者選擇正確的方式去論述一件事，於是，某些爭議就被掩蓋起來了。柏克萊的批評，透露出微積分學的基礎還不夠穩固。

對許多數學家來說，答案都是「但是它確實有用呀！」達朗貝爾（Jean le Rond d'Alembert, 1717-1783）—法國數學家兼哲學家，同時，也是著名的《百科全書》（*Encyclopedie*）的編輯之一，據說他曾對學生說過：「堅持住，信心必定會來臨。」儘管如此，包括達朗貝爾在內，有好幾位數學家開始去尋求更適合的基礎。終於在十九世紀初期，出現了第一個成果，雖然數學家一直要等到很後面，才完成這個工作。

微積分早期的發展，一直是許多歷史研究的主題。從 [80] 的第 12、13 章開始，是一個不錯的選擇，另外，[65] 的前半部提供了更進一步的資訊。事實上，兩者都針對進一步的閱讀給了建議。

嚴密性與專業性

十九世紀目睹了數學活動的巨大爆發，以及數學家在哪裡工作、如何工作的重大轉變。數學在很多很多方面都有進展，以致於很難找到一個主要的主題來描繪所有數學工作的特徵。我們決定強調十九世紀數學的三個重要面向。首先，是對嚴密性的深刻關切，特別是在分析學方面。其次是物理學的問題引出越來越多精緻複雜的數學。第三，數學家以一種新的、不同的方式變成了「專（業）家」（professional）。

十九世紀開始的前幾年，是法國大革命結束後的一段時期。法國大革命發生在 1789 年，它影響了全歐洲。革命家們引進法國的其中一個改變，就是對教育一種新的重視。他們創立了像位於巴黎的綜合理工學院這樣子的學校，該所學校的主要任務是提供中產階級技術方面的教育，其目的在於建立一個受過良好訓練的公務人員階級，讓新的法蘭西共和國（French Republic）得以運作。創立這樣子的學校所造成的結果，其一就是數學家們被期望去教學，而且，他們的學生也被期望從數學家們的教學中學習，而這就施予清晰、精確與嚴密一種新的價值，畢竟，若一個教師不懂得學習內容的基礎，那學生又如何能夠理解它呢？大約在相同的時間，法國科學院（French Academy of Sciences）發明公制（metric system）成為測量的標準，以在科學與商業中使用。公制自 1795 年被法國政府正式採用後，逐漸傳到其他國家去。到了十九世紀結束時，公制已變成國際公認的標準。

當十九世紀揭開序幕時，佔首要地位的數學家就是高斯（Carl Friedrich Gauss, 1777-1855）。高斯小時候似乎是個天才兒童，在他三歲的時候就會做算術；在十七歲時，他已經做出意義重大的發現，他將這發現記錄在他的數學日記裡。他的第一本重要著作在1801年出版，書名是《數論研考》（*Disquisitiones Arithmetic*）。此書討論整數及其性質，而此書標誌著後人所稱的高斯風格（Gaussian style）：清瘦的、精確的，且在技術性的證明之外，幾乎沒有引起動機或解釋。

高斯的工作遍及整個純數學與應用數學。事實上，他在物理學與天文學方面的工作，也像他純粹的數學工作一樣有名。高斯還有辦法將兩者結合在一起，比方說，在做完一些測量之後，他會將從測量中發展出來的想法，運用在他對曲面幾何的研究。這種在應用與數學間的互動，是十九世紀偉大的數學家相當典型的工作。

另一個十九世紀早期的偉大數學家就是柯西（Augustin Louis Cauchy, 1789-1857）。柯西非常年輕的時候，已經是巴黎綜合理工學院的教授了，他主要的工作是教授分析學，但他很不滿意當時分析學的基礎，其結果就是編寫出數學史上最有名的教科書之一，《巴黎綜合理工學院分析課程》（*The Ecole Polytechnique Course in Analysis*），這個書名並未指出書的內容是多麼的革命性。柯西的目的是要「正確做微積分」（do calculus right），而就在此書中，第一次出現了導數與積分的定義，「微積分基本定理」（Fundamental Theorem of Calculus）第一次被強調為真正的基本定理。接下來，就像我們今日所做的，柯西強調分析學的算術面向，而非圖形的計算或幾何直觀法則。

柯西的工作廣泛地延伸至數學與數學物理學中，他寫的內容包括每件事。事實上，由於柯西的創作實在太多，以致於有段時間，一份法國主要期刊的編輯們對柯西的論文加以限額。為了反制這種限制，柯西說服一位出版商（這位出版商恰好是柯西的親戚）出版一份僅刊載柯西論文的期刊！柯西對嚴密性的強調，對其他數學家造成了重大的影響。有個故事是這樣子說的，拉普拉斯（Laplace）有一次聽柯西解釋無窮級數收斂的重要性後，驚恐地跑回家去檢驗他那本厚厚的天體力學著作中的級數。柯西的新概念真的是影響深遠。

許多數學家接續了柯西使分析學精確與嚴密的研究工作，在這個過程中，他們發現了柯西的瑕疵，當然，也嘗試去改進它。在這些數學家中，最重要的一位，就是外爾斯特拉斯（Karl Weierstrass, 1815-1897），即便在今天，他的名字就是嚴密與精確的同義詞。外爾斯特拉斯也是一位教師，事實上，他一開始是位高中教師，除了教授數學外，他還要教授其他科目，從物理學、植物學到書寫、體育都教。一直到發表了幾篇意義重大的論文後，他才被認為是一位具有創造力的數學家，最終，他成為柏林大學的教授。

外爾斯特拉斯在柏林的授課十分著名。他不是一位教學生動活潑的老師，健康方面的問題迫使他坐著授課，同時，有一位學生幫他將算式寫在黑板上。不過，他的授課內容非常具有啟發性，他的許多學生後來都成為偉大的數學家。這些講課的一個主要成果，就是微積分基礎的一個完全轉換，他清楚又精確的定義，將任何神祕的痕跡、幾何直觀全都趕出微積分之外，將分析學建立在僅依靠代數與算術的邏輯基礎上。然而，這新方法並不容易，可以徵之於現今必須學習外爾斯特拉斯的 ε-δ（epsilon-delta）方法來處理極限的學生之經驗。

在解決了尋求微積分的嚴密基礎後，數學家們也開始考量數學的其他部分。戴德金（Richard Dedekind, 1831-1916）與皮亞諾（Giuseppe Peano, 1858-1932）探究了算術的基礎，而康托（Georg Cantor, 1845-1918）發明了集合的概念，使得他對無限得以做出重大而基本的發現。集合論最終成為所有數學的一個可能的基礎。（請參閱素描 25。）

代數學與幾何學在十九世紀也有了根本性的改變。三次與四次方程式的公式解在十六世紀就已經被找到了，但五次方程式尚無人能夠解決。逐漸地，數學家開始從尋求五次方程式的解，轉而去瞭解為什麼無法獲得五次方程式的解。十八世紀時，拉格朗日已經注意到，[50] 藉由在各種多項式上分析方程式之根的重排所得的結果，可以理解方程式所有存在的解。這顯示了數學家是如何更嚴密地思考「公式」（formula）對解方程式來說到底所謂為何。伴隨著公式與根的重排之間的關聯之發現，這實際上已經導向十九世紀的重大代數發現了。

第一個突破性進展來自阿貝爾（Niels Henrik Abel, 1802-1829），一位才華洋溢卻短命的挪威數學家。阿貝爾在 1822 年著手證明五次方程式沒有公式解，這已是個卓越的發展，但在代數學中真正的革命性發展，卻是來自伽羅瓦（Évariste Galois, 1811-1832）。伽羅瓦才華橫溢，且同時對數學與政治有著天性的狂熱。在他年輕的時候，他將自己短暫人生的大部分時間，都花在被逐出學校與進入監牢之中。儘

[50] 譯注：原著將拉格朗日誤植為勒讓德（Andrin-Marie Legendre），經與原作者通信後確認改正。

管時常有這些坎坷，他還是在數學上投注許多時間，可是，他的作品並未受到注意。1832 年，在他生日的前幾天，他捲入了一場決鬥之中，這場決鬥，要了他的性命。

在那場「事關名譽的緋聞」決鬥的前一晚，伽羅瓦匆忙寫完一封急信給一位朋友，信中摘述了他在幾篇數學論文中的成果，而這幾篇論文都尚未發表。在信的結尾，伽羅瓦請求他的朋友將它寄給當時最優秀的數學家，伽羅瓦還表示希望日後能「有人發現它的好處，因而去破解所有的混亂」。伽羅瓦說對了！他所說的破解「混亂」，就是藉助「群論」來分析代數方程式的可解性，而「群論」已經成為今日代數學與幾何學中的基石了。

伽羅瓦引入了一種截然不同的觀點，他主張必須將考慮的目標從方程式特定的變換，轉而同時考慮所有可能的變換。隨著時代的演進，這種更抽象的觀點被其他數學家所採納，事實上，這通向了今日的「抽象代數」。

在幾何學中，十九世紀也是革命性的時代。幾世紀以來，人們一直思索歐幾里得的平行設準及它在平面幾何中所扮演的角色。高斯．波耶（János Bólyai, 1802-1860）、羅巴秋夫斯基（Nicolai Lobachevsky, 1793-1856）、以及黎曼（Bernhard Riemann, 1826-1866）的工作，終於解決了這個問題，並引出了非歐幾何學。（請參閱素描 19。）同樣地，這種演進是朝向抽象化與嚴密化，而不是試圖去指出什麼才是「現實世界的幾何學」。這些數學家展現了研究幾何學的他種途徑，每一種都有內部的一致性，每一種都很有趣，每一種都是正確的。這種離開實際應用的發展，在當時一定看起來像是個沒有用處但美麗的夢想。當愛因斯坦在 1910 年代尋找一種方式來表達他對重力的洞見時，他在黎曼的幾何學進路中找到了正確的語言，這結果是，我們能夠活在一個非歐幾何的宇宙中！

十九世紀時，數學與理論物理間的連結仍然是十分牢固的。應用數學是有趣的、困難的問題之來源，為了解決這些問題，重要的、新的數學被創造了。傅立葉（Joseph Fourier, 1768-1830）為了研究熱如何在物體上傳導，發明了今日所知的「傅立葉級數」。「傅立葉級數」已證實在應用數學中十分地有用處，例如在研究光、聲音，以及其他週期波現象。「傅立葉級數」也成為數學中有趣的研究對象，而要將「傅立葉級數」弄清楚，則需要當時分析學剛發展出來的嚴密方法的全部能耐。許多其他的物理領域也被研究了。電學和磁學引起了有趣的問題，而這些問題都通往重要的數學。理解機械、液體流動、行星運動、結構的穩定性、潮汐、彈性物質的反應，這些都佔據了許多數學家的目光。

其中一個例子是姬曼（Sophie Germain, 1776-1831），她和高斯、柯西、傅立葉同時代。儘管在所謂的「啟蒙時代」長大，姬曼想成為一個數學家的願望，卻面臨了真正的阻力。在當時，女人不可以進入巴黎綜合理工學院讀書，因此，姬曼就向男學生借筆記，以便能夠學習到先進的數學。在克服了對女性知識份子的社會歧視後，她成為法國最好的數學家之一。除了在數論中有實質的成果外（請參閱素描13），她也在彈性曲面的數學理論中獲得重要的結果。許多數學家在她的成果上更精進了彈性的理論，這對建造艾菲爾鐵塔是十分重要的。（然而，姬曼的名字並沒有被刻在艾菲爾鐵塔底部的二十七個名字當中，這二十七個學者的成果使艾菲爾鐵塔得以建造。）

理解電磁學現象這個問題吸引了許多數學家，其中包括黎曼。黎曼的天賦讓他在所研究的領域中都做出重大的貢獻，從先前提過的幾何學上的發現，到電磁學上的成果，都十分具有啟發性。有時候黎曼靈思泉湧，就省去了許多細節，將完成證明的工作留給後繼者。在應用工作上，黎曼在沒有數學證明時，完全樂意使用來自物理學的論證，這也留下了許多問題給他的後繼者去闡明。在他的一篇論文中，他說了「去相信……是合理的」類似的話。這個黎曼相信是合理的斷言，就是今日所稱的「黎曼假設」，至今仍未被證明。

接近十九世紀末時，克萊因（Felix Klein, 1849~1925）證明了新的非歐幾何與新的代數理論是相關連的，吾人可以藉由分析不同幾何體系中的變換代數，來瞭解不同的幾何體系。對數學家來說，這堅定了他們的嚴密與抽象是進步的鑰匙之觀點，也展現了在這種觀點下，吾人可以將不同的數學分支統一起來。在一個突飛猛進的學科中，找到統一的觀念來讓人們理解更廣泛的數學，是一件很重要的事。

將數學統一起來的趨勢，被龐卡赫（Henri Poincare, 1854-1912）予以具體化。龐卡赫那超越常人的記憶力以及邏輯領悟力，使得他能在算術、代數、幾何、分析、天文及數學物理等領域做出重要的貢獻，他也書寫關於數學普及的著作，並對創造力的心理學有熱切的興趣。在許多其他事情中，龐卡赫的工作通向了力學中的全新觀點，特別是在太陽系的動力學方面，就是在這樣子的脈絡下，龐卡赫遇到了第一個今日我們所稱的「定態混沌」（deterministic chaos）。

十九世紀結束時，數學變得越來越專業。大多數的數學家在大學裡工作，同時教書並做研究。研究討論會變成大學生活的一個標準特徵，而且，博士學位成為進入學術事業的標準起點。區分純數學、應用數學和理論物理學的界線也變得更加明確。許多專業社群、期刊一一設立了，研討會也開始定期舉辦。1897 年，第一屆國際數學家大會（International Congress of Mathematicians）在蘇黎世舉行，下一屆於 1900 年在巴黎舉辦，此後，每四年舉辦一次（之間曾因戰爭而中斷），讓世界各地的數學家齊聚一堂。

十九世紀的數學是非常技術性的，對該時期的數學史研究也一樣。最好的資料來源是參考文獻的 [80] 與 [66]，而 [64] 中的文章，對某些主題，是很好的入門。

抽象、電腦與新的應用

有一個重要事件標誌著十九世紀的結束，那就是 1900 年的國際數學家大會邀請了當時最卓越的德國數學家希爾伯特（David Hilbert, 1862-1943）演講。希爾伯特的演講內容聚焦在尚未解決的數學問題，在引領數學研究中所扮演的角色。他列出了二十三個這樣子的問題，這些問題都是他認為在下一個世紀中重要的問題。就大多數情況來說，他的猜測是正確的。探究這些問題，直接或間接地引向了數學中許多重要的進展。甚至只要部分解決了一個希爾伯特所提出的問題，都能為解決者帶來國際知名度。

然而，就算是希爾伯特也無法預見二十世紀的數學是如何地發展。二十世紀裡有越來越多的數學家、期刊和專業社群。從 1800 年代開始，數學知識有著驚人的成長，約每二十年成長一倍。在太空人第一次漫步月球後所產生的原創性數學，比先前的任何一個時期還要多。事實上，據估計今日所知的數學中，有 95% 是在 1900 年後生產的。世界上印行的數百種定期刊物，致力於數學的交流。每一年的《數學評論》（*Mathematical Reviews*）刊載數千篇含有最新結果的文章摘要。二十世紀（也許這個新世紀也是）被稱為「數學的黃金時代」是再正當不過的了！

然而，數量並不是今日這個時代在數學歷史中佔有獨特地位的唯一關鍵，在數學知識激增分化之下，有個更基本、重要的趨勢，那就是統一性，而其基礎就是抽象化。這概念上的統一，已經引起兩個方面的發展。一方面是新的、更抽象的子領域，憑著自身的條件，冒出頭來成為名分確立的研究領域。另一方面，研究者在諸如費馬最後定理、希爾伯特的二十三個問題這類大的古典問題上努力工作後，已經變得越來越熟練地使用一個數學領域的新技術，來回答另一個領域的古老問題。結果就是，二十世紀成為許多古老問題被解決、許多新問題被提出來的時代。

數學在數量上的增加以及更抽象化，無可避免地導致了專門化的發展。今日大部分的數學家對他們研究的領域很瞭解，對鄰近主題的瞭解還可以，但對較不相關的就瞭解很少，甚至全然無知。抽象觀點的統一性力量某種程度上可以彌補這種情形，但只有非常優秀的數學家能對整個領域有完整的視野。就上所述，對二十世紀的數學，我們只能提供一個簡短且非常不完整的描述。我們選擇聚焦在數學基礎的爭論、抽象化的角色、電腦的發明，以及更廣泛的新應用這幾點上。

二十世紀開始的前幾十年，數學家和哲學家探究數學這個學科的基礎。數目是什麼？數學知識是確定的嗎？我們可以證明數學不可能是自我矛盾的嗎？對這些問題有著大量的爭論。爭論的其中一方是「形式主義者」（formalists），他們覺得可以藉由符號的操作來瞭解數學，這個想法可閃避數學物件存在性這類困難的哲學問題。在他們的綱領中，一個關鍵的部分就是去證明這樣子的符號操作並不會導致自我矛盾。另一方是「直觀學派」（intuitionists），他們主張許多數學觀念事實上並沒有充分的根據，他們想要重新編組整個學科，方法是將大多數訴諸無窮集合的部分消除掉，並摒棄「排中律」（亞里斯多德學派原則：若可以證明非A為假，則A必為真）。

兩方都沒有走得很遠。直觀學派的提議對大多數數學家來說，太過極端。形式主義的想法差一點點就可以被接受了，可是他們的綱領在 1930 年代以後就失去了吸引力。哥德爾（Kurt Gödel, 1906-1978）找到一個方法去證明，不可能找得到自我矛盾不會發生的證明。哥德爾的工作第一次證實了有些事是不能被證明的。

這造成了一種奇怪的效果。對致力於數學基礎的數學家來說，它真的是一個打擊，一個必須被接受的打擊。然而，對其他數學家來說，那基本上說明了在數學基礎上努力並不能幫助解決大問題，因此，他們繼續嘗試證明定理與解決問題。

當數學基礎的爭論發生時，朝抽象化邁進就已經是數學中的強勢主題，它不僅是流行的（雖然流行肯定是部分的原因），而且抽象方法的威力強大。使用抽象方法，老的問題不是被解決了，就是被投以新的觀點。很快地，數學就被抽象的分析學、拓樸學、測度論、泛函分析和其他類似的領域所主宰。本質上，這些是將十九世紀發展出來的結果，採用抽象化的觀點一般化後的大量成果。新觀點揭露哪些觀念是重要的，而哪些不是，至於其結果，則往往引出新的發現。

沒有比代數學有更明顯的改變了，它遠比從前的任何時候還要來得一般化。伽羅瓦的必須將所有代數的運算分類一舉考慮的見解，被諾特（Emmy Noether, 1882-1935）與阿廷（Emil Artin, 1898-1962）承襲並發揚，在他（她）們手中，抽象代數的結構和語言搖身為強而有力的工具。

1930 年代末，一群年輕法國數學家聚在一起，意圖徹底改革數學。他們覺得新觀念還不夠內化到數學社群之中，在法國更是如此，所以，他們認為是到了打倒「保守派」（old guard）的時候了。他們計畫做兩件事。首先，共同合寫一套教科書，內容包所有的基礎數學。為了向歐幾里得致意，他們將成果稱作《數學原本》（*Elements of Mathematics*）。由於是集體著作，他們採用筆名：這部新《原本》的作者名叫「尼古拉・布爾巴基」（Nicolas Bourbaki）。[51]

布爾巴基的成員覺得這個集體而成的角色很有趣，他們開始創造布爾巴基的生平、所屬的大學，甚至還曾經寄發他女兒婚禮的邀請函。當《大英百科全書》（*Encyclopaedia Britannica*）說明「布爾巴基」是一個集體的筆名時，收到了來自布爾巴基「本人」的抗議信，信中質疑百科全書條目作者的存在性！布爾巴基的創立者相信創造性的數學主要是屬於年輕人的競技，所以，他們同意在五十歲前退出這個團體，並選舉年輕的同行來取代他們。[52]因此，布爾巴基已經成為一位有聲譽卻又神秘的國際學者，永遠保持在學術創作的高峰，提供科學世界一個又一個系列的當代各數學領域的現代、清楚、精確的闡述。

布爾巴基的策略的第二個部分，就是決定舉行定期的討論班，內容是關於當時數學（界）裡正在進行的事情。這個討論班後來變成今日所知的「布爾巴基討論班」（Seminaire Bourbaki），現在是每一年在巴黎舉行三次，目前仍是國際學界中有關數學最新進展最重要的一個討論班。在這個討論班裡，頂尖的學者對著許多來自世界各地的數學家，討論重要的新觀念及定理。

---

[51] 現已認為「布爾巴基」這名字的靈感來自在法國南錫的一座雕像，它是法普戰爭中的查理斯・D. S.・布爾巴基（Charles D. S. Bourbaki）將軍的雕像。至於使用「尼古拉」的動機仍不清楚，不過，這選擇使得字母縮寫是 N.B.，一個引人注目的額外好處。

[52] 據說有些原始創立者在要離開這團體時，很後悔設立這條規則。

布爾巴基的影響多半是透過《數學原本》這套書。由於這套書花了許多年去撰寫，所以，它們的影響大約自二十世紀中葉或稍晚開始。這套書採取非常嚴格的抽象觀點，給予每一個書中所包含的領域，精確又可靠的說明。許多人抨擊布爾巴基造成數學教師採取形式的、抽象的進路，但事實是，《數學原本》從來無意成為數學教學法的典範。更確切地說，這套書意在將大量的數學帶進來，並且使它們形式化、準確，而它們做的（大多數）很成功。

在二十世紀最後的一、二十年，布爾巴基似乎已經失去某些「他的」原創力。討論班仍然持續茁壯，但是，《數學原本》的刊行速度卻是十分緩慢。部分原因要歸咎於布爾巴基計畫的成功，但這也反映了數學家心態上的轉變，從抽象轉向應用。

電腦的發明與發展也是二十世紀下半葉的重要標誌。（請參閱素描 23、24。）從一開始，數學家就深深地涉入這個歷程，他們分析這個新機器的可行性、發明「電腦程式」（computer program）的概念、幫忙建造第一批機器，並且提供困難的計算問題來測試它們。不過，很快地電算機科學朝自己的方向發展，並專注在自己的問題上。

電腦作為工具，已經對數學造成最大的衝擊，且至少在三個方面改變了數學。第一，它們讓數學家得以測試猜想與發現新結果。假設有個人想要查明是否有無限多個形如 n^2+1 的質數，這仍舊是個未被解決的問題，他可以在電腦內輸入幾百萬個 n 值，並檢驗結果是不是質數。如果我們找到很多很多個質數，或許就會相信實際上是有無限多個這樣子的質數。注意，這並未解決這個問題，找到證明這困難的事仍然是必須完成的。不過，利用電腦可以提供我們線索，並且增加或減少我們對將要證明的事之信心。

第二個改變是關於模擬與視覺化。電腦可以將資料圖像化，圖像往往遠比數據本身更具有啟發性。再者，電腦讓我們得以使用數值運算來找到方程式的近似解，因此，我們可以使用電腦來瞭解某些情況，這些情況的精確描述對完整的數學分析來說，是太過複雜的。這當然徹底革命了應用數學。今天，複雜的微分方程的近似解，已經是那個變革的核心了。不過，這也對純數學造成了影響。一個好的例子就是碎形（fractals）的發現。這些十足複雜的結構，在二十世紀初時就被注意到了，但在當時，它們看起來就是複雜的可怕，不可能處理。一旦學會使用電腦來畫出它們的圖形，我們發現原來碎形可以非常的漂亮，然後，一個全新的數學領域就此誕生了。

第三個改變與今日所稱的「電腦代數系統」（computer algebra systems）有關，就是電腦程式可以「做代數」（do algebra），可以處理多項式、三角函數、指數以及更多其他的，還可以做加法、做乘法、求因數、求導數與積分、計算級數的近似值。換句話說，電腦程式可以做許多過去學校、大學數學中的計算部分。當這些系統越來越舉手可得，也就越來越沒有理由教導學生去手做繁雜的計算了。於是，數學家們現在開始重新思考什麼是該教的，以及該如何教。

二十世紀也目睹了數學應用領域的大幅擴張。在十九世紀晚期，「應用數學」（applied mathematics）幾乎是「數學物理學」（mathematical physics）的同義詞，這情形很快就改變了。第一個改變或許就是統計學的發展，主要是為了生物學的應用。統計學作為分析資料的工具價值，各地的生物學學者很快地就了然於胸，然後，其他的應用很快地就跟著產生了。（請參閱素描 22：統計學的早期歷史。）

越來越多的數學概念被發現是有用處的。數學物理學開始去使用機率論、統計學、黎曼幾何、希爾伯特空間與群論。化學家發現結晶學裡面有很大的一部分是數學。拓樸學的概念被證實與研究微小粒子的形狀有關。生物學家利用各種不同的方程式去建模疾病的傳播以及動物數量的成長。

第一次世界大戰之初，各國政府發現從數學上來思考實際的問題，會得到有用的結果，「作業研究」（operations research）因此誕生了。在第二次世界大戰期間，數學家在許多方面都扮演核心的角色，最有名的就是發展密碼科學及破解德國的「謎團密碼」（Enigma code）。電話網以及稍晚的網際網路均是用數學來研究的。「線性規劃」（linear programming）發展成在所有領域中一從工業到政府、軍隊一尋求做事情的「最佳途徑」（best way）。電腦建模讓生物學得以做各種類型的新應用，從生物數量的動態，到血液循環、神經元的研究，以及動物如何遷徙。最終，在二十世紀末時，數學與物理學再次聯手，創造了新的、尖端的物理學理論。

歷史學家才剛開始去更仔細地審視整個二十世紀的數學史，參考文獻 [67] 與 [141] 是兩本很好的概述性著作，均以希爾伯特問題作為整個時期的指南。格雷的書比較聚焦在數學上，而揚德爾的書則是對數學家比較感興趣。也請參看文獻 [3] 和 [4]，之中有許多二十世紀數學家的有趣傳略。

今日的數學

今日的數學包含為數眾多的人做著許多不同的事情。在大學與研究機構中，有力的研究持續拓展我們知識的疆界；在學術之外，每天有許多人使用並發展數學技術，雖然在這些人中，許多人並不稱自己是「數學家」，但他們的作為，幫助了數學的拓展及應用。而支撐上述這些人的，是一個包含各階段教師與教育者的龐大網絡。

幾乎上述所提及的每個學科，現在仍是活躍的研究領域，而且一直都有新的突破性進展。克雷數學研究所（Clay Mathematics Institute）提供一百萬美金作為獎金，[53]徵求七個數學問題的解答，這七個「千禧年問題」（millennium problems）涵蓋了所有的範圍，從最純粹的純數學問題到與流體、粒子物理學、計算理論有關的數學問題。

然而，最令人振奮的發展，大概就是與其他領域相連結的發展。在數學物理學中的最近進展，揭開了新的而且深刻的數學問題；數學生物學開始提供意義重大的觀點；電腦已經創造許多與編碼、加密、

[53] 參見http://www.claymath.org.

演算法相關的有趣問題。

如此多不同領域的眾多成果，給人一種零碎的、不完整的印象。數學家通常只在一、兩個領域專精，而且常常他們的研究對有興趣的外行人，甚至是擁有大學數學學位的人來說，都是遙不可及。在當今的研究期刊中的任一個新定理，大多數專長不包括此主題的數學家，很可能都無法理解。

如果我們將目光擴及至學術機構外的數學使用者及生產者，我們會看到更多的多樣性。今日數學所遭遇到最有趣的且可能是最有用的問題，很多都是「跨領域的問題」（crossover questions），涉及數學與化學、醫學或其他科學之間的連結。在許多商業與貿易領域中的技術性進展，也越來越依賴更複雜、精緻的數學概念。在今日許多的千萬產值的產業中，數學都位於或是鄰近於創新的核心。飛機設計、基因研究、飛彈防禦系統、CD 播放器、流行疾病的控制、GPS 衛星與太空站、行動電話網絡、銷售與政治的調查、個人電腦與計算機、電腦繪圖與其他在電影或電玩中的視覺特效、處理各大大小小企業每日事務的電子硬體設備與軟體工具，這些和很多很多的其他事物，都仰賴數學概念，並且需要數學專家來操作並執行這些概念。

差異性固然很大，但也有根本的一致性。數學總是與大的概念有關，且這些概念仍是位於該領域的中心，即便是它們第一眼看起來並不顯著。大的統一概念是抽象的、困難的，一點也不容易去掌握。參考文獻 [9] 中凸顯了幾個這樣子的概念，它是一篇試圖去總結近來最重要的發展的文章。你也可以在參考文獻 [5] 和 [41] 這兩本嘗試考察新世紀初數學地位的書中，看到數學的多樣性與一致性。

今日的數學，「從裡面」看，比之前的任何時候更多樣也更統一。它更抽象了，但也比從前的任何時期，擁有對當代生活的所有領域的更廣泛應用。正因為如此，數學「從外面」看起來有點令人混淆，這點就可以說得通了。數學一方面被視為是難以理解的、令人卻步的科目，另一方面，卻又被視為現代繁榮、安全與舒適的不可或缺部分，以致於數學能手被當視為有價值的人力資源。

這種矛盾對數學教育者造成一種進退兩難的情形。是否他們要同意數學內在的需求，而在代數、幾何、分析等等這些傳統的領域內，要求更多的嚴密性訓練，以使得下一代數學專家對研究有個堅固的基礎？或者，是否他們要同意社會的外在需要，而規定一個較廣泛的、較不密集的數學概念之教育，讓每個人都成為具有數學素養的公民，可以和數學專家在智識上互動？這明顯的目標衝突，已在今日的數學教育界造成緊張與騷動，不過，抱持希望的看法則是：當數學教育者會找到方法同時達成兩者時，這就成為一個具有創造性的、建設性的騷動了。數學教育者這樣做是無比重要的，因為明天的世界將不會允許更少（的數學）。

PART 3

素　描

算下去 寫出所有的整數

當人們處理羊隻計算或是貨物交易的問題時，就面臨如何有效地寫出數字的問題。最簡單的，也是最早的作法（現在仍然）是對應標記——一面清點，一面做個記號，通常是 | 或是其他簡單的記號。因此，一，二，三，四，五，…寫成或刻成

| || ||| |||| |||||

等等。在一些簡單遊戲的記分、班級選舉，以及像短線一樣，可以五個被捆成一束的事物上，人們仍然使用這樣的方式。

這套標記系統（tally system）的簡易性恰好是它最大的缺點，只利用一個符號，要寫一個普通大小的數字，就需要一串很長的符號。當文明社會發展之際，許多文明藉由更多數字符號的發明，與不同的結合方式來表示愈來愈大的數字，加以改良這套方法。對於這些早期記數系統的討論，可以說明我們目前用來書寫數字的系統之威力與便利性。

從公元前三千年前，到公元前一千年左右的這段期間，古埃及文明改進這套計數系統的作法是：選擇一些數字符號，並將它們排成一列，直到相加的總和等於他們所要的數字為止。這些符號是「象形文字」；也就是，它們都是描繪自常見事物（或是不那麼常見）的小圖案。古埃及記數系統的基本圖案，以及它們所表示的數值詳見表一。

舉例來說，在這個記數系統中一百一十三這個數字可被寫成 ᘓ ∩||| 或是 | ∩|ᘓ| 或是 ||ᘓ|∩。這些符號的順序並不重要，只要加起來是正確的值即可。當然，為了讓寫的過程更有效率，都會用上這個數字中最大數值的圖案。儘管如此，大一點的數字還是需要很

表一　古埃及記數系統的基本圖案及它表示的數值

符號	解釋	所代表的數值
𓏺	短直線	1
∩	腳後跟骨	10
𓍢	盤繞的繩索	100
𓆼	蓮花	1000
𓂭	尖的手指	10000
𓆐	蝌蚪	100000
𓁨	驚訝的人	1000000

長一串符號才能表示。例如，在埃及記數系統中，1, 213, 546 寫成

𓁨𓆐𓆐𓂭𓆼𓆼𓆼𓍢𓍢𓍢𓍢𓍢∩∩∩∩𓏺𓏺𓏺𓏺𓏺𓏺

在已發現的古物中，最早使用這套系統的，是一根被認為大約在公元前三千年的埃及皇家權杖，目前存放在英國牛津的一座博物館。它是一場成功軍事戰役的記錄，記載著十萬、甚至是百萬的數字。

我們對於埃及象形文數碼的許多知識，來自紀念碑的碑文，以及保存下來之古物的銘文。這也透顯著在這整個兩千年左右的古埃及文明，是基於什麼樣的目的使用象形文符號。當他們開始用墨水寫在莎草紙時，埃及人也發展出更為有效書寫數碼的方法。這個新的系統使用不同的基本符號表示 1 到 9 等一的倍數、10 到 90 等十的倍數、100 到 900 等一百的倍數，以及 1000 到 9000 等一千的倍數。同時，在增加書寫者與讀者記憶力的負擔下，使用更為簡潔的表示法。

從底格里斯河與幼發拉底河流域，這個區域正是被人熟知的美索布達米亞（現在是伊拉克的一部分），在公元前二千年到公元前二百年之間出現了巴比倫記數系統。它是以兩種「楔形」符號𒁹和𒌋為基礎。簡單的抄寫工具可以快速且容易地將這些基本符號刻在軟泥版上。巴比倫人將之寫在泥版上，再烘燒硬化成為保存的紀錄，許多泥

版就這樣被保留下來。

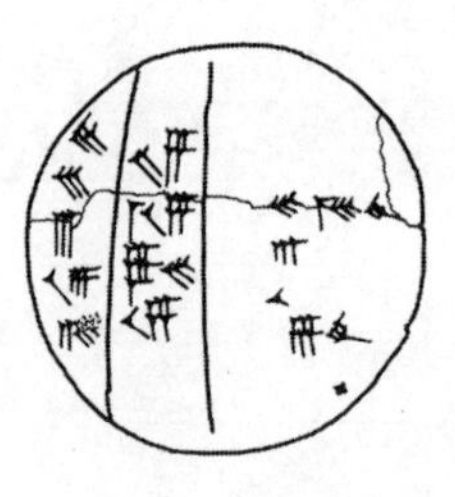

一塊手持泥版[1]

美索布達米亞的人們也發展出許多不同的記數系統，但書記們發展出一種特別有趣的系統，並應用在計算上。它是一種位置的（或是「位值」，place-value）系統；也就是說，利用符號的位置來決定一個符號組合的值。書記們將相連的每組符號乘上逐漸增加之六十的次方，這與我們將相連的每個阿拉伯數碼乘上逐漸增加之十的次方差不多。因此，如同我們現行的記數系統是十進位制，他們的系統被稱為六十進位制。數字 1 到 59 用兩個基本符號相加的組合表示，其中𒁹表示一，𒌋表示十。例如，二十三可以寫成𒌋𒌋𒁹𒁹𒁹。

數字 60 到 3599 則是利用兩組符號來表示，第二組放在第一組的左邊，並用一個空白分開。整個值的求法就是將每組符號的值相加，然後左邊的那一組乘上 60，再加上右邊那一組的值。舉例來說，

𒌋𒁹𒁹 𒌋𒌋𒌋𒁹

表示

$$(10+1+1)\cdot 60+(10+10+10+1)=12\cdot 60+31=751$$

數字 $3600(=60^2)$ 或是更大的數字，則是使用這兩種楔形符號所成的更多組合，下一組都放在前一組的左邊，並用空白分開。每一組的值都乘上一個適當之六十的次方—在整個組合的最右邊乘上 $60^0(=1)$，右邊算來第二組乘上 60^1，右邊算來第三組乘上 60^2，依此類推。例如，7883 被看成 $2\cdot 3600+11\cdot 60+23$，寫成

𒁹𒁹 𒌋𒁹 𒌋𒌋𒁹𒁹𒁹

[1] 這是由羅伯森（Eleanor Robson）所繪製的 Ur Excavation 236 號泥版圖案（背面）；見 [115]，圖 A.5.10。經同意後使用。

巴比倫記數系統的一個主要困難是兩組符號之間空白的模稜兩可。例如，𒁹　𒌋就不清楚該如何解釋；它可以是

$$1 \cdot 60^2 + 10 \text{ 或是 } 1 \cdot 60^3 + 10 \cdot 60^2 \text{ 或是 } 1 \cdot 60 + 10 \text{ 或是} \cdots$$

中美洲的馬雅文明，在公元前 300 年左右，有一個與巴比倫類似的記數系統，但是卻沒有空白難辨的困難。就像巴比倫一樣，馬雅記數系統有兩個基本符號，一點「·」表示數字一，一短線「—」代表數字五。數字一到十九寫法如下：

𝋡　𝋢　𝋣　𝋤　𝋥　𝋦　𝋧　𝋨　𝋩　𝋪

𝋫　𝋬　𝋭　𝋮　𝋯　𝋰　𝋱　𝋲　𝋳

馬雅人同樣也是將基本符號加以編組，用以表示較大的數字。不過，每組符號是垂直排列，而非水平排列。同時，也是將每組符號的位值大小相加求值。最下層一組的值乘上 1；第二組的值乘上 20，第三組的值乘上 $18 \cdot 20$，第四組的值乘上 $18 \cdot 20^2$，第五組的值乘上 $18 \cdot 20^3$，以此類推。因此，除了特別用到 18，馬雅記數系統本質上是以二十為基礎。

零的符號𝋠之發明，避免了巴比倫系統空白難辨的問題，當某一組的位置需要省略時可用來表示。例如，52,572 可以表示如下：

𝋧	$(5+1+1) \cdot (18 \cdot 20^2)$	$= 50{,}400$
𝋦	$(5+1) \cdot (18 \cdot 20)$	$= \ \ 2{,}160$
𝋠	$0 \cdot 20$	$= \ \ \ \ \ \ 0$
𝋬	$5+5+1+1$	$= + \ \ 12$
		52,572

比起巴比倫系統空白的不確定，馬雅記數系統的符號強多了。然而，直到許多個世紀後，他們的文明才被歐洲人所得知。因此，他們的系統對於西方文明的記數系統之發展沒有任何影響。西方歐洲文明的根源主要追溯到古希臘與古羅馬。在許多方面，相對於巴比倫系統

的簡單與有效率，古希臘與羅馬的記數系統顯得落後許多。古希臘的記數系統使用二十五個字母及兩個額外的符號一九個字母表示一的倍數，九個字母表示十的倍數，九個字母表示一百的倍數。超過一千的數字就利用特殊的記號來標示那些必須乘上 1000 的數碼。

表二

符號	數值
I	1
V	5
X	10
L	50
C	100
D	500
M	1000

大約公元前一世紀到公元五世紀，羅馬帝國取得歐洲文明的主導地位，使得羅馬記數系統成為歐洲人共同接受書寫數字的方式，並且延續到文藝復興時代。就像古埃及記數系統，羅馬記數系統具有加法性，並且沒有位值性（除了一個小例外）。它的基本符號及對應的數值詳列於表二。這些基本符號的值相加以表示整個數碼的值。例如，CLXXII = 100 + 50 + 10 + 10 + 1 + 1 = 172。較大的數字則在需要乘上 1000 的符號上方畫一條短線。例如，$\overline{\mathrm{V}} = 5000$，$\overline{\overline{\mathrm{L}}} = 50{,}000{,}000$，及

$$\overline{\mathrm{VII}}\,\mathrm{CLXV} = 7000 + 100 + 50 + 10 + 5 = 7165$$

羅馬記數系統有個特殊之處，就是後來為了效率所引入的減法策略。某些符號組合的值是運用減法得到的：如果數碼中的某個基本符號的值小於它右側的那個符號之值，那麼，這個數碼中的這對符號的值就是大的值減去小的值。例如，

$$\mathrm{IV} = 5 - 1 = 4$$

為了避免意義的不明確，只有表示十的次方的符號可以用來相減，並且只能和比它大的接下來的兩個符號配對：

I 可以與 V 和 X 配對，但不可與 L，C，D 或 M。

X 可以與 L 和 C 配對，但不可與 D 或 M。

C 只可以與 D 和 M 配對。

例如，

$$\mathrm{MCMXCIV} = 1000 + 900 + 90 + 4 = 1994$$

透過這樣的方法，任何一個數碼都不會有超過三個以上相同的符號。

我們目前用來書寫數字的方法稱為印度—阿拉伯記數系統，早在公元六百年前由印度人所發明，並經過接下來幾個世紀的修正。當公元七世紀與八世紀，伊斯蘭文明擴張版圖入侵印度時，被阿伯人學會這套記數系統。歐洲人再由阿拉伯人處學習到這套系統。這套記數系統的特點是採用位值制，並以十進位為基礎。它的基本符號—0，1，2，3，4，5，6，7，8，9—稱為「阿拉伯數碼」（digits），並利用它們來表示數字零到九。

沒有人知道為何最初會選擇數字十作為這套系統的基礎，一個典型的猜測是認為生物的可能大於邏輯的可能。研究指出這套記數系統，如同許多系統一樣，源起於手指計算，自然地它的基數應該與人類所擁有的手指數目一致。我們使用在基本數碼上的字詞反映了這個事實；*digitus* 正是手指的拉丁字。

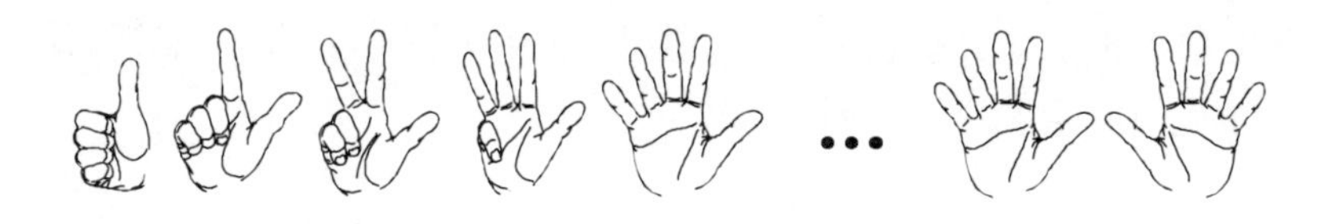

儘管簡單而且有效率，但在接下來的幾個世紀，印度—阿拉伯記數系統仍然無法取代在歐洲使用已久的羅馬記數系統。舊習慣固然不易擺脫，此處卻有實務上的理由。例如，在印度—阿拉伯記數系統下，人們擔心太容易將「2」變造成「20」。正因如此，過去的法律甚至規定有關法律的文件，數字必須用文字的形式寫出。現在，當我們在寫支票時仍然會這麼做。

羅馬記數系統並不利於計算。（試想，在不要轉換成印度—阿拉伯數碼的限制下，將 MCMXLVII 和 CDXXXIV 乘起來；然後，再用我們目前的系統試看看。）當它通行時，人們使用計算板或是算盤來進行計算，並非利用紙筆。採用印度—阿拉伯數碼帶來的改變之一，就是人們可以直接寫出數字進行計算。同時，容易取得便宜的紙張也促成這種新數碼系統的流行。就某個方面來說，計算機的出現也讓我們再度回到擁有兩個系統的情形：一個是記錄用的數字；另一個，就電子裝置來說，就是進行計算。

當然，我們不可能使用羅馬數碼來計算，它太過於複雜了。邏輯學家戴維斯（Martin Davis）回憶道：[2]

> 1953年，我在新紐澤西洲的貝爾實驗室（目前隸屬於朗訊科技）有個暑期工作，[3]我的上司是夏農（Claude Shannon，他是電腦的先驅者，也是通訊學數學理論的開創者）在他的桌上就有著一部利用羅馬數碼運算的計算器。夏農設計並在貝爾實驗室那小小的工場依自己的配置將它組裝起來。同時，這部機器被命名為「擲回一號」。

雖然我們在裝飾的目的下會使用羅馬數碼，卻不可能拋棄簡潔、方便而且有用的印度—阿拉伯記數系統。這套印度—阿拉伯記數系統的威力來自以十進位為基礎的位值結構，這也是為什麼我們稱它為「十進位位值系統」的原因。

延伸閱讀：有關書寫數字更多的內容參見素描 3 與素描 4，會有更

---

[2] 這是一篇在 *Historia Mathematica* 電子版討論群的貼文。
[3] 譯按：2006 年 4 月 2 日，朗訊科技與阿爾卡特合併。

進一步的討論，也可參考 [114] 及 [20]。以整本書的長度來討論，參見 [96]。施曼特—巴塞瑞特（Denise Schmandt-Besserat）在這個領域有著非常重要的學術作品，她寫了一本有關計算與記數系統的兒童圖畫書，容易閱讀而且舉例說明詳盡，見 [122]。

算術的讀與寫
符號的由來

你會如何運用算術符號寫出下面的敘述「當 7 由 5 與 6 的和減去時，其結果為 4」？[1]或許，你會寫出 (5 + 6) − 7 = 4？假如你這麼做的話，你的表示法比起原本的說法有著更多的優點：便於書寫、清楚而且不易讀錯。不管是住在哪裡或是使用什麼語言，只要學過小學算術的人都能理解。

算術符號已經變得非常普遍，它們比起任何字母系統的字母或是任何語言的縮寫，更容易為人們所共同理解。但這並不是自從有人類文明就是如此，古希臘人以及之後的阿拉伯人並沒有使用任何符號來表示算術運算或關係；他們利用文字寫下問題與解答。事實上，許多世紀以來，人們只利用文字來書寫算術與代數的敘述，一直到中世紀為止。

算術符號源自文藝復興初期的速記法，在不同人或是不同國家之間，符號的一致性並不高。到了十五世紀，隨著活字印刷術的發明，印刷書開始出現較多的一致性。儘管如此，還是經過漫長的時間，這些符號才成為今天我們書寫算術的共同部分。

這裡我們以 (5 + 6) − 7 = 4 為例，列出從文藝復興到現代，曾經出現的幾種寫法。以下多數的例子中，給定的年代表示有一本特別的書籍出版，我們認為可以用它作為大約的時間點，確定當時這種記號被相當程度上廣泛使用，或是至少被某個地區的數學家使用。

1470年代：德國的雷喬蒙塔努斯（Regiomontanus）曾經寫下

[1] 譯按：為了呈現作者想要表達不易閱讀的情況，特地保留其敘述的形式。

5 *et* 6 $\widehat{\iota\varsigma}$ 7 — 4

（*et* 這個字在拉丁文中表示「和」（and）。）

1494：出現在帕奇歐里（Luca Pacioli）的《算術、幾何及比例性質之摘要》（*Summa de Arithmetica*），並且在義大利及歐洲其他部分被廣泛地使用。這個寫法是

$$5\ \tilde{p}\ 6\ \tilde{m}\ 7 — 4$$

式子中表示先求和的括號很可能被省略，因為它被假定必須先做。這個相加和相減的記號法在大部分的歐洲非常普及。

1489：大約是同個時間的德國，我們現在所熟悉的加號與減號第一次出現在印刷書上，這是一本維德曼（Johann Widman）所寫有關商業算術的書。維德曼沒有表示等於的符號，所以對於我們的式子，他的版本變得像是下面的樣子

5 + 6 – 7 das ist 4

（「das ist」這個德文片語意指「那是」。）不過，維德曼也在非算術的場合使用 + 代表「和」（and）的縮寫，– 用來表示分開的記號。這些符號最初的數學意義尚未清楚。

1557：第一部使用 + 和 – 的英文書是雷科德（Robert Recorde）的代數課本《礪智石》（*Whetstone of Witte*）。書中雷科德也引入═當成相等的符號，他認為：「再也沒有任何事物會比兩段相同長度的平行線更為相等。」他的記號都寫得非常細長，寫法如下

5 —+— 6 ——— 7 ═══ 4

雷科德的記號法並沒有馬上流行起來，許多歐洲的數學家還是用 $\tilde{p}$ 和 $\tilde{m}$ 來表示加法和減法，特別是義大利、法國和西班牙。超過半個世紀，他的等於記號再也沒有出現在印刷書上。同時，= 這個符號被一些有影響力的作者用來表示其他的事物。例如，在韋達（François

Viète）作品集 1646 年的版本中，它被用來表示兩個不清楚大小之代數量的相減上。[2]

1629：法國的吉拉德（Albert Girard）則是將式子的左邊寫成 (5 + 6) – 7 或是 (5 + 6) ÷ 7；對他來說，這是相同的事！事實上，在十七世紀與十八世紀之間，÷ 普遍被用來表示減法。甚至到了十九世紀，特別在德國還是如此。

1631：在英國，奧特雷德（William Oughtred）出版了一本具有高度影響力的書《數學之鑰》（*Clavis Mathematicae*），強調使用數學符號的重要性。他使用 + 、– 和 = 來表示加法、減法和等於，使得這些符號最終成為標準記號。不過，假如奧特雷德要強調式子中前兩項編組的話，他會使用冒號。因此，他會寫成

$$:5+6:-7=4$$

同一年，雷科德的長等號出現在哈里奧特（Thomas Harriot）寫的一本具有影響力的書上。同時，也包括了哈里奧特用來分別表示「大於」和「小於」的記號 > 和 <。

1637：笛卡兒（René Descartes）的《幾何學》（*La Geometrie*），書中簡化且合法化許多今天我們所使用的代數記號。不過，它也必須對 = 符號用來表示相等的用法延遲被大家接受負起責任。[3]在本書及他某些後期的作品，笛卡兒使用一個奇怪的符號表示相等。在本書中笛卡兒也利用破折號表示減法。所以對於我們的式子，他的版本會變成

$$5+6 -- 7 \propto 4$$

笛卡兒的代數記號，很快地就傳遍歐洲的數學社群，也將這個表示等於的奇怪符號傳送出去。直到十八世紀早期，某些地方仍保留這個用法，特別是在法國與荷蘭。

---

[2] 換言之，它被用表示差的絕對值。

[3] 卡裘利（Cajori [23]，301頁）認為它是將金牛座的天文符號向左旋轉四分之一個圓周。

1700年代早期：圓括號漸漸地取代其他用來表示編組的記號，我們必須大大地感謝那些具有影響力的作者，像是萊布尼茲（Leibniz）、伯努利家族（the Bernoullis）和歐拉（Euler）。因此，當美國準備脫離英國的殖民統治時，對於這個簡單式子的常見寫法就與今天我們所使用的相同：

$$(5 + 6) - 7 = 4$$

你是否訝異於加法、減法和等於的符號化有著如此多不同的方式？對於人們竟然能忍受如此的含糊感到不可思議？其實它與我們每天習慣處理的某些事物沒有太多的不同。舉例來說，我們仍然存在至少四種不同的乘法記號：

- 3(4 + 5) 意指 3 乘 (4 + 5)。將乘法寫成並列的樣子（只是把相乘的量擺在一起）可以回溯到九世紀與十世紀時印度的手稿，以及部分十五世紀歐洲的手稿。
- 十七世紀上半葉，符號 × 表示乘法首次出現在歐洲的文本上，尤其是奧特雷德的《數學之鑰》。這個符號大一點的版本也出現在《幾何學》（*Geometrie*）—由勒讓德（Legendre）1794 年出版的一本有名的教科書。
- 1698 年，萊布尼茲擔心 × 與 x 之間可能的混淆，引進凸點作為乘法的替代符號。在十八世紀開始在歐洲被普遍使用，一直是表示乘法的常用方式。甚至是今天，2 · 6 表示 2 乘 6。
- 現代的計算器及一些電腦程式利用星號表示乘法；2 乘 6 被輸入成 2 * 6。十七世紀時，這個非常現代的記號曾在德國被短暫使用；[4]然後就從算術中消失直到電子時代到來。

除法的符號也是多變的，5 被 8 除可以寫成 5 ÷ 8，或是 5/8，或是$\frac{5}{8}$，或是比例 5:8。÷ 用來表示除法，而非減法，主要是因為十七

---

4 參見 [23]，第266頁。

世紀時瑞士人藍恩（Johann Rahn）的代數著作《代數》（*Teutsche Algebra*）的緣故。這本書在當時的歐洲大陸並不流行，不過它 1668 年的英文譯本卻在英國頗受好評。英國一些重要的數學家開始使用這個記號來表示除法。因此，在英國、美國以及其他以英語為主要語言的國家，符號 ÷ 成為大家所接受的除法符號。但是，並不包括大部分的歐洲國家。歐洲的作者普遍依照萊布尼茲在 1684 年採用冒號表示除法的想法，這種地域上的差異一直持續到二十世紀。在 1923 年，美國數學協會為了支持分數記號，建議將這兩種記號由數學寫法中加以排除。不過，這個建議沒有使得它們由算術中被淘汰。我們仍然將式子寫成 6 ÷ 2 = 3 和 3:4 = 6:8。（關於分數的歷史，請參閱素描4）。

在這個簡短的素描中，我們省略了許多曾在手寫的或是印刷的算術著作上使用，但現在差不多被遺忘的符號（我們也很高興地遺忘它們）。清晰明白的記號被認為是數學概念發展上一個重要的因素。套句奧特雷德 1647 年的話，數學的符號化表徵「既非以大量詞藻折磨記憶，也不拿比較與分類充斥想像；它不過是將運算與論證的整體過程，平鋪直述地呈現在你眼前。」[5]

延伸閱讀：這個素描的相關資訊主要是來自 [23]，此書仍然是數學記號歷史的最佳參考書籍。也可參見網站 *Earliest Uses of Various Mathematical Symbols*，網址是http://members.aol.com/jeff570/mathsym.html，由傑夫・米勒（Jeff Miller）所維護。

---

[5] 引自奧特雷德的《數學之鑰》（倫敦，1647 年），轉引自 [23]，119 頁，用現代的拼法改寫。

「沒有」變成一個數
零的故事

許多人會將零想成「沒有」（nothing），數學上至少有兩個（有人認為三個）重要的發展，說明了零不是沒有的事實。故事開始於美索布達米亞—「文明的發源地」，大約在公元前一千六百年之前，當時巴比倫人已經發展出很好的位值系統（place-value system）來書寫數目。它是基於對六十的編組而來，如同我們將 60 秒算成 1 分鐘；將 60 分鐘（3600 秒）算成 1 小時。他們有兩種基本的楔形符號—𒁹代表「一」；而𒌋代表「十」—將它們反覆的組合用來表示 1 到 59 的數目。例如，他們將 72 寫成

𒁹 𒌋𒁹𒁹

他們用一個很小的空白區隔出代表 60 的位置和代表 1 的位置。[1]

但是，這樣的系統有一個問題，數字 3612 寫成

𒁹　𒌋𒁹𒁹

（一個 $3600 = 60^2$ 和 12 個 1），他們利用一個稍微大一點的空白表示 60 的位置是空著的。由於這些記號是用楔形的工具很快地刻寫在軟泥版上，很難保持空白的大小完全一致，經常得透過描述的上下文才能知道確切的數值。公元前七百年到公元前三百年之間，巴比倫人開始使用代表句子結束的符號（此處我們用一點 · 表之）來表示被省略的位置。所以，72 和 3612 就分別變成

[1] 素描 1 對於巴比倫人的記數系統有更進一步的說明。

▽ ◁▽▽ 和 ▽ · ◁▽▽

因此，零一開始是用來「佔據位置」（place holder），表示事物被省略的符號。

我們現在將發展十進位制的位值系統歸功於印度人。在公元六百年以前，他們用一個小圓圈當成空位的符號。西元九世紀時，阿拉伯人學會這套系統，並在接下來的二到三個世紀，隨著他們的影響力逐漸將它散佈到整個歐洲。這些數碼的符號略有改變，但規則仍保持相同。（阿拉伯人用圓形符號來代表「五」；用一點表示空位。）用來表示空無的印度字 *sunya* 變成阿拉伯字 *sifr*，然後再變成拉丁字 *zephirum*（之外，還有一個變化不大的拉丁字 *cifra*）。這些字再依序變成英文字 *zero* 和 *cipher*。在今日，通常被畫成圓或橢圓的零，仍然表示十的某個乘冪位置未被使用（亦即表示空位）。

但這只是故事的開端，在公元九世紀之前，印度人有了一次很重要的概念跳躍，被列為歷史上最重要的數學事件之一。他們已經開始認可代表空無的 *sunya* 是一個擁有自己的地位的量！也就是說，他們開始把零當成一個數目來對待。舉例來說，數學家瑪哈維拉（Mahāvīra，約公元 850 年）寫下一個數乘以零結果為零；一個數減去零其值不變；他也主張一個數除以零保持不變。婆什迦羅（Bhāskara，約公元1100年）則宣稱一個數除以零會變成無限大。

這裡主要的論點，並非是哪一位印度數學家用零計算得到正確的答案，而是他們最早考慮這樣的問題。用零來計算，你必須得先承認零可以當成某物（something）、如同一、二、三等等這些數目的抽象概念。也就是說，你從數一隻山羊或二頭母牛或三隻綿羊到思考 1、2 和 3 本身一當成可操作的事物，無需考慮是什麼樣的物件被拿來計數。你必須跨出特別的一步，將 1，2，3，…當成存在的概念，即便他們沒有拿去計數。只有如此，將零視為一個數目才會變得有意義。古希臘人從未跨出抽象性的這一步，因為這與他們將數目視為事物的一種數量特性，有著本質上的矛盾。

印度人將0看成一個數目的認知，是敲開代數學大門的關鍵。零當成符號和概念傳到西方世界，主要是靠著九世紀時的阿拉伯學者阿爾・花剌子模的作品。他寫了兩本書，一本是關於算術，另一本則是解方程式。十二世紀時，兩本書被翻譯成拉丁文並在歐洲流傳開來。

在阿爾・花剌子模的書中，零尚未當成一個數字；它只是個空位記號。事實上，他所描述的數碼系統所用的「九個符號」，指的是1到9。在一本拉丁文譯本的書中，是這麼說明零的角色：

> 但是當[十]放在一的位置，將它當成在第二個位置，[2]它的形式就是一的形式。由於和一的形式相似，需要一個形式能用來表示十，讓人看到它就知道是[十]。因此，在它前面放上一個空白，並加上一個小圓圈像是字母o，用來代表一的位置是空著的，除了這個小圓圈，沒有別的數字。[3]

拉丁文譯本時常一開頭寫著「Dixit Algorizmi」，意思是「阿爾・花剌子模說」。許多歐洲人從這些譯本中學得十進位制的位值系統，以及零的重要角色。隨著這本書做為算術教科書的流行，逐漸使得人們將它的標題視為書中的方法，也給了我們「算法」（algorithm）這個字。[4]

當這個新的系統流傳開來，同時人們也開始使用新的數目進行計算，某位數（digit）是零時該如何進行加法與乘法的解釋變得有需要，這也幫助使它更像是一個數目（number）。然而，印度人認為應該將零本身視為一個數目的想法，仍然花了很長的時間才在歐洲建立起來。十六世紀和十七世紀時，一些非常重要的數學家還是不願意接受零當成方程式的一根（解）。

無論如何，有兩位數學家某種程度上運用零轉變了方程式理論。

---

2 譯按：十位數的位置
3 引自 [31]，原始文本是用羅馬數碼「X」表示「十」。
4 譯按：algorithm 這個字正是由 Algorizmi 衍生而來。

十七世紀早期，同時是地理學家、也是第一位探索維吉尼亞殖民地的探險家的哈里奧特（1560-1621），提出一個解代數方程式簡單卻有威力的技巧：

> 將方程式的所有項都搬移至等號的一邊，因此，方程式會形如
>
> $$[\text{某多項式}] = 0$$

由於笛卡兒在他解析幾何的書中使用這個做法，並將功勞歸給哈里奧特，使得這個做法（有人稱為哈里奧特原理）流傳開來。[5]它在今天的初等代數中是非常基本的部分，被視為理所當然。在當時，可是重大變革的一步。這裡我們舉一個簡單的例子看看它是如何運作：

> 找一數 x 使得 $x^2 + 2 = 3x$ 為真 (也就是找這個方程式的一根)，重寫這個方程式為
>
> $$x^2 - 3x + 2 = 0$$
>
> 等號左邊可以分解成 $(x - 1)(x - 2)$。現在，兩數相乘等於 0，至少其中有一數必須等於 0。（這是使得零不同於其他數字的另一個特殊性質。）因此，經由解兩個相當簡單的方程式就能得到方程式的根，
>
> $$x - 1 = 0 \text{ 和 } x - 2 = 0$$
>
> 也就是說，原方程式的兩根為 1 和 2。

當然，我們選擇這個例子是因為它容易分解，但對於多項式的分解仍然得要熟悉。即使在哈里奧特的時代，這個原理是方程式論上一項重大的進步。

連結到笛卡兒的坐標幾何時，[6]哈里奧特原理變得更有威力。我們用現代的術語來解釋其中原因，解任何實變數 x 的方程式，都能

---

5 參見 [33]，第 301 頁。
6 參見素描 16，對於坐標幾何有更多的說明。

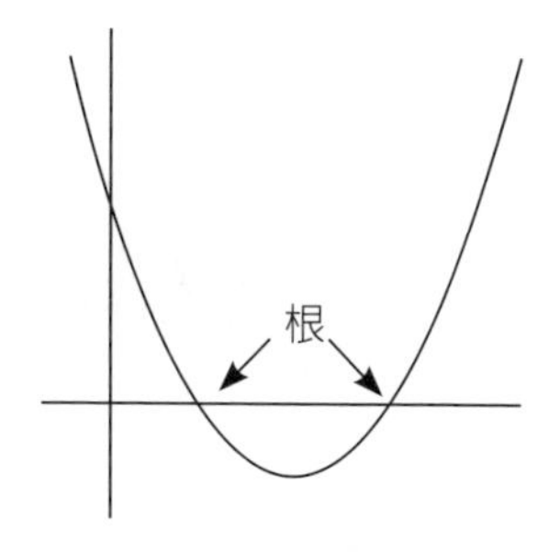

將它重寫成 $f(x) = 0$，其中 $f(x)$ 是 x 的函數。現在將 $f(x)$ 的圖形畫出，原方程式的根（解）會發生在圖形與 x 軸相交的地方。因此，即使這個方程式的根無法精確地解出，圖形仍可提供它的解一個好的近似值。

十八世紀的時候，零的地位已經由空位記號提升成為數目，更進一步提升成為代數工具。這個數目的數學特出性，還有一步要走。當十九世紀數學家們將數目系統的結構一般化，進而形成近世代數的環論與體論，零成為一個特殊元素的原型（prototype），0 加上一個數目使得數目不變，以及 0 乘上一個數目結果為 0 的事實，成為這些抽象系統定義「加法單位元素」的性質，時常就簡稱為近世代數中的環或體的零。而隱藏在哈里奧特原理之下的驅動力—如果數目的乘積為 0，則它們之中至少有一必須為 0—刻劃了整域（integral domain）這個特別重要的系統。對於小角色來說，零真的表現不錯，你認為呢？

延伸閱讀：有許多書討論零的歷史，[33] 及 [104] 中的材料特別有趣，同樣值得注意的是 [79]。

將數劈開來
分數

分數成為數學的一部分大約已經有 4000 年了，但書寫分數的方式和對它的理解，則是近來才有比較好的進展。在早期，當人們需要說明物件的一部分時，如同字面上的意義，將物件分成較小的部分，然後數算這些部分。（甚至“fraction”這個字，以及相同根源的“fracture”和“fragment”都代表將東西分開來。）這也使得原始的重量及測量系統，為了追求更進一步的準確性，需要將基本測量單位變得更小。用現代的術語來說，我們用盎司取代磅，英寸取代英尺，分（cents）取代元（dollars）等等。當然，這些特殊單位早期並不使用，而是使用被它們取代的單位。今天所用的某些測量系統仍反映出這種寧可用小一些的單位來計數，而不願用分數來表示的想法。舉例來說，下面一系列液量單位，每一個單位都是前一個單位的一半：加侖、半加侖、夸脫、品脫、一杯、基爾。（事實上，每一個單位都能以一個更小的單位液量盎司（fluid ounce）來表示，一基爾等於四液量盎司。）

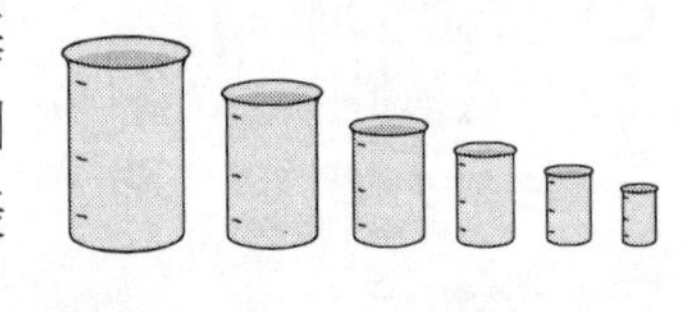

因此，在分數早期的形式，它主要是侷限在部分（parts），也就是今天我們所說的單位分數，分子為 1 的分數。更一般的分數則透過單位分數結合得到，例如五分之三被看成「一半和十分之一」。[1]這樣的限制使得分數的書寫變得容易。因為分子總保持是 1，只要將分母交代清楚，並且讓人知道它代表分數，而不是整數即可。埃及人就

---

[1] [28] 的 30-32 頁對於古埃及人之「部分」的概念有很好的說明；[59] 則是有廣泛的討論。

在數的上方放置一點或是橢圓記號。[2]例如，

十：∩　　十分之一：$\dot{\cap}$　　十二：∩||　　十二分之一：$\overset{\bigcirc}{\cap ||}$

如此一來，要寫出「單位分數」相當容易，但用它來運算就不同了。假設我們要拿「五分之一」並且把它加倍。我們會說兩個五分之一。但在單位分數的系統下，「五分之二」不是合法的表示法；必須將答案寫成單位分數的和；也就是說，「五分之一」的兩倍是「三分之一和十五分之一」。（對嗎？）埃及人製作大規模的表來列舉許多單位分數加倍的結果。

如同往常，美索布達米亞的書記們有他們自己的方法。他們將素描 1 所提的六十進位制擴展，以便能使用分數，如同我們在十進位制採取的方式。所以，72（用他們的符號）就寫成「1, 12」—意指 $1 \times 60 + 12$，而 $72\frac{1}{2}$ 則寫成「1, 12; 30」—意指 $1 \times 60 + 12 + 30 \times \frac{1}{60}$，這是個相當可行的系統。無論如何，古巴比倫人使用時有一個主要的問題：他們並沒有使用符號（像上文所用的分號「；」）來表示分數的部分從何處開始。所以，舉個例子，「30」在楔形泥版中，可能是「30」，或是「$\frac{30}{60} = \frac{1}{2}$」。想要知道它真正的意思，得從上下文才能判斷。

希臘人繼承埃及與巴比倫的系統，並傳播到地中海文化。希臘的天文學家從巴比倫人那裡學會六十進位制的分數，並用在他們的測量工作上—角度、分和秒。[3]這個部分仍保留在一般的技術性工作上，即使人們對於整數已經採用十進位制，仍然習慣使用六十進位分數。

在日常生活的使用上，希臘人所用的系統與埃及人的單位分數系統非常類似。事實上，練習將分數化為單位分數的和或乘積，一直

---

[2] 參考素描 1 對埃及數碼的描述，埃及人對於一半、三分之二和四分之三有特別的符號。

[3] 譯按：此非時間單位。在角度測量上，常用的 1 度可細分為 60 分，1 分可細分為 60 秒。

在希臘及羅馬時期的分數算術，佔有重要的地位，並延續到中世紀時期。（約三世紀的丟番圖是個例外，不過，學界對他究竟如何看待分數仍有爭議。本書〈溫柔數學史〉中有更多關於他的描述。當我們討論到希臘數學時，丟番圖常常是個例外！）斐波那契（Fibonacci）的《計算書》（*Liber Abbaci*）是一本十三世紀深具影響力的歐洲數學文本，對於單位分數做了廣泛的使用，並且提供許多將其餘分數轉換成單位分數之和的方法。

另一個古代留傳下來仍在使用的系統，同樣是單位分數的記號，卻是使用乘法！在那個系統中，它的程序是要求拿取一個部分的部分（的部分……）。舉例來說，我們可以將 2/15 看成「三分之一的五分之二」。因此，像「五分之二的三分之一和三分之一」的意思是指

$$(\frac{1}{3}\times\frac{2}{5})+\frac{1}{3}=\frac{7}{15}$$

在較為近期的十七世紀，俄國有關測量的手稿被發現有一個特別量的九十六分之一，寫成「一半的一半的一半的一半的一半的三分之一」，[4]它預期讀者能以連續的細分來考慮：

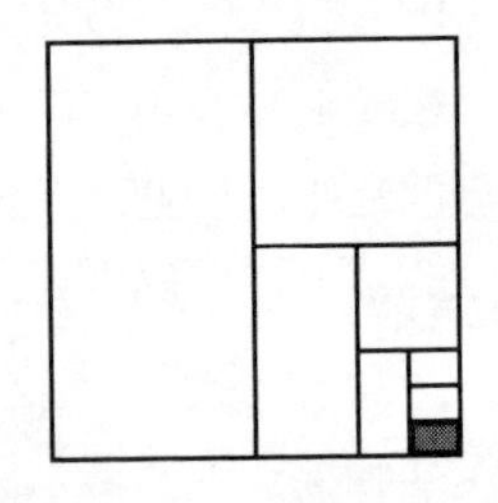

$$\frac{1}{2}\text{的}\frac{1}{2}\text{的}\frac{1}{2}\text{的}\frac{1}{2}\text{的}\frac{1}{2}\text{的}\frac{1}{3}=\frac{1}{96}$$

對比於單位分數的進路，我們目前對於分數的進路，則是基於計算一個單一且足夠小的部分之次數的想法，在食譜上會量取三杯的牛奶代替量取一品脫及一杯的牛奶，因為前者較為容易。也就是說，不要用指定其中一個最大的分數，再利用接下來較小的分數以窮盡剩餘的部分，來表達出一個分數的量；我們會簡單地尋找一個小的分數，可以計算足夠多次，就能正確地得到我們所要的量。利用兩個數目能說明總量：基本分數的大小，以及我們計算的次數。

這也是中國的數學家思考分數的方式。大約可追溯到公元前 100

---

4 參見 [77]，第 33 頁，[129]，第二卷，第 213 頁。

年左右的《九章算術》，其中所用的分數記號與我們所知道的非常類似。一個不同之處，是中國人避免使用「假分數」，像是 $\frac{7}{3}$；他們會寫成 $2\frac{1}{3}$ 來取代。《九章算術》中有我們運算分數所有使用的規則：如何化成最簡分數，分數如何相加、如何相乘。例如，加法的規則（用我們現在的術語）是：

> 每一個分母與其餘分數的分子相乘，將結果加起來當成被除數，所有分母相乘當成除數。將之相除，如果有餘數的話，就將它當成分子，除數當成分母。[5]

這完全與我們所做的相同！

至於乘法和除法，《九章算術》說明的方法，是將之轉換成共同的「分母」，這使得除法的程序變得自然且顯明。比方說，$\frac{2}{3}$ 除以 $\frac{4}{5}$，他們先將每個分數的分子和分母乘以另一個分數的分母，所以

$$\frac{2}{3} \div \frac{4}{5} \text{ 變成 } \frac{2\cdot 5}{3\cdot 5} \div \frac{4\cdot 3}{5\cdot 3} \text{ ；因此，} \frac{10}{15} \div \frac{12}{15}$$

現在，這兩個分數用相同的「測量單位」（分母）寫出來，問題就簡化成一個整數除法的題目：第一個分數的分子除以第二個分數的分子。在這個例子中，

$$\frac{2}{3} \div \frac{4}{5} = \frac{2\cdot 5}{3\cdot 5} \div \frac{4\cdot 3}{5\cdot 3} = \frac{10}{15} \div \frac{12}{15} = 10 \div 12 = \frac{5}{6}$$

一個類似的進路（可能學自中國人的），出現在約七世紀左右印度人的手稿上。他們寫出兩個數目，表示計算次數的數目，放在代表基本分數大小的數目之上，沒有線段或記號將之區隔開來。舉例來說（使用現在的數碼），基本單位的五分之一拿了三次就寫成 $\begin{matrix}3\\5\end{matrix}$。印度人這種將一個數目放在另一個數目之上的書寫分數習慣，稍後幾個

---

[5] 參見 [124]，第 70 頁。譯按：《九章算術》的原文為：「母互乘子，并以為實。母相乘為法。實如法而一，不滿法者，以法命之。」

世紀在歐洲變得普遍。中世紀的拉丁文作者最早使用分子（「計算者」（counter）一多少）及分母（「命名者」（namer）一什麼樣的大小）的詞，成為我們區別一個分數上面的數目和下面數目的習慣用法，上下數目間的水平短線，則是十二世紀時阿拉伯人插入的。從那時候開始，它出現在許多的拉丁文手稿，除了印刷術的早期（十五世紀末到十六世紀初），可能因為排版的問題而被省略。到了十六及十七世紀，它又逐漸地恢復使用。說來奇怪，雖然 3/4 比 $\frac{3}{4}$ 容易排版，但斜線的記號一直到大約 1850 年才出現。

$$\frac{2}{3} \div \frac{5}{7} = \frac{2}{3} \times \frac{7}{5} = \frac{14}{15}$$

分數書寫的形式影響了算術的發展。例如，大約在公元 850 年，印度的數學家瑪哈維拉就使用分數除法「乘以倒數」的規則。然而，它一直到十六世紀才成為西方（歐洲）算術的一部分，可能是因為除非所有的分數，包含大於 1 的分數，都要被習慣性地寫成一個數在另一個數之上，上述的規則才會有意義。

SALE!
15% OFF

百分之一（per cent，「每一百個」）這個詞用來表示分母 100 的分數，開始於十五和十六世紀的商業算術，當時用百分之多少表示利率非常普遍，這樣的習慣在商業中保留下來，並進一步在以「元」和「分」（元的百分之一）為基礎的金融體系的國度中被強化。這確保了百分之一的使用，成為十進位算術一個特別的分支。百分之一的符號也演進了好幾個世紀，大約是 1425 年，開始是當成「per 100」手寫的縮寫，在 1650 年逐漸變成「per $\frac{0}{0}$」，然後簡化成「$\frac{0}{0}$」，最後變成今日我們所慣用的符號「%」。[6]

當十進位分數很早出現在中國數學及阿拉伯數學之時，這些想法似乎沒有傳到西方。在歐洲，到了十六世紀才首次使用十進位當成分

[6] 參見 [23]，第 312 頁。

數計算的策略，變得普遍則歸功於斯蒂文（Simon Stevin）1585 年的書《十分位》（*The Tenth*）。斯蒂文是一位法蘭德斯的數學家和工程師，[7]在他的書中，他展現了若將分數視為小數，可以讓整數算術的簡易算法應用到分數的運算上。斯蒂文迴避了無窮小數的議題。畢竟，他是個實際的人，他的書恰如其人。對他來說，0.333 與 $\frac{1}{3}$ 的距離，你想要多近就有多近。

在同一個世代，科學家像是刻卜勒及納皮爾（John Napier）對於十進位分數的使用，為十進位算術被一般人接受鋪好了路。然而，在這之後的許多年，用句點來當作十進位小數點，並沒有被一致地接受。有相當長的一般時間，許多不同的符號—包括一撇、小的楔形記號、左括號、逗號、凸點，以及其他各式各樣的記號策略—都被用來區隔一個數目的整數與分數部分。1729 年，第一本在美洲印行的算術書用的是逗號，但後來的書就傾向使用句點。在歐洲及世界上其他部分國家，則是有各式各樣的用法。在許多國家使用逗號取代句點，成為這個分隔記號的選擇。差不多所有使用英語的國家都使用句號，但多數其他的歐洲國家就喜歡逗號。國際性的通訊社及出版公司往往兩者都接受。現代的電腦系統允許使用者可以選擇，當成地區及語言的設定項目之一，不論這個十進位小數點應該寫成逗號或是句號。

斯蒂文的創新，連同它在科學上的應用及計算上的實用，對於人們如何去理解數目有著重大的影響。直到斯蒂文的時代，$\sqrt{2}$ 或（甚至是）π 都尚未完全被視為數目。它們是對應到某些特定幾何量的比，但是，將它視為數目時，人們會感到不安。小數的發明允許人們將 $\sqrt{2}$ 看成 1.414，將 π 看成 3.1416，突然之間，正如賈丁納（Tony Gardiner）類似的妙語，[8]「所有的數目看起來同樣的乏味了。」斯蒂文是第一個考慮將實數視為數線上的一點，同時，他也主張所有的實數應有相同的地位，這些事並非巧合。

---

7 譯按：為現在的比利時北部。
8 英國數學協會（British Mathematical Association）的前任主席，引自 [125]。

當二十世紀中葉計算器被引進後，看來好像使得十進位制獲得永久的勝利。但原有之分母及分子的系統，在運算上和理論上仍然有許多優點，並且被證實仍然活力十足。我們現在有能以常用分數（common fraction）運作的計算器及電腦程式，[9]百分比應用在商業上，常用分數以及摻雜著整數出現在食譜中，小數則是用在科學測量上。這些多元的表徵是取決於方便的情況，同時也提醒我們每天所用的這些想法背後豐富的歷史。

延伸閱讀：有關這個主題的許多豐富資訊來自 [64] 的 1.17 節，同時也提及更進一步的歷史文獻。同樣也值得參考的是 [23] 的第 309 到 335 頁，以及 [129] 的第 208 到 250 頁，包含了有理數歷史發展的豐富材料，和它們各式各樣的記號形式。對於斯蒂文的創新及它的問題有著極佳描述的是 [57] 和 [58]。

[9] 譯按：常用分數是指分子和分母均為整數的分數。

某物小於空無？負數

你知道嗎？一直到幾百年前，負數才普遍被人們接受，甚至才被數學家接受。這是千真萬確的事。哥倫布發現美洲大陸兩個世紀之後，負數才成為數目社群的成員。直到十九世紀中葉，大約是美國南北戰爭期間，負數才成為第一等的數目公民。

「數目」源自於計數和測量物體：5 隻山羊，37 隻綿羊，100 個硬幣，15 英吋，25 平方公尺等等。分數只不過是一種計數的改良形式，使用較小的單位：$\frac{5}{8}$ 英吋是一英吋的八部分中之五部分，$\frac{3}{10}$ 英里是一英里的十部分中之三部分，諸如此類。如果你正在計數或測量，最小的數量必然是零，對吧？畢竟有什麼數量能夠小於空無？因此，負數的想法（一個小於零的數）是一個困難的概念，這並不讓人太驚訝。

你也許會問：「那麼這奇怪的想法從何而來？吾人怎麼想到這些數的？」當人們開始解方程組（或是問題可以用方程組表示）的時候，負數首次出現在數學場景中，例如：

> 我現在 7 歲，我的妹妹 2 歲，何時我的年齡正好是妹妹的兩倍？

將它轉化為解方程式 $7 + x = 2(2 + x)$，其中，我們假設 x 年後年齡是妹妹的兩倍。由上述可知，答案是 3 年後。而同樣的問題可以被改成任何年齡。也就是，我們可以一樣容易地去找方程式 $18 + x = 2(11 + x)$ 的解。然而在這個情況中，答案是負的：$x = -4$。

早在三千多年以前，埃及和美索布達米亞的書記就能解這些方程組，但是他們從未考慮到負數解的可能性。另一方面，中國數學家在解方程組的過程中似乎已經能夠處理負數。[1]然而，如同許多西方文化，西方的數學主要奠基於古希臘學者的著作。儘管有深刻和微妙的數學與哲學，希臘人卻徹底地忽略負數。大部分的希臘數學家視「數目」為正整數，並且將線段、面積、體積視為不同種類的量（因此不是數）。甚至是寫了一整本有關解方程之著作的丟番圖（Diophantus），也只討論正有理數。舉例來說，在他的著作《數論》（*Arithmetica*）第五卷第 2 題中，[2]他得到方程式 $4x + 20 = 4$。[3]「這是荒謬的」，他說，「因為 4 小於 20」。對丟番圖而言，$4x + 20$ 表示增加 20 於某物的意思，因此，絕對不可能等於 4。

早在七世紀的時候，著名的印度數學家婆羅摩笈多（Brahmagupta）就認可和使用負數。他把正數看作資產，負數看作負債，並且提出負數的加減乘除法則。往後的印度數學家仍舊秉持這個傳統，闡釋如何適當地使用和如同正數一樣操作負數。不過，他們用懷疑的眼光看待負數有很長一段時間。經過五個世紀以後，婆什迦羅（Bhāskara）提出方程式 $x^2 - 45x = 250$ 的兩根是 50 和 -5，他說（可能引自一個眾所周知的規則）：「第二個答案不被採用，由於它不適用。因為人們無法清楚理解例子中的負量。」[4]

早先的歐洲人對於負數的認識，沒有直接受到印度研究成果的影響。印度數學最早是經由阿拉伯的數學傳統來到歐洲。九世紀的阿爾．花剌子模的兩本著作非常有影響力。然而，阿拉伯數學不使用負數。部分原因也許是我們今日所知道的代數符號法則不存在於當時。（見素描 8。）我們現在利用代數方程求解的問題，他們完全地用文字解答，通常再輔以幾何說明——將相關數據詮釋為線段或面積。舉例來說，阿爾．花剌子模承認二次方程式可以有兩個根，但這只有當

---

1 譯按：中國漢代數學家在解聯立一次方程時，的確運用了正負數加減法則。可參考《九章算術》第八章〈方程〉中的「正負術」。

2 譯按："Arithmetica" 今譯為「算術」，其實在古希臘是指「數論」，它是古雅典四學科之一。

3 當然他的寫法不是如此；見素描 8。

4 源自婆什迦羅的 Bijanita；英文版由 Kim Plofker 翻譯。

兩根都是正根的情況才是。這可能是起因於解方程式的進路，必須依賴於長方形面積和邊長的觀點來說明，所以，在此脈絡中負量沒有意義。（參見素描 10。）

另外，阿拉伯人（以及丟番圖）確實懂得如何展開相乘的算式

$$(x - a)(x - b)$$

他們知道在這情況中負負得正，負正得負。但他們只將之應用在答案是正數的題目。如此看來，當「正負號法則」（laws of signs）被發現的時候，它們不是被理解為操作所謂「負數」這種獨立存在物的法則。

因此，歐洲數學家從前輩們學到一種只能處理正數的數學。除了分配律提供負數乘法的暗示以外，他們只能獨自設法處理負量，而且他們的進展比起印度和中國實在是緩慢多了。

在文藝復興之後，歐洲數學受到天文、航海術、自然科學、戰爭、商業以及其他應用方面的刺激，產生了驚人的躍進。儘管有這樣的進展，也或許因為功利主義的興盛，歐洲依然拒絕負數。在十六世紀，甚至有許多傑出的數學家拒絕接受負數，例如義大利的卡丹諾、法國的韋達和德意志的史蒂費爾，他們把負數視為「假想的」或「荒謬的」。當負數出現在方程式的解時，它被稱為「假想的解答」或「誤根」。但是，在十七世紀初期，這個形勢正開始轉變。負數的有用變得顯著而無法忽視，一些歐洲數學家開始在他們的研究工作中使用負數。

不過，對於負量的誤解和懷疑態度仍然持續著。在十六、十七世紀，隨著方程解法變得比較複雜與算則化，另一個問題讓事情更複雜。如果把負數當作數，解方程式的算法直接導出負數的平方根。例如二次方程式 $x^2 + 2 = 2x$ 使用公式得到的解 $1 + \sqrt{-1}$ 和 $1 - \sqrt{-1}$。（甚至更糟的是使用公式解三次方程式，見素描 11。）不過，如果負數確實有意義，那麼，演算法則告訴我們要求負數的平方必然是正的。由於正數的平方也是正的，這表示 $\sqrt{-1}$，這樣一個平方是 -1

的數，可能既不是正也不是負。

這顯然不合理的情形，導致數學家把負數視為算術世界中的可疑角色。在十七世紀初期，笛卡兒稱負根是「謬誤的」，負數的平方根是「想像的」。例如笛卡兒談到方程式 $x^4 = 1$只有一個真實的根 +1，一個謬誤的根 –1，以及兩個想像的根（$\sqrt{-1}$ 和 $-\sqrt{-1}$）。（虛數和複數的故事，參見素描 17。）此外，笛卡兒使用的平面座標，並不像我們今天一樣使用負數。他的作圖和計算主要是關於正數，尤其是線段的長度；x 軸或 y 軸的負向概念完全沒有出現（更多相關內容，參見素描 16）。

事實上，甚至十七世紀這些接受負數的數學家，也不確定要把負數擺放在正數關係中的哪個位置。亞諾（1612-1694）認為如果 –1 小於 1，那麼，比例式 $-1:1 = 1:-1$ 表明較小數對較大數的比，與較大數對較小數的比一樣，而這是很荒謬的。沃利斯主張負數大於無限。在他的著作《無窮算術》（*Arithmetica Infinitorum,* 1655）中，議論 $\frac{3}{0}$ 這種比值是無限大，所以，當分母變為負數（如 –1），比值應較無限大為大，這個實例意味著 $\frac{3}{-1}$，也就是 –3，一定大於無限大。

要注意的是，沒有任何一位學者對於負數的操作有任何困難，他們能夠毫無疑問地加減乘除負數。他們的困難處，在於概念本身。

在 1707 年《通用算術》（*Universal Arithmetick*）這一本教科書中，牛頓也沒幫上忙。他說「量不是肯定的（Affirmative）、大於空無，就是否定的（Negative）、小於空無。」[5]因為它傳達著偉大牛頓爵士的權威，這個定義的確被認真考慮。但是怎麼會有量能小於空無？

儘管如此，在十八世紀中期的時候，負數或多或少變得被承認為數，很不安地進入整數、正分數、無理數和極不穩定的複數所組成的數目聯盟。即使如此，許多卓越的學者仍然為此感到擔憂。著名的

---

[5] 源自 1728 年的英文翻譯，引自 [111]，192 頁；拉丁原文參見 [139]，第 5 卷，58 頁。

法國《百科全書或科學、藝術和手工藝分類字典》（*Encyclopedie ou Dictionnaire Raisonne des science, des Arts, et des Metiers*）（百科全書派 - Encyclopedists - 的命名出自此處）勉為其難地說明：

> 不管我們對這些量抱持著甚麼想法，負數的代數運算法則普遍地被每個人確實的接受和承認。[6]

歐拉（1707-1783）對負量似乎感到自在，他在 1770 年出版的著作《代數指南》（*Elements of Algebra*）中表明：

> 從負數被當作負債以來，因為正數代表實際資產，我們或許可以說負數小於空無。因此，當一個人一無所有又積欠 50 枚硬幣，我們可以確定他擁有比空無還要少的 50 個硬幣；因為如果有人現在替他償還 50 個硬幣，他仍舊只是一無所有，雖然他比起以前真的比較富有。[7]

另一方面，當他必須解釋兩個負數的乘積為何是正數時，他捨棄把負數視為負債的詮釋，並且主張用形式的方式說明 $-a$ 乘 $-b$ 應該是 a 乘 $-b$ 的相反數（opposite）。

雖然如此，經過半個世紀之後，即使是在最高等級的數學社群中，仍然有許多的懷疑者，尤其以英國居多。在 1831 年蒸汽火車時代早期，重要的英國邏輯學家笛摩根寫下：

> 想像的表示式$\sqrt{-a}$與負的表示式有個相似處，就是當它們作為問題之解答出現時，會顯示一些矛盾和荒謬。從實際意義的角度而言，兩者都是想像的，因為$0-a$如同$\sqrt{-a}$一樣是無法想像的。[8]

---

[6] Jean le Rond d'Alembert，篇名“Negative Numbers”，引自 [85]，597 頁。
[7] 引自 [43]，4-5 頁。
[8] 引自 [85]，593 頁，本段來自笛摩根的著作《論數學的學習與困難》（*On the Study and Difficulties of Mathematics*）。

這段話代表著一個凋零的傳統思想，在面對更抽象的代數方法與數系結構的出現時，唯一僅存的喘息。隨著十九世紀早期高斯、伽羅瓦、阿貝爾以及其他人的著作，代數方程的研究逐步轉變成代數系統的研究，也就是擁有如算術般運算的系統。在這更抽象的設定中，相較於數目之間的運算關係，數目的「實際」意義變得比較不重要。在這樣的背景下，負數一正數的加法反元素一成為數系中不可缺少的重要構成要素，並且對負數合法性的質疑就這樣消失了。

諷刺地，在種種的真實世界背景中，這種趨向抽象概念的進展，為負數效用的接受度，開啟了一條康莊大道。事實上，負數被當作小學算術基礎來教導。我們教師有時太過於將負數視為理所當然，以致於無法體會學生瞭解負數與操弄負數時的掙扎。或許對學生有些同情心是恰當的；歷史上一些最優秀的數學家也曾有這些相同的掙扎和挫折。

延伸閱讀：大部分篇幅夠長的數學史專書都會有負數故事的討論。至於英國十六到十八世紀之間有關負數爭論的充分論述，則請參見[111]。

十倍和十分之一 公制測量單位

人類一旦開始進行貿易活動，測量就會變得很重要—穀物有多少、一匹馬有多大、一條繩索有多長等等。測量系統必須奠基於一些公認的測量單位上，這些公認的單位，即成為測量系統的標準，而在不同時間與地點生活的人們，則會使用不同的測量系統。

有一些較早期的測量以身體的一部份為測量標準，像是指距（當手掌張開時，大拇指的指尖到小指的指尖的距離）、掌寬（四根手指併攏時的寬度）、指寬（食指或中指的寬度），還有呎。[1]

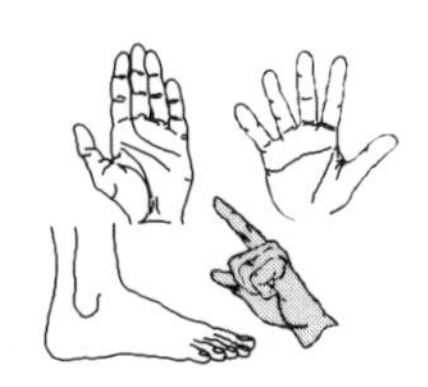

這些人體部位的測量「標準」的問題，在於它的大小常會因人而異，所以，自然而然的就會選擇國王或是某個顯貴的人，以他身體的某些部位當成是測量的標準單位。在英格蘭，國王亨利一世（1068-1135）公告從他的鼻尖到手臂伸直時大拇指尖的距離就稱為一碼，這個單位後來成為英國長度測量系統的基礎，在美國仍然普遍使用這套系統（而且幾乎沒有其他地方使用）。使用這套系統的主要困難之處，在於有各種大小單位之間的換算關係十分複雜。

直到十八世紀後期，全世界的許多不同的國家，仍然使用不同的測量系統。然而，隨著國際貿易的增加，對於單一公認標準的需求也愈來愈急迫，於是在 1790 年，塔列蘭主教向法國國會建議提出一個長度測量系統，其基本長度來自於每一秒完全擺動一次的單擺的長（幅）度。

[1] 譯註：原文為 foot，原意為腳掌的長度，為英制長度單位呎。

法國國家科學院研究這個計畫，以及進行了一些辯論之後，認為在不同地點的重力與溫度的差異，會使得這個長度變得不可靠。後來，他們根據從赤道到北極的子午線長度，提出一個新的系統，並將這個長度的一千萬分之一定為一米。[2]（他們甚至詳細描述其中一條特殊的子午線一通過法國的敦克爾克以及西班牙的巴塞隆納。）

這種米制系統的好用之處，在於所有較大或較小的長度單位都是「米」這個長度再乘以 10 的乘冪。甚至，他們的命名時所用的字首，就會告訴你使用的是 10 的哪一次方（如果你知道一點拉丁文或希臘文的話）。比米還要小的單位有拉丁文的字首，而比米還要大的單位則有希臘文的字首。

…

十億米（gigameter）	＝1,000,000,000＝10^9米
百萬米（megameter）	＝1,000,000＝10^9米
千米（kilometer）	＝1000米
百米（hectometer）	＝100米
十米（dekameter）	＝10米
米（meter）	＝1米
十分之一米（decimeter）	＝.1米
百分之一米（centimeter）	＝.01米
毫米（millimeter）	＝.001米
微米（micrometer）	＝.000001＝10^{-6}米
奈米（nanometer）	＝.000000001＝10^{-9}米

…

面積和體積的單位來自於相同的基本單位，分別從平方米和立方米開始。因為我們所使用的數字系統，也以 10 的乘冪為基礎，這種

2　實際上，他們把它寫成“metre”，這個字來自於希臘文 metron，即為測量。

十進位的結構，讓測量單位間的換算，變得非常容易。

有個較少為人所知的事實，即是在此系統中的質量（或姑且稱為「重量」）單位，也來自於米。能裝滿每邊 0.1 米的正立方體容器的純水，它的重量就定義為一公斤，而這樣的體積就稱為一公升。從保持字首的習慣來定義，公克（gram）就是公斤（kilogram）的千分之一。

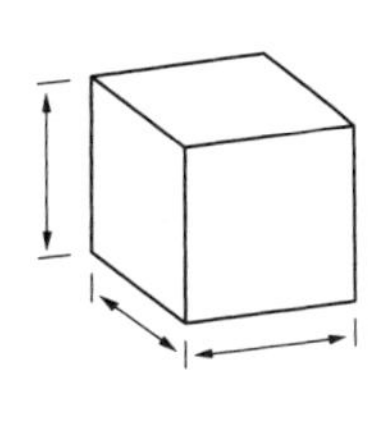

為了要讓法國科學院對米的定義能變成一種實用的工具，就需要知道他們所描述的子午線的正確長度，於是，兩個法國測量員被委託了這個任務。從那個時候延續使用到現在，測量角度時最常用的單位就是度。然而，在法國科學院想要用 10 的乘冪來表示的精神之下，這兩個測量員於是定義了一種新的角度的測量單位，稱為 *grade*（或 *grad*），他們定這個角度值為直角的百分之一。若以這個測量單位為標準，一個完整的圓即為 400 grades。

這兩個測量員使用這種新的測量角度的單位，去決定一米的準確長度。然而，儘管法國國家科學院接受他們對這個長度的測定值，卻拒絕接受產生這個長度測定值的角度單位。他們選擇以徑度當成標準的角度測量單位，儘管對一般的角度而言，徑度乘以 10 的各次方並沒有一個比較方便計算的關係。科學院的評斷認為：我們僅需付出一點小代價，亦即不用 10 的乘冪所帶來的不方便，不過，我們卻能夠保持以徑度來表示的角度測量值 a 與其相對弧長 s 之間獨特的關係

$$a=\frac{s}{r}$$

其中 r 為所考慮之圓的半徑。所以，即使 grade 有時被稱為「最老的公制測量單位」，卻不是官方正式的測量單位！儘管如此，在十九世紀時，它仍然是普遍使用的角度測量單位。

整個法國在 1795 年時正式使用法國國家科學院的系統。一米的長度與一公斤重的白金標準模型於 1799 年製作出來，並存放於法國國家檔案室。然而，正如你可能預期的，即使是在法國，對於這個新

的系統，一般大眾並沒有立即或是輕易地接受。它曾在 1812 年被拿破崙廢除，又在 1840 年被恢復成法國制式的系統，而在 1875 年十七個國家共同簽署公制測量系統條約之後，在國際之間的推行才得以實現。

1960 年，由於體認到現代科技對精確性的要求日漸增加，第十一屆度量衡會議確立一種新的單位的國際系統，相當類似於傳統的米制測量系統，這個系統稱為國際公制單位系統（SI），以米和公斤為基本，而且，還伴隨了五種測量時間、溫度等等的基本測量單位；同時，它也重新定義這些單位中的某些部分，使其比以前更加精確。例如，米的長度重新定義為氪-86 在某一特定能量位階時，所放出的輻射波長的 1,650,763.73 倍。在 1983 年，米的長度重新再被定義，定義成光在真空中行進 $\frac{1}{299,792,458}$ 秒的距離。這個距離跟測量地球子午線弧長來比較，看起來好像沒什麼改進，但是，它有一個優勢，就在於它能夠在世界上任何一個地方，任何一個精良的實驗室中再被複製出來。

美國在 1866 年時通過一個法律，得以合法在商業中使用公制測量單位（但不為強制使用），美國也是唯一的一個簽署 1875 年的公制條約國家中的英語系國家。然而，從英制系統轉換成公制系統的過程，在這個國家中進行得非常緩慢和勉強，雖然 1975 年的公制轉換行動想要促使「自發性的轉換成公制測量系統」，但是，也只有相對很微小的進展而已。在二十世紀的最後二十五年中，政治氣氛的潮流，阻礙了對 1975 年條約的全力推行。到今日，美國，加上賴比瑞亞與緬甸，是最後幾個仍然抗拒採用公制系統當成測量的官方標準系統的國家。

延伸閱讀：想要更輕易的得到有關本主題的資訊，可以閱讀任何一本好的百科全書中，有關公制系統的部分。而在 [116] 中能找到更多的歷史資料，本書特別聚焦在物理科學中的測量所扮演的角色。較好的有關完整 SI 系統的概略說明，可參考美國國家標準和科技機構（NIST）指導的「常數、單位與不確定性」，網址為 http://physics.nist.gov/cuu/，在裡面，你將會發現它完整列出了關於 10 的乘冪的相對應字首。其他較好的資料來源，包括 britannica.com 以及美國公制測量協會的官方網站，網址為 http://lamar.colostate.edu/~hillger。

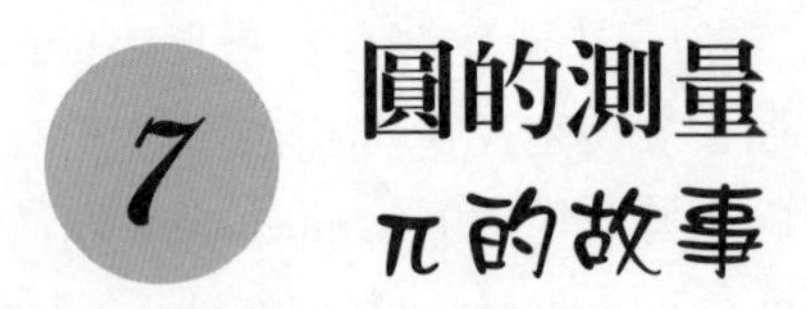

我們稱之為π（讀作「派，pie」，像是蛋糕或披薩的食物）的這個數目，有一段長遠且多樣的歷史。這個符號一開始並不用來表示數目，它只是一個希臘字母，對應於英文字母中的p，而現在它所代表的這個數目，在古希臘時期即已廣為人知。在很久很久以前，古希臘甚至更早的人們早就知道圓有一個特別的、有用的性質：任一圓的圓周除以它的直徑，總是得到一個相同的數目，如果我們同意把這個數目稱為π，那麼，這個讓人容易上手的事實，就可轉換成一個熟悉的公式：$C=\pi d$。

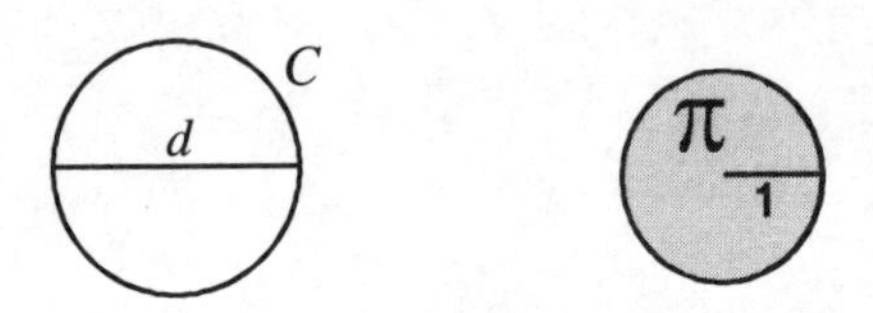

換句話說，一個圓的圓周與直徑的比都是相同的，我們通常把這個比當成常數來思考—常數就是不會隨著其他數目改變而改變的數。古時候的學者們也知道同一個常數比也出現在圓的其他基本性質中：一個圓的面積總是這個常數乘上以半徑為邊的正方形面積，也就是，圓面積$A=\pi r^2$，特別是當圓的半徑為 1 個單位（英吋、英呎、公尺、英哩、光年，或其他任何單位）時，圓的面積就會剛好等於π個單位。

從輪胎、齒輪到鐘錶、火箭和望遠鏡，圓形對於人類建造和使用的物品而言相當重要，這兩個公式中的常數，是一個非常值得知道的數目，但是，準確地來說，它是多少呢？

從歷史的觀點來看，「準確地」在此是一個讓人迷惑、困擾的字眼。正確求出π值的方法，對人類來說一直都是個謎團；不同文明中的人們千百年來一直努力在探索這個謎團，以下即是一些例子：

大約西元前 1650 年—古埃及的《蘭德紙莎草文書》中給出計算圓面積的程序，其中使用此常數值為 $4(\frac{8}{9})^2$。

大約西元前 240 年—阿基米德證明它介於 $3\frac{10}{71}$ 與 $3\frac{10}{70}=3\frac{1}{7}$ 之間。稍後的海龍讓 $3\frac{1}{7}$ 這個值廣泛地使用在許多實用的書籍中。

大約西元 150 年—希臘的天文學家托勒密使用 $\frac{377}{120}$ 為近似值。

大約西元 480 年—中國學者祖冲之使用 $\frac{355}{113}$ 為近似值。

大約西元 530 年—印度數學家阿耶波多使用 $\frac{62832}{20000}$ 為近似值。

大約西元 1600 年—它的十進位小數值已經計算到 35 位數。

1706 年—第一位使用希臘字母π稱呼這個數目的是英國數學家威廉・瓊斯。偉大的瑞士數學家歐拉在他 1730 年代與 1740 年代出版的文章中，使用這個符號，到這個世紀結束時，它已經成為這個常數的普遍名字了。

1873 年—英格蘭的威廉・尚克斯徒手計算π的小數位數到 607 位數，總共花了他超過 15 年的時間。從第 527 位小數之後的數字不正確，但是，卻有近乎一世紀之久沒有人發現他的錯誤！

1949年—馮紐曼（John van Neumann）使用美國政府的ENIAC 電腦計算π到小數點後第 2034 位數（在 70 小時之內）。

1987 年—東京的金田康正教授使用超級電腦 NEC SX-2 計算π到小數點後 134,217,000 位數。

1991年—楚諾維斯基兄弟使用在自家紐約公寓製造出的超級電腦，花了 250 小時計算π到小數點後2,260,321,336 位數。[1]（這麼多

---

1 關於楚諾維斯基兄弟和他們神奇電腦的故事，可參考“The Mountains of

位的數字如果單行印在一般的報紙上，可以從紐約排到加州的好萊塢！）

1999年—金田教授的團隊計算π到小數點後206,158,430, 000 位數。這個位數比楚諾維斯基兄弟所發現位數的 90 倍還要長，以單行的一般印刷來看，它比 250,000 哩還要長—長到足夠到達月球了。

然而，這些結果沒有一個是π的準確值。

大約在 1765 年（當時的美洲正在逐漸邁向獨立戰爭的路），一位叫做藍伯特（Johann Lambert）的德國數學家證明了π是一個無理數。也就是說，它無法準確表達一般分數（兩個整數的比）的形式。同時，這也表示了無論計算到多少位數，並沒有小數的表徵形式可以等於π的準確值，但是，只要我們有足夠的耐心和足夠的努力，就可以逼近π到我們所要的任何位數。

事實上，對於一般實用的目的而言，只要少數幾位小數就已然足夠，那些在十進位小數發明之前的許多近似值，也一樣已經足夠使用。為了闡述這一論點，我們可以拿上述所列歷史上使用過的π的近似值，用來計算一個直徑恰為 1 公里（約 0.62 英哩）的圓形湖泊的圓周長，將其結果與用現代計算器所算出π近似值作一比較：

來源	圓周長	誤差
現代計算器	3.141592654 公里	
阿美斯（西元前 1650 年）	3.160493827 公里	18.9 公尺（≈ 20 碼）
阿基米德（西元前 240 年）	3.141851107 公里	28.8543 公分（<1 英呎）
托勒密（西元 150 年）	3.141666667 公里	7.4103 公分（≈ 3 英吋）

π”一文，由普斯頓教授撰寫並發表於1992年在《紐約客》（*The New Yorker*）雜誌。見 [110]。

來源	圓周長	誤差
祖沖之（西元 480 年）	3.14159292 公里	0.266 公釐（$\approx \frac{1}{100}$ 英吋）
阿耶波多（西元 530 年）	3.1416 公里	7.346 公釐（$\approx \frac{1}{6}$ 英吋）

即使是這些超過 3600 年以前的近似值中最粗糙的逼近值，它的誤差也比 2% 還要少，而其餘的近似值對於湖「真正的」的圓周長而言，也僅只缺少了相當不重要的量而已。所以，為何人們要自尋苦惱地去計算 π 的近似值到小數點後千位、百萬位或是億位數呢？在花了那麼多的時間和努力之後，有任何可能的價值存在嗎？也許真的有吧！關於無理數還有許多我們無法解答的深層的問題存在，我們能夠證明它們是無窮小數，且位數從某一點開始任一連續段落的出現順序不會重複，但是，在這些位數序列中，有沒有更精細的某種模式存在？十個印度・阿拉伯數碼出現的頻率都一樣嗎？或是有某一個位數比其他位數更常出現？有沒有某一（串）位數列以某種可預期的形式出現呢？

我們甚至沒有足夠的知識，去準確地判斷什麼樣的問題才是值得的。有時候，一個看起來沒有什麼意義的點，可以引領出更廣泛、更新穎的視野。隨之而來的問題，與用來產生這些令人驚奇的位數列的硬、軟體有關：我們應該如何建造才能使它們的容量更大、速度更快，正確性更可靠？獲得 π 的更多位數這樣的問題，提供了檢驗科技進步的園地。

然而，也許對這樣的堅持，最誠實的解釋，應該是人類對於未知的好奇心。實際上任何沒有簡易解答的問題，都會引誘某些人去尋求解答，有時候這些人還會偏執地追尋。在整個人類向前進展與愚笨行為的歷史上，散佈著這些人的成就與不幸的冒險嘗試。我們無法更進一步知道哪些問題會導致額外的風險，這些風險反而使得這些問題更加誘人。在數學上，如同任何運動一樣，征服沒有試過的、未知的挑戰本身即是獎賞。

π = 3.141592653589793238462643383279502884197169399
37510582097494459230781640628620899862803482534211706
79821480865132823066470938446095505822317253594081284
81117450284102701938521105559644622948954930381964428
81097566593344612847564823378678316527120190914564856
69234603486104543266482133936072602491412737245870066
06315588174881520920962829254091715364367892590360011
33053054882046652138414695194151160943305727036575959
19530921861173819326117931051185480744623799627495673
51885752724891227938183011949129833673362440656643086
02139494639522473719070217986094370277053921717629317
67523846748184676694051320005681271452635608277857713
42757789609173637178721468440901224953430146549585371
05079227968925892354201995611212902196086403441815981
36297747713099605187072113499999983729780499510597317
32816096318595024459455346908302642522308253344685035
26193118817101000313783875288658753320838142061717766
91473035982534904287554687311595628638823537875937519
57781857780532171226806613001927876611195909216420198
9⋯

π的前 1000 位小數

延伸閱讀：有關π的歷史，貝克蒙的 [11] 是一本可以閱讀的書。同時，值得看一下 [16]，它集結了許多論文，包含某些一手文獻（例如，它包含了尚克斯原始出版品的樣張）。關於金田教授最新的資訊，可以從金田教授實驗室的網站得知，網址為 http://pi2.cc.u-tokyo.ac.jp/。

解未知物之術
以符號寫出代數式

當你想到代數時，什麼東西最先浮現在你的腦海？你想到的是不是由 x 與 y 和其他字母，以數目及算術符號連成一列的方程式或公式？許多人都是如此。事實上，確實有許多人將代數視為與數目有關的符號操作規則。

這樣的看法有某些部分是對的，但是，單只以它的符號形式來描述代數，就好像只是以塗料和外觀來描述一臺車一樣，你所看到的並不是所有的全部。事實上，就像車子一樣，許多讓代數順利運作的東西隱藏在代數外觀的引擎蓋之下；然而，就像運輸工具的車體風格會影響它的表現性能和價值一樣，代數的符號表徵也會影響它的威力和效用。

先不論其書寫形式，代數問題就是關於數值運算和彼此間的關係的問題，其中，未知量必須從已知量的演繹運算來得到。以下是一個簡單的例子：

> 某物（thing）平方的 2 倍等於 5 再加上此物的 3 倍。此物是多少？

儘管沒有使用符號，這個問題依然很清楚地是一個代數問題。甚至「某物」（thing）這個字有很長的一段時間，被視為是一個值得尊敬的代數術語。在第九世紀，阿爾．花剌子模（他的書名，《復原和相消的規則》—*al-jabr w'al muqābala*—即是代數「algebra」的字源）使用 *shai* 這個字來代表未知量，當他的書被翻譯成拉丁文時，這個字變成了 *res*，即是「某物」的意思。例如，十二世紀時塞維利亞的約翰（John of Seville）曾細心推敲阿爾．花剌子模的算術，其中包含了

這個問題，它以“Quaeritur ergo, quae res...”為開頭：[1]

> 所以，試問何物與 10 個它的平分根—即 10 倍的從它而得的平方根，會得到 39。

以現代符號來表示，這個可以寫成 $x+10\sqrt{x}=39$ 或是 $x^2+10x=39$。（符號「X」在本題的拉丁文版本出現，但是，它也代表了羅馬數字 10，為了避免這樣的困擾，以及更加強調在符號上變量的意義，我們在所有的代數例子中，都使用熟悉的數碼系統。[2]）

有些拉丁文本使用 *causa* 來表示阿爾・花剌子模的 *shai*，而當這些書翻譯成義大利文時，*causa* 就變成了 *cosa*。當其它的數學家們研究這些拉丁文與義大利文的書籍時，代表未知數的字眼在德國就成了 Coss。英國人沿用這個詞，將研究那些牽涉到未知數的問題稱為「解未知數之術」（The Cossic Art，或是以那個時候的拼法為 Cossike Arte）—照字面上的意思，即是「某物的技術」（the art of things）。

就像我們熟練的許多代數符號一樣，我們現在用來表徵未知數的 x 和其他字母，相對於這個「技術」而言，就相當的新生物了。許多早期的代數符號，都只是常用字的縮寫而已：p 或 $\tilde{p}$ 或是 $\overline{p}$ 代表「相加」，m 或 $\tilde{m}$ 或 $\overline{m}$ 是代表「相減」等等。雖然節省了書寫的時間與印刷的空間之後，他們並沒有盡多少努力去對他們所要表達的想法作更深一層瞭解。如果沒有一致的與明白的符號法則，代數就真的只是一種技藝，一種強烈依賴解題者技巧的特異活動而已。就像在福特汽車的量產過程中，零件的標準化作業是關鍵性的進展一樣，記號的標準化在代數的使用與進步中，也是關鍵性的一大進展。

好的數學符號並不只是有效的速記而已，理想的代數符號必須要是一種普遍性的語言，能夠澄清想法，顯示模式，並且讓人聯想到一般化的形式。如果我們真的發明了一個相當好的符號，有時候它看起

---

[1] 見 [23] 的 336 頁，同時有原始的拉丁文和它的翻譯。
[2] 請見素描 1 中對數碼在一段漫長時間之中如何演變的解釋。

來像是會代替我們思考一樣：只要操作這些記號而已，然後就可以得到結果。如同伊夫斯（Howard Eves）曾說過的：「在數學上，一個形式操作者常常會經驗到一種讓人不愉快的感覺，覺得他的筆勝過他的才智」。[3]

我們現代的代數記號相當接近這樣的理想，但是，它的發展卻歷經了漫長、緩慢，有時候還會倒退的一段過程。為了一探代數符號發展的風格，我們會從許多不同方式中觀察，看看在歐洲代數發展過程中的不同時間、不同地點，一個典型的代數方程式會被寫成什麼樣子。（為了突顯出記號的發展，當文字而不是符號被使用時，我們用英文來取代拉丁文或其他語言。）

下面這個方程式包含了早期代數研究過程中的某些共同成分：

$$x^3 - 5x^2 + 7x = \sqrt{x+6}$$

在 1202 年，皮薩的里奧納多曾以完全利用文字，來書寫這個方程式（也許重新安排得更加清楚），[4]就像這樣：

> 立方與七個物，再少掉五個平方，等於此物多六的（平方）根。

這種書寫數學的樣式，通常稱為文辭式的（rhetorical），以此名稱對比於現今我們所使用的符號形式。在十三及十四世紀時，歐洲的數學幾乎整個都是文辭的形式，只偶爾在某些地方使用簡字縮寫的形式。舉例來說，里奧納多在他晚期的寫作中，開始用 R 來代替「平方根」。

十五世紀末期，有些數學家開始在他們的作品中使用符號來表示式子。帕奇歐里 1494 年的《算術、幾何及比例性質之摘要》（*Summa de Arithmetica*）是為歐洲引入解未知數之術的主要來源，他

---

3 見[45]，從 251 頁開始。
4 譯按：皮薩的里奧納多即是一般所熟悉的斐波那契。

會將式子寫成這樣的形式：

$$cu.\tilde{m}.5.ce.\tilde{p}.7.co.\text{——}\mathcal{R}v.co.\tilde{p}.6.$$

在這串記號中，*co* 是 cosa 的縮寫，代表未知量；*ce* 與 *cu* 分別是 censo 與 cubo 的縮寫，義大利數學家用這兩個字分別代表這個未知量的平方與立方的意思。注意我們這裡所指涉的是這個未知量，這種記號的一個根本缺點，即是它無法在一個式子中表示超過一個以上的未知量。（與此對比的，早在第七世紀時，印度就曾用各種顏色的名稱來表示多個未知量。）在帕奇歐里使用的記號中，還有其他有趣的風貌，例如，他用點來分開每一項與它的下一項；長長的一橫線代表相等；$\mathcal{R}$ 這個符號表示平方根；在平方根記號之後記上的 *v* 這個記號，表示將其後的幾項看成一組，*v* 為「普遍」（universale）的縮寫。半個世紀後的卡丹諾在《大技術》這一本書中所使用的記號，幾乎與此一模一樣。

在十六世紀初期的德國，我們現在所使用的一些符號就已經開始出現。「＋」和「－」的符號開始在商用算術中引用；平方根所用的根號符號「√」，有人說像是一點再加上「尾巴」，有人說像是手寫的「*r*」；代表等號的記號不是拉丁文就是德文的縮寫；要看成一組的幾個項（像是在根號記號之後的和）用一點來做記號。所以，在 1525 年的魯登道夫（Cristoff Rudolff）的《未知數》（*Coss*，它有一個長得不可思議的正式書名）或是 1544 年史蒂費爾的《整數算術》（*Arithmetica Integra*）中，我們的方程式將會以這樣的形式出現：

$$\mathcal{C}e - 5\mathfrak{z} + 7\mathfrak{R}\ aequ.\ \surd.\mathfrak{R} + 6.$$

如同之前所描述過早期義大利的記號一樣，未知數的不同次方有不同的、不相關的符號表示。未知數的一次方被稱為根（*radix*），表示成 $\mathfrak{R}$；代表平方的符號為 $\mathfrak{z}$，它是一個小寫的 *z*，來自它的德文名字 *zensus*；三次方 *cubus* 符號化成為 $\mathcal{C}e$。未知數的較高次方，如果可能的話，就以平方和立方符號的乘積來表示，例如四次方為 $\mathfrak{z}\mathfrak{z}$，六次方為$ƶ$$\mathcal{e}$等等，而較高的質數次方，就藉由引入新的符號來處理。

其實在更早期之前，用來表示未知數次方的較簡便方法，就已經開始在其他國家出現。在許多相當有創意的例子中，其中的一種出現在1484年法國醫生許凱（Nicholas Chuquet）的手抄本裡。就像那個時代的其他學者一樣，許凱將他的注意力集中在單一未知數的次方上面。他將未知數的連續次方，以加在係數上的數字上標來表示。例如要表示 $5x^4$，他會寫成 5^4。他也以相似的方式來表示方根，如$\sqrt[3]{5}$表示成 $\mathcal{R}^3.5$。同時，許凱將 0 當成一個數目來看待（特別是當成次方）以及使用底線來將某些項當成一組的這些方面，也遙遙領先同時代的其他人。如果我們的範例方程式出現在他的手抄書中，它看起來會像是：

$$1^3.\bar{m}.5^2.\bar{p}.7^1.\ montent\ \mathcal{R}^2.\underline{1^1.\bar{p}.6^0}.$$

對代數記號表徵的發展來說，不幸的是許凱的書在他完成的當時並沒有出版，所以，他創新的想法僅為十六世紀初期的少數數學家所知。表示未知數次方的符號系統再次出現在 1572 年邦貝利的書中，他將次方放在係數上方小小的杯狀框中。雖然邦貝利的書要比許凱的更廣為人知，但是，他的記號並沒有立即被與他同時代的人所引用。直到 1580 年代，才被比利時的一位軍事工程師與發明家斯蒂文（Simon Stevin）採用，但是，他改用圓將次方圈起來。斯蒂文的數學作品強調十進位小數算術的便利性。他的出版品中有些曾在十七世紀早期被翻譯成英文，於是，這些作品就帶著他的想法與記號，橫越了英吉利海峽。

記號的彈性與一般性之主要的突破性發展，是由韋達（François Viète）在十六世紀最後 10 年所達成。韋達是一位律師、數學家和法國國王亨利四世的顧問，而身為一位顧問，他的職責包括瞭解讀以密碼寫成的訊息。他的數學作品聚焦在解代數方程式的方法，而為了使作品更加清晰與一般化，他引入一種革命性的記號設計。韋達寫道：

> 為了讓這個工作能被某種技術所協助，吾人需要藉由一種固定的、恆久不變且非常清楚的符號，將給定的已知量從還沒決定的未知量中區分出來，例如以字母 A 或其他母音來表示未知量，而已知量則用字母 B、G、D 或其他子音來表示。[5]

使用字母來表示常數和未知數的方法，允許韋達可以寫出方程式的一般形式，而不是依賴某些特定例子來表示，因為在這些特殊例子中，某些選擇的特別數目可能不恰當地影響解題過程。誠然，某些早期的作者也曾嘗試使用字母，但是，韋達是第一個將它們當成代數的整體部分來使用的人。這個相當有力的記號設計，非常有可能因為印度—阿拉伯數碼沒有被普遍使用而遭到延遲。印度—阿拉伯數碼要一直到進入十六世紀之後才被普遍使用，在此之前，羅馬數碼（和在此之前的希臘數碼）被用來書寫數目，以及用在以字母來表示特殊量的那些系統中。

一旦方程式中包含超過一個的未知量，舊的次方表示方法就會明顯變得不足。如果想要表示 $5A^3 + 7E^2$ 的意思，就不能寫成 $5^3 + 7^2$。在十七世紀，有關於此的好幾種種互相競爭的記號設計幾乎同時出現。在 1620 年代，英格蘭的哈里奧特會將它寫成 $5aaa + 7ee$；1634 年法國的海里岡（Pierre Herigone）將係數寫在未知數之前，次方寫在未知數之後，如 $5a3 + 7e2$；1636 年休姆（James Hume，一位住在巴黎的蘇格蘭人）出版了一本有關韋達代數版本，在其中他以較為寫高一點的小寫羅馬字碼來表示次方，如 $5a^{iii} + 7e^{ii}$；1637 年相似的記號出現在笛卡兒的《幾何學》中，只是他將次方用較小字的印度—阿拉伯數碼來寫，如 $5a^3 + 7e^2$。在這些表示法中，以哈里奧特與海里岡的表示法最容易打字，但是，概念的清楚呈現最後終於贏過印刷字體的便利，而笛卡兒的方法最終成為現今使用的標準記法。

---

[5] 選自韋達的《分析引論》，J. Winfree Smith。見 [84]，第 340 頁。

笛卡兒這本深具影響力的作品，也是如今已經標準化的某些其他記號設計的來源。他運用從字母表最後開始的小寫字母來表示未知數，字母表開頭的小寫字母來表示（已知）常數，他同時也在 $\sqrt{}$ 符號上頭加一橫線用以標示成一組的幾個項，而以 ∝ 的符號來表示相等。所以，我們的範例方程式如果以笛卡兒的版本來表示，將會很像但不完全是我們現在所寫的形式：

$$x^3 \text{ -- } 5xx + 7x \propto \sqrt{x+6}$$

雷科德在 1557 年提出使用「=」這個記號來代表相等，[6]同時，在英格蘭被廣泛地使用，但是，在歐洲大陸卻還沒有普及。在十七世紀，它只是幾種將相等符號化的表示法中的一種而已，這些表示法包括～和笛卡兒的 ∝ 符號。甚至在當時「=」一開始還是被用來表示其他想法的，包括平行、差數和「加或減」。它終於被普遍性的接受成用來表示相等的符號，可能是因為牛頓與萊布尼茲的大量使用。他們的微積分系統，主宰了整個十七世紀晚期與十八世紀早期的數學，所以，他們的記號選擇變得廣為人知。在十八世紀期間，萊布尼茲的微積分記號的優勢漸漸地取代了牛頓的記號系統。如果當初萊布尼茲選擇的是笛卡兒的符號而不是雷科德的話，我們今天也許就得使用 ∝ 來表示相等了。

本節素描嘗試了去捕捉代數符號法則發展的風貌，這個過程是漫長的、無規律的，有時甚至是頑強不動的。以今日後見之明來看，「好的」記號選擇已經證明對刺激數學的發展是相當有力的。儘管如此，在當時這些選擇通常都沒有察覺到它們的重要性。針對這一點有一個最佳的例子，在指數記號的演化過程中，一個未知量的次方侷限於幾何直觀的平方與立方有數個世紀之久，而記號的使用更強化了這種限制。笛卡兒藉由將平方、立方和其他次方視為和幾何維度無關的量，終於將它們解放出來，並且給了 x^4、x^5、x^6…等等一個新的合

---

6 關於更詳細的細節請見素描 2。

法地位。從此，這些記號本身就會很自然地擴張到負整數指數（倒數）、有理數指數（開幾次方根）、無理數指數（方根的極限值），甚至是複數的指數。而在二十世紀，指數記號再次與幾何維度的想法連結在一起，用以幫助一個新數學研究領域的基礎之建立，這個領域是：碎形幾何（fractal geometry）。

延伸閱讀：在大部分數學史概論的書中，都有關於代數記號演變的論述。有關數學記號歷史的明確資訊，最好的參考文獻仍然是 [23] 這本書，即使有一個新的認真的競爭對手，即是「最早使用的各種數學符號」（*Earliest Uses of Various Mathematical symbols*）這個網站，由傑夫・米勒（Jeff Miller）所維持，網址如下：http://members.aol.com/jeff570/mathsym.html。要知道更多的代數歷史可看 [10] 與 [138]。

線性思考 解一次方程式

有些可以化簡成解一次方程式的問題，很自然地來自於我們將數學應用到現實世界的時候，所以，當我們發現幾乎學習過數學的每一個人，從埃及的書記到中國的官吏都有發展出解決這類問題的技巧時，就沒什麼好驚訝的！

蘭德紙莎草文書可能是古埃及時用來訓練年輕書記的問題集，在其中就包含了幾個這類型的問題。有一些簡單又直接，而有一些則相當的複雜。在此有一個簡單的例子：

> 有一個量，它的一半和它的三分之一與它加在一起後變成 10。

以我們的符號來表示的話，它就成了這樣的方程式：

$$x+\frac{1}{2}x+\frac{1}{3}x=10$$

（然而必須牢記在心的是，這樣的符號系統就如素描 8 所解釋的，還在距離當時非常遙遠的未來。）這個書記被教導該如何解這個問題，就如同我們現在所作的：將 10 除以 $1+\frac{1}{2}+\frac{1}{3}$ 。

然而，這類問題在蘭德紙草書中，卻經常以一種相當不同的方法來解決，例如

> 一個量，它的四分之一加上它後等於 15。

書記官用下面的步驟來取代 15 除以 $1\frac{1}{4}$ ：他假設（或設置）這個量是 4，（為何是 4？因為很容易計算 4 的四分之一。）如果你將 4 和

它的四分之一加在一起，你會得到 $4+1=5$，所以我們要的是 15，但是卻得到 5；我們需要將得到的數（也就是 5）乘以 3 才能得到我們要的數（也就是 15），接著將我們猜測的數字乘上 3，我們猜測的數字是 4，所以答案是 $3\times4=12$。

這樣的方法稱為試位法（false position）：我們假定一個答案，並不真的期望它就是正確解答，但是，它可以使得計算容易一點；然後使用這個猜測所得的不正確結果去找出一個倍數，使得我們猜測的數乘上它以後會獲得正確的答案。

使用符號將會讓這個方法容易瞭解許多。我們所要解的方程式如同 $Ax=B$，如果我們將 x 乘上一個數，得到 kx，則

$$A(kx)=k(Ax)=kB$$

所以，將輸入的值以一定比例縮放，輸出的結果也會以同樣比例來縮放。這就是使得試位法之所以有用的原因；我們用所猜測的數字去得到正確的比例。

在整個古典時期（antiquity），[1]試位法一直被用來解決有關線性方程式的問題，即使是相當複雜的問題，範圍從實際應用到被創造出來的相當虛構的問題形式都包含在內。

然而，這個方法只能用在像 $Ax=B$ 這樣的方程式上。舉例來說，如果方程式像是 $Ax+C=B$ 的形式，那麼它就不再保持「將 x 縮放一個比例，B 也會縮放同一個比例」的結果，這個方法的簡單性將會破壞殆盡。我們也許可以試著將兩邊同時減去 C，但並不總是那麼簡單就能辦到，因為等號左邊的表示式也許在一開始時相當複雜，所以找出要減去的正確常數相當於將式子簡化成 $Ax+C$ 的形式。

有一種取而代之的方法被發明出來，用以延伸這類型方程式的基本想法，而沒有前段所述的代數操作。這種方法被稱為雙設法

---

[1] 譯按：西方歷史上的所謂古典時期，一般是指中古時代之前的古文明時期，包含美索布達米亞、古埃及文明、古希臘與古羅馬文明等。

(double false position)。在解決線性方程式的問題上，它是一個相當有效率的方法，以致於在代數符號發明之後的一段很長的時間內，仍然被持續使用。事實上，因為它不要求任何代數技巧，所以，一直到十九世紀的算術教科書中，還一直教導著這個方法。在此有一個例子，[2]來自於十九世紀早期出版的《校長的好幫手》(*Daboll's Schoolmaster's Assistant*)這一本書：

> 將一錢袋中的 100 美元分給 A、B、C 和 D 四個人，如果 B 要比 A 多 4 元，C 比 B 多 8 元，而 D 所得是 C 的兩倍，那麼每一個人可以分得多少錢？

以現代的形式來解這個問題的話，可以假設 A 所得的量為 x，那麼 B 得 $x+4$，C 得 $(x+4)+8=x+12$，D 得 $2(x+12)$。因為總錢數為 100 元，我們可以得到方程式：

$$x+(x+4)+(x+12)+2(x+12)=100$$

接著我們就可用一般方法來解決這個問題了。

然而，在《校長的好幫手》中推薦這樣的方法來代替：先隨便猜測一個數字，例如 A 得到 6 元，那麼 B 得到 10 元，C 得到 18 元，D 得到 36 元。(請注意，我們並不需要去計算 D 所獲得的數量與 A 的關係，我們只需按照步驟一步一步接下去即可。)將這些數量加起來得到總共 70 元；我們短缺了 30 元。

所以，我們再試一次。這一次我們猜測大一點的數字，例如 A 得到 8 元，那麼 B 得到 12，C 得到 20，D 得到 40，總共為 80 元，這個結果依然是錯的，少了 20 元。

現在神奇的部分來了，列出兩個猜測與誤差的數字，如圖一。將它們交叉相乘：6×20 得到 120，8×30 得到 240；將它們相減，

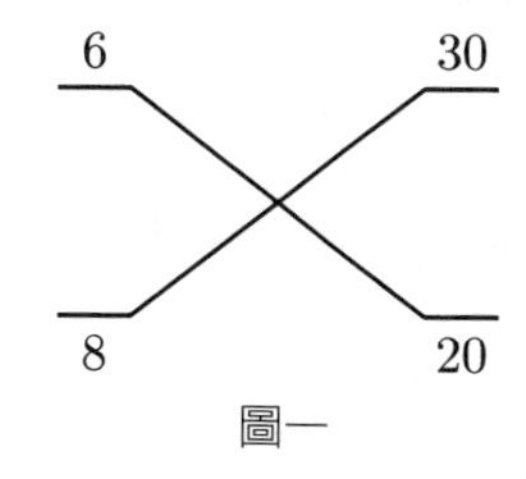

圖一

[2] 參考 [20]，頁 34-35。

240 – 120 = 120；將其除以兩個誤差間的差，在此為 10，A 的正確所得量即為 120/10 = 12。

《校長的好幫手》解釋這是當兩個誤差是同類型時（在我們的例子中，兩者都是低估），所採用的步驟與作法。如果它們是不同類型時，我們可以用兩個乘積的和，以及除以兩個誤差間的和。（這正是避免負數的一種方法。）

現代的讀者對這個方法通常會有一點迷惑：為什麼它有用？也許利用一些圖像思考會是分析它的最好方法。給定方程式

$$x + (x + 4) + (x + 12) + 2(x + 12) = 100$$

不管等號左邊的式子化簡之後的結果是什麼，這個方程式都會像是 $mx + b = 100$ 這樣的形式，所以，我們可以將它想成：有一條直線 $y = mx + b$，我們想要決定當 $y = 100$ 時 x 的值為多少。此時需要兩個點來決定這條直線，而兩個猜測值給了我們這兩個點：(6, 70) 與 (8, 80) 都在這一條直線上。我們想要找到使得 $(x, 100)$ 也在這條直線上的 x 值（見圖二）。因為這條直線的斜率是一個固定常數，我們可以利用第一點和第三點計算「爬坡程度」，也可以用第二點和第三點來計算，得到的答案將會一致的。所以，我們可得

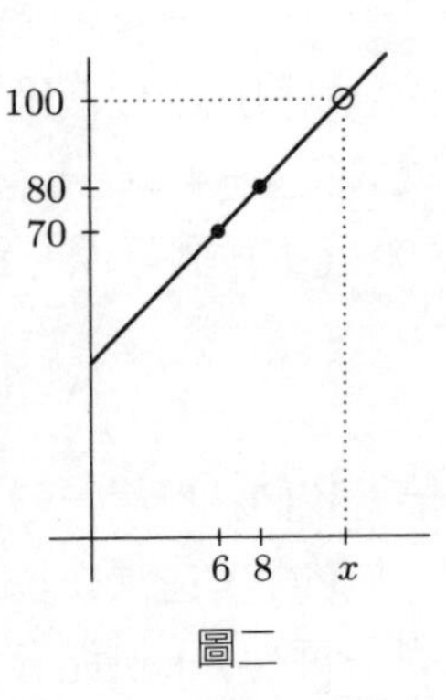

圖二

$$\frac{100-70}{x-6}=\frac{100-80}{x-8}$$

或

$$\frac{30}{x-6}=\frac{20}{x-8}$$

此時分子剛好就是我們之前有的兩個誤差。現在交叉相乘，得到

$$30\,(x - 8) = 20\,(x - 6)$$

化簡得到

$$(30-20)\,x=(30\times 8)-(20\times 6)$$

也就是說，

$$x=\frac{(30\times 8)-(20\times 6)}{30-20}=\frac{120}{10}=12$$

這個結果剛好與雙設法的計算過程一模一樣。

當然，我們將方程式理解成直線的方法還是最近的事（它只回溯到十七世紀而已，見素描 16），而雙設法卻是非常久遠的方法了。這條直線的斜率並不需要真的計算出來，事實上，我們甚至不必將這些比值想成任何圖像意義上的斜率。我們所需要知道的，只是輸入值的變化與輸出值的變化成比例，而這也就是所謂「線性」的本質所在。而這一點古時候的人真正瞭解。

對「線性」與「非線性」問題的區分，在現今依然相當有用。我們不只將其應用到方程式上，還有許多其他種類的問題。在線性問題上，有一個相當簡單的關係存在——個固定比值—在輸入值的變化量與輸出值的變化量之間，就如我們前面所見的例子一般。在非線性的問題中，並沒有這樣的簡單關係存在，有時輸入值的一個微小的變化，可能對輸出值造成巨大的改變。對於非線性問題我們仍然沒有一個較完整的瞭解，事實上，我們經常使用線性問題去找出非線性問題的近似解。而我們用來解決這些線性問題的方法，與試位法的根本都來自於相同的基礎洞察力。

延伸閱讀：因為解線性方程式相對的簡單，所以，很少有標準歷史書籍有針對這個主題的單元。在 [20] 中有簡短的討論（在 31-35 頁）。許多相同的問題也能在 [54] 中找到。

10 一個平方與多物
二次方程式

英文的「代數」- algebra - 來自一本書的標題，這本書是於公元825年在阿拉伯世界寫成的。作者阿爾・花剌子模（Muhammad Ibn Mūsa Al-Khwārizmī）可能生於現今的烏茲別克境內。然而，他生活的地方是在巴格達，當時的哈里發在那裡建造了類似科學院的機構，稱為「智慧宮」。[1]阿爾・花剌子模是個通才；他的著作涵蓋地理學、天文學、數學等領域。但他的數學著作是最為世人熟知的。

阿爾・花剌子模的書開始於二次方程式的討論。事實上，他考慮下面這個特定的問題：

> 同物之平方與十根，等於三十九迪拉姆。意即，何數之平方，增其自身之十根後，加總得三十九？

如果未知數稱為 x，則「平方」或許可稱為 x^2。那麼，「平方之根」就是 x，所以「十個平方之根」即為 $10x$。使用這些符號之後，這一題就可譯為解方程式 $x^2 + 10x = 39$。但當時代數的符號系統尚未被發明，因此，阿爾・花剌子模能做的，就是將之訴諸文字。如同世界各地的代數教師長久以來所進行的傳統，阿爾・花剌子模在問題之後，為答案提供了類似食譜的解法，同樣是形諸文字：

> 題解法如下：將根數半之，依題意得五。使其自乘之，積

---

[1] 譯按：哈里發（Caliph）為阿拉伯帝國皇帝的稱呼。智慧宮為當時阿拔斯王朝（Abbasid Dynasty）第五任哈里發哈倫・拉希得（Harun Al-Rashid, 786~809 在位）所建立，目的是要研究並翻譯古希臘的科學與哲學著作。阿爾・花剌子模在智慧宮工作的時間約為第五任哈里發到第七任哈里發馬蒙（al-Mamun, 813~833 在位）掌政期間。

為二十五。加於三十九，和得六十四。取此數之根，所得恰為八。除根數之半，餘剩數為三。此即所求根，自乘方為九。[2]

以下用我們習慣的符號計算：

$$x=\sqrt{5^2+39}-5=\sqrt{25+39}-5=\sqrt{64}-5=8-5=3$$

不難看出，基本上這只是我們知道的二次方程公式。要解 $x^2+bx=c$，阿爾・花剌子模使用如下規則：

$$x=\sqrt{(\frac{b}{2})^2+c}-\frac{b}{2}$$

此公式與現代公式最大的不同，在於我們同時接受正與負的平方根。但是，接受負平方根會使 x 值為負。當時的數學家還不能接受負數；他們只在乎正根。在現代公式中，我們也把「$-b$」置於前面。但這又再次意味著使用負數，因此，他要將之置於後方，作為減去一數。（參見素描 5）。最後，他敘述方程式時，c 在等號右邊，而我們會寫成 $x^2+bx-c=0$。

如果我們將「$-b$」置於前面，方根加上±，記得考慮 c 的符號，再做一些代數計算，則他的公式就跟我們的一樣了：

$$x=-\frac{b}{2}\pm\sqrt{(\frac{b}{2})^2+c}=\frac{-b\pm\sqrt{b^2+4c}}{2}$$

（係數 a 在公式中消失了，這是因為阿爾・花剌子模只考慮一個平方；亦即 $a=1$。）

但是，他沒有在這裡停下來。他覺得應該要說明何以這個方法行得通。他沒有像我們現在用符號代數來解釋，他用的是幾何的論證。方法如下：

[2] 英文版由羅森（Frederic Rosen）翻譯，參見[83]第 8 頁。

首先，我們有「平方與十根」。以圖說明，就是畫出一個邊長尚未知的正方形。若我們稱其邊長為 x，則正方形面積為 x^2。要得到$10x$，我們就畫一長方形，一邊長為 x，一邊長為 10，如圖一。

方程式告訴我們整個圖形的面積為 39。想要解方程式，也就是要決定 x 之值，首先要將根數減半。幾何上來說，這意味著要將原來的長方形切成兩半，每部分面積 $5x$，如圖二。

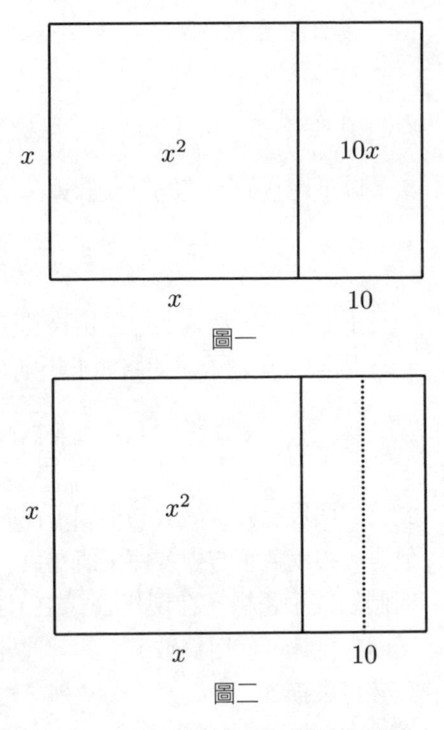

圖一

圖二

現在將其中一片小長方形移至正方形下方，得到如圖三的形狀。總和仍為 39。但請注意，把右下方缺的小正方形補上後，整個圖形就變成一個大正方形。既然兩小長方形一邊長為 5，小正方形的面積必為 25，如圖四所示。

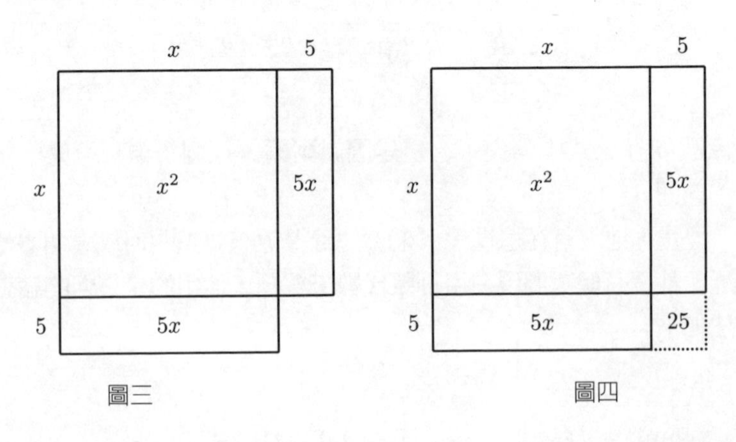

圖三

圖四

當我們藉由加上小正方形這個動作將原圖配成正方形，整個圖形變成正方形，面積為 $39 + 25 = 64$ 。但這表示其邊長是 64 的平方根，就是 8。且既然大正方形的邊長為 $x + 5$，我們得到 $x + 5 = 8$。所以 8 減去 5，得到 3。

阿爾・花剌子模的每一步驟都對應到幾何論證的一個步驟。而幾何論證告訴我們到底發生了什麼事，還告訴我們為何這麼做有用！如前所述，這個版本的二次方程式假設領導係數為 1。今天，我們將一般的二次方程式寫成 $ax^2 + bx + c = 0$，允許不同的領導係數。若是換成阿爾・花剌子模，他會直接先除以 a 再應用他的規則。

在阿爾・花剌子模的時代之後，很多數學家也研究二次方程式。他們的方法與幾何論證變得越來越精緻。但基本的法則是不變的。事實上，甚至連例子都被保留下來。從九世紀到十六世紀，代數書幾乎都把二次方程討論的首例舉為「平方與十根等於三十九」。

十七世紀早期，數學家想到用字母代表數目的點子。（參見素描 8。）這一套慣例逐漸地養成：字母表後面的字母代表未知數，而字母表前面的則代表已知數。最後，哈里奧特（Thomas Harriot）與笛卡兒注意到把方程式寫成「某些東西 = 0」方便多了。主要的好處是，現在 $ax^2 + bx = c$ 與 $ax^2 + c = bx$ 可被視為 $ax^2 + bx + c = 0$ 的特例。而一般解就可寫成

$$x = \frac{-b \pm \sqrt{b^2 - 4ac}}{2a}$$

我們至今仍使用這個公式。

延伸閱讀：在 [80] 與 [66] 中有很多代數史的資料。阿爾・花剌子模的文本可以在很多書中找到，包含 [54]。完整的文本請參見 [83]。[10] 是本很好的代數史通論專書。

文藝復興義大利的傳奇
尋找三次方程式之解

數學問題其實很少一開始以抽象的形式出現。解三次方程式的問題，源自古希臘數學家曾思考過的幾何問題。最初的問題可能在西元前四百年就出現了，但是，要經過大約兩千年之後，人們才找到完整的解答。

故事要從一個有名的幾何問題說起：給定一角，是否有方法能作出此角的三分之一？要讓這個問題有意義，我們首先得瞭解（或決定）問句中「作（圖）」這個字的意義。如果「作」是指使用沒有刻度的直尺與圓規，那麼，問題的答案是否定的。如果允許使用其他的工具，就有可能。古希臘人知道幾個作法，大多與拋物線或雙曲線等圓錐曲線有關。

一旦三角函數被人類發展出來，則上述問題明顯地會被轉化成解三次方程式，如下所示。欲求出一角 θ 的三分之一，我們可以將 θ 視為我們所求角的三倍。現在我們把所求角稱為 α，則 $\alpha = \theta/3$。現在我們應用餘弦的三倍角公式：

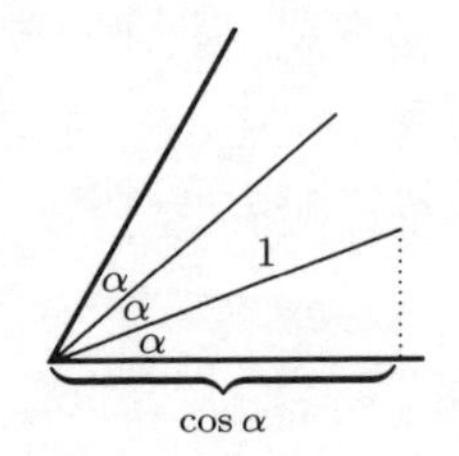

$$\cos 3\alpha = 4\cos^3\alpha - 3\cos\alpha$$

既然角 θ 已知，我們也就知道 $\cos\theta$，令其為 α。要作出 $\theta/3$，我們需要作出它的餘弦。如果我們令 $x = \cos(\theta/3)$，則由上述公式以及 $\alpha = \theta/3$，我們得到 $a = 4x^3 - 3x$，或 $4x^3 - 3x - a = 0$。要找出 x 就必須解這個方程式。

當阿拉伯數學家開始研究代數之後，不可避免地，某些人必定會嘗試將新技巧應用在三次方程式之上。這其中最有名的數學家是阿爾・海亞米（'Umar Al-Khāyammī），西方人多稱他為歐瑪・海雅姆（Omar Khayyam）。阿爾・海亞米 1048 年生於伊朗，卒於 1131 年，他是當時有名的數學家、科學家與哲學家。他似乎也是詩人，而這也是現代人最為熟知他的部分。[1]

由於阿拉伯數學家不使用負數，也不允許零作為係數，所以，阿爾・海亞米必須考慮許多不同的情形。對他而言，$x^3 + ax = b$ 與 $x^3 = ax + b$ 是不同類型的方程式。阿拉伯代數完全以文字表示，所以，他會將上述兩類方程式分別描述為「立方與根等於數」及「立方等於根與數」。依此方式分類，則有十四類不同的三次方程式。阿爾・海亞米為每一類找到了幾何解：以幾何作圖方式找出滿足方程式的線段。這些幾何作圖大多牽涉到相交的圓錐曲線，而且很多都有額外條件來保證正根的存在。

阿爾・海亞米的成果令世人驚豔，但當我們想要找一個數來滿足方程式時，他自己也承認上述方法一點幫助都沒有。這個問題要留待後人破解。

代數在十三世紀到達義大利。皮薩的里奧納多（Leonardo of Pisa）所著《計算書》（*Liber Abbaci*）之中，[2]以印度・阿拉伯數碼討論代數與算術。接下來數個世紀中，在義大利形成了代數與算術教學的活躍傳統。當義大利商人們拓展事業的同時，他們用到的計算也越來越多。義大利的「計算師傅」（abbacist）為了因應這種需求，寫下了不少算術與代數的書籍。有許多討論到三次方程式。其中某些題目是刻意設計使其可解，或是倒過來從解答建立題目；另外一些作者則提出錯誤的解法。沒有一本書能給出一般方程式的完整解法。

關於這個問題，一直沒有真正的進展，直到費羅（Scipione del Ferro, 1465-1526）與人稱「塔爾塔利亞」（Tartaglia，意為口吃的

---

[1] 他最有名的詩作是《魯拜集》（*Rubā'iāt*），意為「四行詩」，此詩作於 1859 年被英國作家費茲杰洛（Edward FitzGerald）譯成英文版《歐瑪・海雅姆的四行詩》（*The Rubaiyat of Omar Khayyam*）。

[2] 譯按：即以斐波那契數列聞名的斐波那契（Fibonacci）

人）的尼柯洛・馮塔納（Niccolò Fontana, 1500-1557），才有了突破。他們兩人都發現了如何解某些三次方程式，他們也都將解答保密。在當時，義大利學者的生活多由富裕的贊助者支持，而學者們必須在公開的競賽中，打敗其他學者，以證明自身的才華。知道三次方程式的解法使他們能用別人不會解的題目來挑戰對手。所以，這種競賽方式鼓勵大家保有自己的「秘方」。

1535 年，塔爾塔利亞向友人吹噓說他能解三次方程式，但是，他拒絕透露方法。當時費羅已過世，他的祕密解法則在生前已傳給他的學生費奧（Antonio Maria Fiore）。當費奧風聞塔爾塔利亞的說法，他立即向塔爾塔利亞提出進行競賽的挑戰。原來，費羅生前知道如何解型如 $x^3 + cx = d$ 的方程式，而塔爾塔利亞發現了 $x^3 + bx^2 = d$ 的解法。競賽時，塔爾塔利亞出給費奧的問題涉及了數學的各個不同分支，但費奧給的問題則可全部簡化為他會解的三次方程式。面對這些問題，塔爾塔利亞也設法找出了那類方程式的解法，最後，他在競賽中輕鬆獲勝，因為費奧的數學知識僅限於解三次方程式。

塔爾塔利亞勝利的消息，傳到了卡丹諾（Girolamo Cardano, 1501-1576）的耳中。卡丹諾是十六世紀義大利最有趣的人物之一。他是醫生、哲學家、占星師，以及一位數學家。在上述的每一個領域他都享譽全歐洲。舉例來說，在 1552 年，他被邀請至蘇格蘭協助治療聖安德魯的主教，當時主教正苦於嚴重的氣喘病。他同意前往，且成功治癒主教，使得他的聲名更加遠播。

卡丹諾對三次方程式的探究，緣起於較早年的生涯。當他聽到塔爾塔利亞提出解法之後，卡丹諾就在 1539 年聯絡他，試圖說服他分享這個秘密。在卡丹諾的多次請託與絕不洩密的保證之下，[3]塔爾塔利亞終於同意，並且到米蘭傳授他解法。一旦掌握了兩類三次方程式

---

[3] 根據塔爾塔利亞的說法，卡丹諾保證：「以上帝的福音之名，以及我男子漢的榮譽，我向你發誓，若你將發現傳授予我，我絕不將其出版；更有甚者，我以純正基督徒的信仰起誓，我會將這些發現以密碼紀錄，以致在我死後，無人能瞭解其義。」參見 [54]，p.255。

的解法，卡丹諾就著手處理其餘的類型，並在全力研究六年之後，找出所有三次方程式的完整解法。他的助手費拉里（Lodovico Ferrari, 1522-1565）應用了類似的想法到一般的四次方程式之上，並設法找出了一種解法。

此時，卡丹諾知道他自己對數學做出了實質上的貢獻。但他要如何在不違反承諾的情況下，出版他的解法呢？他還真的找到了巧門。他發現到，在塔爾塔利亞之前，費羅就已發現了一種重要類型的解法。既然卡丹諾並未向費羅承諾將其解法保密，他覺得發表亦無不可，即使這種解法與塔爾塔利亞的解法雷同。最終他出版了《大技術》（*Ars Magna*）一書，此處所指的大技術（The Great Art）就是代數。本書包含了任意三次方程式的完整解法，以及說明這些解法為何正確的幾何解釋。本書也包含了費拉里對四次方程式的解法。本書以拉丁文寫成，[4]一時遍傳全歐，當然也傳到了塔爾塔利亞的手上。

塔爾塔利亞的心中充滿怒火，但他能做什麼？秘密已被洩漏。他將卡丹諾的背叛公諸於世，但卡丹諾無意與他糾纏。反而是費拉里聯絡塔爾塔利亞，提出競賽的挑戰。塔爾塔利亞認為費拉里是無名小卒，所以，起初他無意應戰，除非他能把卡丹諾也拖下水。然而，在1548年，塔爾塔利亞應徵一個教授的職位，但對方的條件是他必須在競賽中擊敗費拉里。他同意了，預期能輕鬆獲勝。但是，費拉里知道如何解一般的三次與四次方程式，反倒是塔爾塔利亞沒有學會《大技術》中的所有內容。塔爾塔利亞輸掉了比賽，終其一生怨恨卡丹諾。[5]

---

4 譯按：拉丁文是歐洲中古時代到文藝復興時期的學術國際語言，就像本世紀的英語一樣，學者以拉丁文寫作，不但顯示自己受過良好的教育，也才能保證著作會讓更多的學者閱讀。

5 譯按：塔爾塔利亞傳授卡丹諾解法，以及與費奧、費拉里的競賽，其實是文藝復興時期學者以禮物交換與公開「決鬥」等方式換取贊助和提升社會地位的方法。關於這種社會傳統的中文資料，可參閱徐光台教授譯，伽利略著《星際信使》，或是英家銘、蘇意雯（2007）〈三次方程式背後的數學家之爭〉，《科學月刊》第三十八卷第五期。

但這還不是故事的結局。應用卡丹諾的方法來解型如 $x^3 = px + q$，有時會得到看似無意義的算式。例如，對方程式 $x^3 = 15x + 4$，卡丹諾的方法解得

$$x = \sqrt[3]{2 + \sqrt{-121}} + \sqrt[3]{2 - \sqrt{-121}}$$

正常來說，從根號中出現負數這一點會得到方程式無解的結論。但這個方程式顯然有 $x = 4$ 這個解。

卡丹諾在撰寫《大技術》之前就注意到了這個問題，並請教塔爾塔利亞。塔爾塔利亞似乎沒有答案；他只是指出卡丹諾可能還不懂得如何解這類問題。這事要到邦貝利（Rafael Bombelli, 1526-1572）才解決。邦貝利先討論上述的方程式。接著，他以幾何方式證明 $x^3 = px + q$ 必有一正數解，不論 p、q 的（正）值為何。另一方面，他證明了對許多 p、q 值而言，解方程式會導致負數平方根的出現。這時邦貝利做的事（對當時而言）十分高明。他展示了使用負數平方根計算仍然得到合理的結果是有可能的！（你可以在素描 17 中找到更多的細節。）

在三次與四次方程式被解決之後，下一個目標自然是五次方程式。後來發現這個問題困難得多。事實上，後來發現要找出一般五次方程式的通解是不可能的事。證明此事需要一個完全不同的觀點，而這引致了後來抽象代數的發展。

延伸閱讀：在 [80] 第 9 章中對三次方程式解法有詳盡介紹。阿爾・海亞米的代數有英文版；參見 [82]。卡丹諾的《大技術》與他的自傳也有英文版本 [26] 與 [27]。這兩本書讓我們得以一窺文藝復興時期傑出人物的思考方式。

可喜可賀之事 畢氏定理

隨便找個受過一點教育的普通人，問他何謂畢氏定理，你得到的答案大概是

$$a^2 + b^2 = c^2$$

如果你再繼續追問 a、b、c 代表什麼，可能他就啞口無言。運氣好的話，這個人會記得 a 與 b 是直角三角形比較短的兩個邊，而 c 是最長邊。他也許還記得 c 有個「好玩」的名字：斜邊（hypotenuse）。（作者之一跟他的兒子常常稱斜邊為「河馬」（hippopotamus），也許是不該在這裡提出的雙關語。[1]）斜邊甚至在 1879 年吉伯特與蘇利文（Gilbert and Sullivan）的輕歌劇《潘贊斯的海盜》（*The Pirates of Penzance*）中客串演出。[2]

若從歷史追尋畢氏定理的根源，那麼，我們會發現要找到確定的史實是很難的。古希臘傳統將這個定理歸功於活在公元前五世紀的畢達哥拉斯（Pythagoras）。問題是，我們是從畢達哥拉斯死後數世紀才寫下的紀錄中得知此事，而那時畢公已變成傳奇人物了。能證明他本人對數學有興趣的證據寥寥無幾。我們確知的是，他建立了一個學派，致力於學習與沉思，被稱為畢氏兄弟會（Pythagorean Brotherhood），或畢氏學派。後代的畢氏學派成員的確從事過數學研

---

[1] 譯按：斜邊（hypotenuse）與河馬（hippopotamus）發音相近。

[2] 在第一幕近結尾時，一位將軍唱道：
I'm very well acquainted, too, with matters mathematical;
I understand equations, both the simple and quadratical;
About Binomial Theorem I am teeming with a lot o' news, -
With many cheerful facts about the square of the hypotenuse!

究，但對於他們有多少成就或用什麼研究方法，我們所知甚少。

然而，若我們環顧全世界，看看古人是否知道這個定理，結果幾乎所有的古文明—美索布達米亞、埃及、印度、中國，當然還有希臘—都知道不同形式的畢氏定理。其中最古老的紀錄之一是來自印度的《繩法經》（*Sulbasutras*），時代約在公元前第一個千年之中，其中有長方形的對角線「所產出如同兩邊所分別產出」這樣的語句。在其他的古文明也可以找到類似的敘述。

我們在所有的古文明中，也找到許多組以整數組成的三元數（triple），它們可以被「當作」直角三角形的邊。最有名的一組，當然就是（3, 4, 5）了。若我們令 $a = 3, b = 4$ 且 $c = 5$，則

$$a^2 + b^2 = 9 + 16 = 25 = c^2$$

這意味著三邊長為3、4、5單位長的三角形必定是直角三角形。要找出這類三元數絕非易事，特別是牽涉到較大的數字時，可是，你能在大多數的古文明中找到它們。多數歷史學家認為，古人找這些數，是為了讓數學教師有「可正確計算」的例子。[3]下面是一個最簡單的例題：

> 直角三角形一側長 119 尺，斜邊為 169 尺。問直角三角形另一側長度為何？

因為 $169^2 - 119^2 = 14400 = 120^2$，我們可以簡單地找到整數解，而不會遇到複雜的方根計算。這組三元數（119, 120, 169）來自巴比倫的泥版。

所以，現有的證據告訴我們，在畢達哥拉斯之前，幾乎所有古數學文明都知道畢氏定理，而且，這些文明也知道如何找到三元數來「滿足」這個定理。對這件事實，學者提出兩種解釋，各有其支持

---

[3] 譯按：此處指的是廣義的「數學教師」，亦即需要教數學的人。在不同的古文明中這些人會有不同的角色，除了學校教師之外，還可能是例如公務員、工匠、占星家、書記等，他們在工作中需要用數學，所以，在傳授技術給學生的時候也必須要教數學。

者。其一假設了一個「共同的發現」，[4]那麼，這個共同發現就必須在史前時代發生。另一個解釋則認為這個定理太「自然」了，以致於很多的文明皆可獨立發現它。許多文化史學者的研究支持第二個解釋，例如吉德斯（Paulus Gerdes），根據他的研究（參見 [60]），若仔細地考慮非洲工匠使用的花樣與裝飾，一個人可以用頗為自然的方式發現這個定理。

當然，發現（或假設）此定理為真，與證明它為真，是截然不同的兩件事。關於此事的歷史證據也不十分明確。或許最早的證明是利用如圖一的「正方形中的正方形」，想法基於一部古代中國的文本。[5]作法是將四個全等的直角三角形環繞一個正方形擺放，而此正方形的邊長恰為三角形的斜邊長。為求解釋方便起見，我們將三角形兩股定為 a 與 b，斜邊為 c。既然四個直角三角形全等，則中間的四邊形是邊長為 c 的正方形。

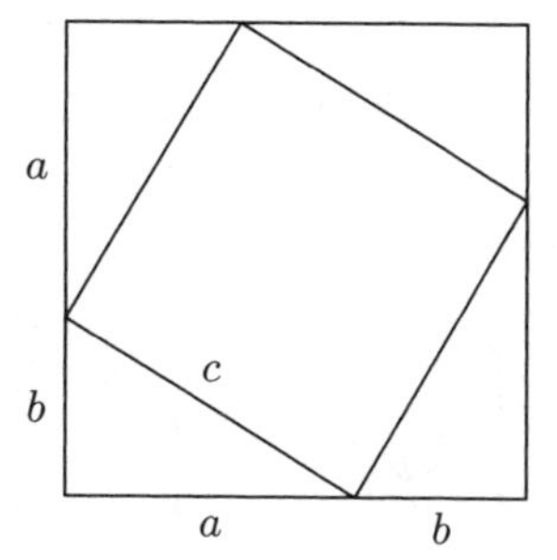

圖一　正方形中的正方形

要如何證明這個定理呢？首先，大正方形邊長為 $a+b$，故面積等於

$$(a+b)^2 = a^2 + b^2 + 2ab$$

另一方面，大正方形明顯地可被分解為一個邊長為 c 的正方形加上四個面積為 $\frac{1}{2}ab$ 的全等三角形。所以，從這種分解來看，大正方形的面積為 $c^2 + 2ab$。讓兩面積式相等並消去 $2ab$，我們可以得到 $a^2 + b^2 = c^2$。

我們也能避開代數，用純幾何的方式來論證。首先將四個三角形以如圖二的方式重新排列。我們得到同樣一個邊長為 $a+b$ 的大正方形，但現在四個三角形被組合成兩個長方形。剩下來的部分顯然是兩

4　譯按：意即畢氏定理只被獨立發現過一次，然後再傳播到各個古文明之中。
5　譯按：即《周髀算經》，為中國最早的數理天文著作之一。

正方形，一個邊長為 a，另一個邊長為 b。所以，圖一的大正方形面積為 c^2 加上四個三角形，而圖二的大正方形面積為 $a^2 + b^2$ 加上四個三角形。故 $a^2 + b^2 = c^2$。如此，圖一與圖二就成了畢氏定理的一個「不言可喻的證明」（proof without words）。

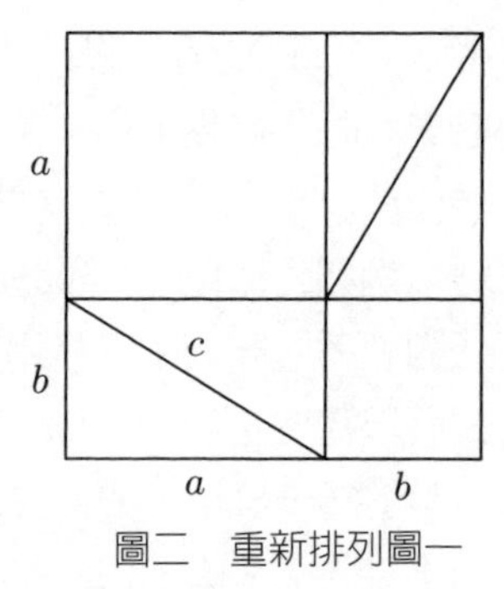

圖二　重新排列圖一

下面是另一個「不言可喻的證明」，由九世紀的伊斯蘭數學家塔比・伊本・庫拉（Thâbit ibn Qurra）提出。塔比・伊本・庫拉來自巴格達（Baghdad），這個城市就在現代的伊拉克。

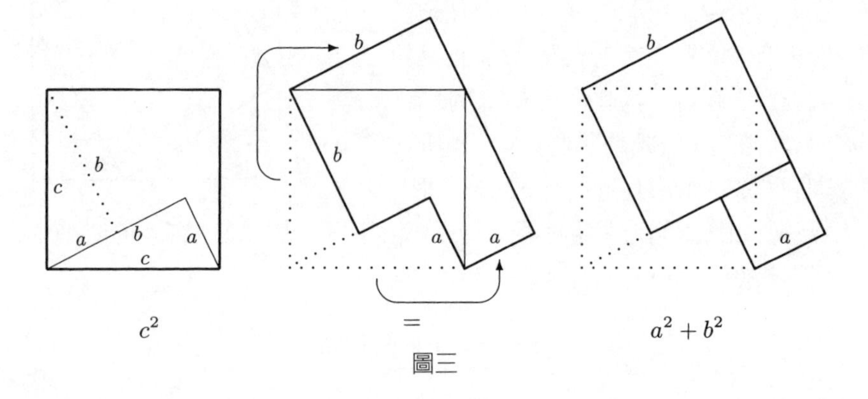

圖三

你應該已經猜到了，證明畢氏定理還有許多其他的方法。事實上，有些書籍整本都在討論畢氏定理的不同證明，其中還包含一些業餘數學家找到的方法。甚至，過去有一位美國總統加菲爾（James Garfield）都被認為找到一種證法。（加菲爾曾說，他在研究數學的時候，心智「格外清晰有活力」。）

所有的證明中，最有名的莫過於歐幾里得《幾何原本》（參見素描 14）所出現的證明。《幾何原本》第一卷由一連串的定義與假設開始。接著是關於三角形、角、平行線與平行四邊形的命題（即：定理）。第四十七個命題是：

在直角三角形中，直角所對邊上之正方形等於直角兩邊上正方形之和。

上面是個關於面積的敘述，而不是關於邊長。這一點也不奇怪，因為在古希臘數學中，量（magnitude）通常不用數（number）來描述。（參見第21頁。）

圖四為原命題的附圖。圖的畫法是，三角形斜邊（「直角所對邊」）是水平的，且三邊上各畫了一個正方形。這裡所要證明的是，下面的正方形等於上面兩正方形之和。

歐幾里得的證明很有趣。他從上方的直角頂點作垂線，將下面的正方形切成兩部分。接著，他用三角形與平行四邊形的基本性質，證明下面正方形的兩部分分別等於其對應之小正方形。換句話說，他真的展示了如何將大正方形分成兩部分，每部分的面積分別等於兩小正方形。

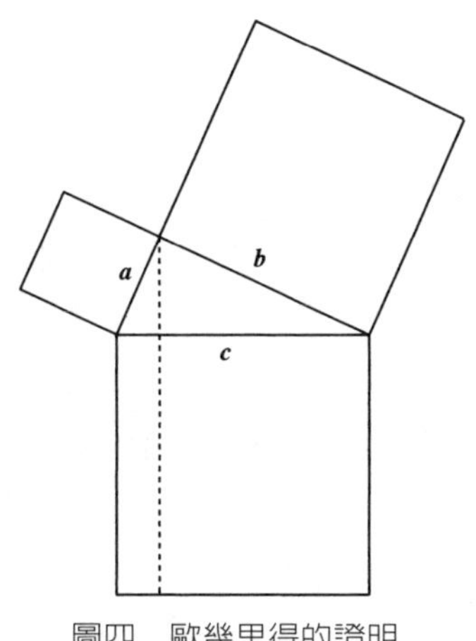

圖四　歐幾里得的證明

接著，歐幾里得在下一個命題中，證明其逆敘述：「在三角形中，若一邊上之正方形等於其餘兩邊上正方形之和，則由其餘兩邊所圍之角為直角。」這也是很重要的。例如，它可以解釋為什麼用3、4、5作為三邊長可以圍成一個直角三角形。

在《幾何原本》中，歐幾里得繼續將此定理往前推進：他證明了定理中的「正方形」不是什麼特別的東西。如果你畫一個幾何圖形，其底邊等於直角三角形的某一邊，然後再畫兩相似圖形，其底邊等於直角三角形另外兩邊（如圖五），則斜邊上的圖形（面積）仍會等於另兩邊上圖形（面積）之和。這是因為相似形面積比等於邊長平方比。所以，若我們畫三個相似圖形，其邊長分別為 a、b、c，則它們

的面積將是 ka^2、kb^2 與 kc^2，其中 k 為常數。[6]因此

$$kc^2 = k(a^2 + b^2) = ka^2 + kb^2$$

再者，若我們能證明對某一個 k 值，上述等式會成立，我們就能消去 k，如此又得到畢氏定理的一個證法。幾何上來說，上面意味著若能證明對任意特定圖形等式成立，則一般的定理即得證。這導致了或許是畢氏定理最簡潔的證明，似乎是在較為近代才被發現的。

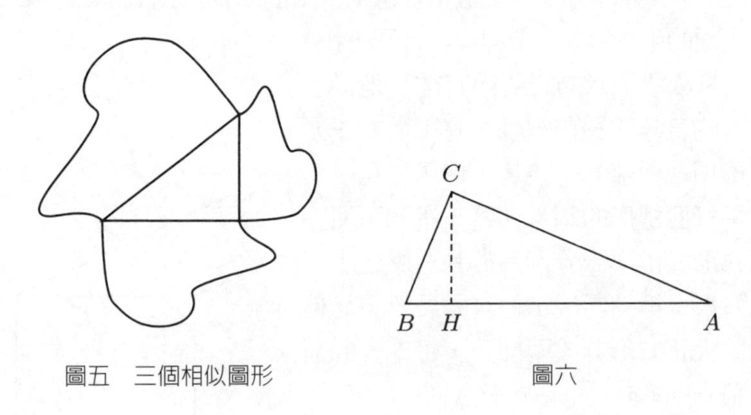

圖五　三個相似圖形　　　　圖六

給定一直角三角形，從直角頂作對邊的垂線。令垂足為 H。我們可以看出，三角形 ABC、ACH 與 CBH 相似。（兩個小三角形與大三角形都有公共角，且三個三角形都有直角。）但這表示我們作出了三個相似形：AB 邊上的三角形 ABC，AC 邊上的三角形 ACH，以及 BC 邊上的三角形 CBH。明顯地，兩個小三角形加起來等於大三角形！如此定理就得證了。[7]

畢氏定理到今日仍至為重要。它不論在理論上或實務上，都是基本幾何學中最重要的定理之一。例如，在建造苗圃或車庫地基時，它

---

[6] 若甲圖與乙圖相似，則甲圖可被放大或縮小某（線性）倍數後成為乙圖。令在長為 1 之邊上的原圖形面積為 k。要得到在長為 a 之邊上的圖形，要將原圖線性地縮放 a 倍，所以欲求其面積須將 k 乘以 a^2，其餘圖形同理可得。

[7] 那為什麼歐幾里得不如此證明或用類似的方法呢？可能是因為相似形在《幾何原本》第六卷才出現，而畢氏定理在第一卷。

可確保四個角都是直角：只要你一邊取三公尺，另一邊四公尺，然後調整方向，讓兩邊端點的距離正好是五公尺。座標幾何中一個眾所周知的公式也直接來自此定理：兩點 (x_1, y_1) 與 (x_2, y_2) 之間的距離為

$$d=\sqrt{(x_2-x_1)^2+(y_2-y_1)^2}$$

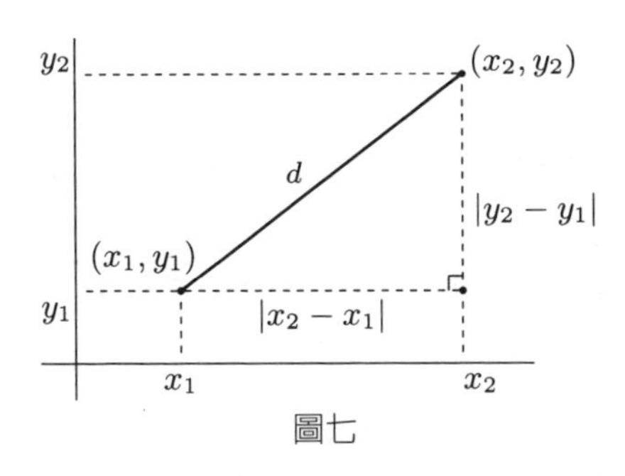

圖七

事實上，從現代的觀點來看，這個距離公式正是使得古典座標幾何是「歐氏」幾何的原因。如果距離用其他方式測量，那麼這個「其他方式」所導致的幾何就不是歐式幾何。例如，如果這些座標是球面上的經度與緯度，那麼距離就不是用上述公式計算。這是因為球面不是平面，且它的幾何不遵循歐幾里得的公設。（參見素描 18。）

畢氏定理有名，因為它有用，而且它告訴大家我們所學習的幾何是歐氏幾何。但最重要的是，它有名因為它的優美。它透露出直角三角形（right triangle）三邊的關係是出人意料的、簡單的，而且……正確（right）。

延伸閱讀：有很多書討論畢氏定理的歷史。[72] 的第 4 章，標題為「關於斜邊平方的可喜可賀之事」（Many Cheerful Facts About the Square of the Hypotenuse），是不錯的概述。也可以參考 [78] 與 [60]，裡面有關於非西方文明的資訊，以及 [40]，它詳細地討論歐幾里得的證明。要找關於「美國加菲爾總統的證明」，參見 [75]。

令人驚歎的證明 費馬最後定理

費馬（Pierre de Fermat）在 1601 年生於頗富裕的法國家庭。年輕時他就讀法學院，後來擔任法國城市土魯斯（Toulouse）的市議員。隨著經歷與職位的提升，最後成為土魯斯刑事法庭的成員。作為一位法官，費馬被大家認為頭腦清楚但時常心不在焉。1665 年，他於土魯斯附近的卡斯特爾（Castres）去世。

從這段費馬生涯的小傳記，完全看不出為何直至今日我們仍會紀念他與談論他。我們會這麼做的理由，當然與他生命的另一面向有關。在費馬人生的某一時間點，或許是他在波爾多（Bordeaux）就讀大學的時候，他發現了數學，而這個發現成為他寄託終生的熱情所在。

如同那個時代的許多學者，費馬的數學工作起源於對古希臘數學著作的研究。他早期的工作之一，是「修復」偉大幾何學家阿波羅尼斯的著作。那本書在當時只有斷簡殘篇流傳下來（大多數是結果的敘列，沒有證明），而費馬嘗試讀懂它，將闕漏補上，並給出完整的證明。他從希臘幾何得到啟示，發展出許多重要的想法。例如，為了解決某些幾何問題，他發明了一種方法，可用方程式描述曲線，這是座標幾何的一種形式。（見素描 16。）他也發展出一些求極大值、極小值與切線的方法，其中的想法類似於後來牛頓與萊布尼茲在十七世紀末發明的微積分。

費馬從未將他任何的研究結果出版。他是在書信中討論數學，剛開始他與友人通信，最後，也跟其他的數學家在書信中交流。他在幾何上的研究引起了頗多注意，所以，費馬在信中非常仔細地討論這部分。因此，現在我們對費馬這部分的研究所知甚詳。

但是，其他的數學問題也讓費馬著迷。那是些有關整數的研究。

或許他的興趣源起於一個很古老的問題，就是尋找「完美數」—當一個整數的所有（本身以外的）正因數之和等於本身時，就稱為完美數。無論這是否為真，費馬都在短期內得到一些數論中新穎且有趣的結果。例如，他發現了一個方法，可以決定一個整數是否為兩個平方數之和。

在研究數論的過程中，他接觸到了古希臘數學家丟番圖（Diophantus）的研究。在所有著作傳世的古希臘數學家中，丟番圖算是頗為獨特的。他的書中會有如下的題目：

> 試求三平方數，其中最大數與中間數之差比上中間數與最小數之差為一給定值。

丟番圖要求的值都是分數（整數之比）而非任意實數，這樣的限制大大增加了問題的難度。他的著作中包含所有問題的解法，但沒有真正解釋他如何找到這些方法。

丟番圖對費馬有巨大的影響。費馬所說「關於數的問題」，開始出現在他的書信之中。費馬做了個大改變：他不求分數，而是尋找整數解。但那些問題是類似的：

- 證明任何立方數皆非兩立方數之和。
- 證明存在無窮多個平方數，使得當其乘以 61 再加 1 後仍為平方數。
- 證明所有整數均可分成四個平方數之和。
- 證明 $x^2+4=y^3$ 的唯一整數解為 $x=11$，$y=5$。

這些問題頗為困難，而大多數與費馬通信的人都無法解決。事實上，他們多數似乎也對這些東西興趣缺缺。費馬不斷地寫信討論這些結果，嘗試引發興趣但效果不大。所以，這些研究的細節很少被寫下來。

費馬死後，他的兒子薩姆爾（Samuel）在 1670 年決定出版父親的部分筆記。特別地，他發現在父親擁有的一本丟番圖的著作中，每頁邊緣的空白處有許多父親留下的筆記。薩姆爾決定，他不只要公開父親的筆記，還要出版一本新版的丟番圖，其中包含費馬的筆記。這就是一個大謎團的開端。

丟番圖在書中提及一個問題，要將一個平方數（如 25）寫成兩個平方數之和（如 $16 + 9$）。在這個問題旁邊，費馬寫下了

> 相反地，若要將一個立方數分為兩立方數，或是一個四次方分成兩個四次方，或一般任意超過二的次方分成兩個相同次方，都是不可能的。關於此事，我發現了一個令人驚歎的證明，但這裡的空白太窄，無法容納這個證明。

換句話說，費馬宣稱方程式 $x^3 + y^3 = z^3$ 沒有整數解，且所有形如 $x^n + y^n = z^n$ 的方程式，只要指數 n 大於 2，都無整數解。[1]而且他認為自己可以證明這個說法。

到了十八世紀，人們開始意識到，費馬那些「關於數的問題」有多麼深刻，多麼重要。讓世人瞭解此事的幕後推手，是歐拉（Leonhard Euler）。他讀遍費馬的數論研究，做整理，並找到大部分費馬宣稱他自己能做出來的證明。歐拉甚至還發現了一個（只有一個！）費馬所犯的錯誤。

然而，前文那段空白中的敘述，卻是很難證明的。$x^4 + y^4 = z^4$ 沒有整數解的證明，於費馬在世時已出版。歐拉自己也設法找到 $x^3 + y^3 = z^3$ 無整數解的證明，但到這裡就卡住了。在歐拉自己的評論中說到，這兩個證明的手法差異太大了，以致於他看不出來 $n = 5$ 的情形要如何著手，遑論一般情形的證明。因為那段敘述，是所有費馬宣稱為正確的敘述中，唯一一直未被證明的，所以，後來被稱為「費馬最後定理」。當然，要真正稱之為定理，是需要證明的。費馬說他找到了證法，但似乎沒有人能發現那個「令人驚歎的證明」。

---

1 譯按：此處是指，沒有「非零」或類似 $x = 1, y = 0, z = 1$ 等等的整數解。

十九世紀初，人們又再度對解決費馬最後定理有興趣。沒人有辦法提出完整的證明，但有幾個數學家能找到一小部分的結果。很快地，數學家們瞭解到，只要證明對每個質數 n 都不存在整數解就足夠了。於此，姬曼（Sophie Germain）發現了十分有趣的結果。[2]姬曼研究費馬最後定理的取向，是將之拆成兩部分。第一，我們必須證明，當 x、y、z 均不能被指數 n 整除時，整數解不存在。接下來我們必須面對「第二類情形」，就是三者其一能被 n 整除。姬曼找到了第一個具有一般性的結果。她證明了：若 n 為質數，且 $2n+1$ 也是質數，則當 x、y、z 均不能被 n 整除時，$x^n+y^n=z^n$ 沒有整數解。換句話說，她證明了：對任意質數 n，只要其滿足 $2n+1$ 也是質數這個附加條件，則「第一類情形」為真。

在那個年代，一位女性要發表自己的數學研究是很困難的。因此，姬曼的定理最初發表在勒讓德（Adrien-Marie Legendre）1808年出版的書中（有確實記載定理為姬曼所發現）。勒讓德當時年近六十，享有盛名且受人尊敬，所以，他為姬曼出版研究成果也打響了姬曼的名聲。

姬曼的定理十分有威力。她的想法最終導致了費馬最後定理指數100以內「第一類情形」的證明。例如，若 $n=5$，則 $2n+1=11$ 為質數，所以，根據姬曼的定理，費馬最後定理 $n=5$ 的「第一類情形」即得證。1825年，才二十幾歲的狄里克利（Lejeune Dirichlet）把 $n=5$ 的第二類情形部分證明提交給巴黎科學院。不久之後，勒讓德就給出完整的證明，顯示雖然他年逾七十，依然寶刀未老。數年之後，拉梅（Gabriel Lamé）找到一個方法證明的 $n=7$ 情形。找尋一般證明的工作，似乎越來越有進展。

---

2 姬曼（1776-1831）在她的少女時代，住在巴黎時，開始接觸數學。她遭受到父母強烈地反對，因為當時的社會十分歧視女性知識份子，所以，她的父母盡了一切的可能阻撓她的學習。她不斷地堅持，最後她那異於常人的天份被當時一些最偉大的數學家所認可。關於姬曼的數學成就，參見61頁。譯按：有關姬曼的傳記，請參考歐森，《女數學家列傳》（彭婉如、洪萬生譯）（臺北：九章出版社，1997），頁 81-94。

1830 年左右，拉梅想到了一個很棒的主意。他認為，這個方程式的困難之處，在於一邊是 $x^n + y^n$ 的和，一邊則是乘積 z^n 。如果我們能將 $x^n + y^n$ 因式分解，那麼這個方程式就會比較容易處理。當然，除了提出 $x + y$ 之外，要分解 $x^n + y^n$ …是不可能的，除非可以用複數。於是，拉梅用了一個複數 ζ，$\zeta^n = 1$，用它來把原式分解為幾項的乘積，每項均為整數與複數 ζ 的組合。假設這些新的數與原來的整數具有相同的性質（明確來說，假設這些算式可以被唯一分解為「質」因式的乘積），拉梅粗略地給出了整個定理的證明。

拉梅將證明提交巴黎科學院。劉維爾（Joseph Liouville）對此感到懷疑。為什麼這些新的數一定會跟舊的數有同樣的性質？劉維爾知道德國數學家庫默爾（Ernst Kummer）有類似的想法，所以，他寫信去請教庫默爾。在回信裡，庫默爾說，一段時間以前他就知道，這些新的數並沒有所需的唯一分解性質，所以，拉梅的想法行不通。然而，庫默爾從此對費馬最後定理產生興趣，而最後也找到了一些意味深遠的結果。他發現，許多質數具有某些很好的性質，他稱這些質數為「規則質數」（regular prime）。接著他給出了證明，只要指數為規則質數，則費馬最後定理為真。這些規則質數並不是所有的質數，但的確涵蓋了一大部分。而且，庫默爾的想法，也讓其他數學家將他的結果，延伸到其餘部分的質數。

雖然有上述的好結果，但在庫默爾之後，關於這個定理的一般證明仍無多少進展。1909 年，一位富有的德國數學家沃爾夫斯凱爾（Paul Wolfskehl）提供十萬馬克的賞金給提出正確證明的人。在此重賞之下，許多人提供了失敗的證明，但隨著一次大戰之後德國的經濟崩潰，賞金也消失了。[3]接下來的數十年，僅僅為了可能得到的名聲，就使得人們創造出更多錯誤的證明，可是，那正確的證明似乎仍遙不可及。

因此，當懷爾斯（Andrew Wiles）在 1993 年宣布他找到證明時，

---

[3] 在 1920 年代，十萬馬克大概只能購買一張普通的德國郵票。

令世人十分驚訝。原來，在 1987 年里貝特（Kenneth Ribet）證明了一個定理，將費馬最後定理與一個 1950 年代被提出的有名猜想連結起來。[4]這個連結讓懷爾斯開始嘗試解決問題，在經過數年的單獨工作之後，他設法證明了那個猜想，也完成了費馬最後定理的證明。

試想，費馬在空白處的筆記是於 1630 年代寫下的，且這段筆記在數百年後成為數學界最有名的未解問題，由此我們不難瞭解，這會引起全世界多少的關注與反應。電子郵件四處傳遞這個消息。《紐約時報》的頭版與美國國家廣播公司（NBC）的晚間新聞都報導此事。所有人都想一睹這個證明。

接下來的，是數個月的沉寂。懷爾斯已將手稿寄給一本期刊，審查人員正在檢查，確認證明無誤。證明太過困難的各種謠言甚囂塵上。終於，在 1993 年 12 月，懷爾斯以電子郵件向大家宣布，在證明中的確有一個邏輯鏈結上的缺陷，而他正在著手解決。

接下來的幾個月，懷爾斯必定是狂熱地工作。他說研究這個問題的前六年是很愉快的，但最後一段嘗試解決「缺陷」的時期，則是極為痛苦。雖然如此，最後他還是成功了。1994 年 9 月，他宣布證明已完成，且讓兩份手稿流通。一份由懷爾斯寫成，包含大部分的證明，除了其中一個步驟必須參考另一份手稿。第二份手稿由他自己與他之前的學生理查・泰勒（Richard Taylor）完成，包含了那個完成證明的關鍵步驟。經過了約 350 年的歲月，費馬最後定理終於成為一個定理了！

延伸閱讀：市面上出版了很多關於費馬最後定理的書，部分是因為定理有名，部分也是因為懷爾斯針對證明從宣告、收回到最後勝利的戲劇張力。但是，要知道更多相關訊息，最容易接受的材料，卻

4 譯按：這個猜想是由日本數學家谷山豐與志村五郎提出，原來稱為谷山－志村猜想。關於懷爾斯證明費瑪最後定理的歷程，中文的簡要描述可參考：林倉億。〈向大師學習〉，《HPM 通訊》1(3)(1998)；以及林倉億。〈向大師學習 part 2〉，《HPM 通訊》2(1)(1999)。

是一個電視節目《那個偉大證明》（*The Proof*），曾在美國公共電視臺（PBS）的科學節目系列《新星》（*Nova*）中播出。錄影帶可在 WGBH 線上訂購 http://main.wgbh.org/wgbh/shop/wg2414.html。另一個有趣的是音樂劇《費馬的最後探戈》（*Fermat's Last Tango*），是有關懷爾斯的掙扎。（錄影帶或 DVD 可由克雷數學研究所訂購：http://www.claymath.org）。《那個偉大證明》的製作人之一是 [126] 的作者，[126] 大概在所有關於此主題的書中，對可讀性與正確性之間做了最好的平衡。[5]費馬最好的傳記是 [92]（不是一本容易讀的書）。最後，關於姬曼的更多資訊在 [90]。

[5] 譯按：本書有中文譯版。薛密譯，《費瑪最後定理》，臺北：臺灣商務印書館，1999。

美麗境界 歐幾里得平面幾何

「唯獨歐幾里得，得見赤裸之美」（Euclid alone has looked on beauty bare），這是美國詩人聖文森・米萊（Edna St. Vincent Millay）所寫的詩句。為什麼一位詩人會認為只有某一個數學家才真正看見了「美」呢？本節素描的目的之一，就是嘗試幫助你回答這個問題。

大概 2300 年前，在埃及尼羅河口的希臘城市亞歷山卓（Alexandria），有一位教師歐幾里得（Euclid）寫下了世界上最有名的公設系統。他的系統被希臘人與羅馬人研究了一千年，接著在約公元 800 年時被譯成阿拉伯文，也被阿拉伯學者研究。這個系統在整個中世紀的歐洲都是邏輯思考的標準。在十五世紀它首度被印刷成書之後，有超過 2000 種版本被印行。那個系統就是歐幾里得對平面幾何的描述，而整個故事要從歐幾里得出生前至少 300 年說起。

根據希臘歷史，使用邏輯的幾何學，是從公元前六世紀一位富有的希臘商人泰利斯（Thales）開始的。希臘史家描述他為第一位希臘哲學家，以及讓幾何學成為演繹學科的人。泰利斯不依靠宗教與神秘學來解釋自然，而是去尋找對現實世界的統一理性解釋。他對許多幾何想法背後統一性的追尋，使得他去探索邏輯方法，讓他能從某些幾何敘述推導出其他敘述。那些敘述是眾所周知的，但是，將這些敘述以邏輯連結的過程則是創新。後來的畢氏學派與其他希臘思想家，繼續用邏輯來發展幾何學中的原理。

到了歐幾里得的時代，希臘人已經發展出了很多數學，而且幾乎所有都與幾何或數論有關。畢達哥拉斯與其門徒的研究已經進行了兩個世紀，而其他很多人也寫下了他們的數學發現。當時柏拉圖的哲學與亞里斯多德的邏輯已有深厚的基礎，所以，學者們知道數學事實必須以推理說明其正當性。許多數學的結果已被明顯比較基礎的想法所證明。但即使那些證明也毫無組織。每個證明都從自己的假設出發，而沒有考慮與其他證明的一致性。

奠基於前人的工作，歐幾里得組織了大量過去希臘數學家的成果，並且將之擴充。他的目的之一，似乎是要將希臘數學建築於統一的邏輯基礎之上。歐幾里得「從根做起」重建希臘數學。他寫下了一部百科全書式的著作《幾何原本》（*Elements*），分為十三「卷」（每卷大概是一幅很長的紙莎草卷軸）：

—卷 I、II、III 與 IV 討論平面幾何；[1]
—卷 XI、XII 與 XIII 討論立體幾何；
—卷 V 與卷 X 討論量與比例；
—卷 VII、VIII 與 IX 討論整數。[2]

這十三卷包含總共 465 個「命題」（propositions，現在我們可稱之為「定理」），而每一個定理都是由它之前的敘述所證出。《幾何原本》的表現方法十分形式化且枯燥，沒有任何的討論或引起動機。每個命題的敘述之後是相關圖形，再來是詳細的證明。每個證明的結尾是一句「此即所欲證的」。這句話的拉丁譯文為“*quod erat demonstrandum*”，這就是證明結尾常見縮寫「QED」的由來。

歐幾里得對幾何有特別的關注。如同亞里斯多德所指出的，邏輯系統必須建立於幾個我們認為理所當然的假設之上。所以，在給出一長串的定義之後，歐幾里得提出了少數幾個敘述來說明點、線、角等等的基本性質，然後嘗試用精心設計的證明，從這些基本敘述推導出其餘的幾何知識。歐幾里得的目標是，將這些空間圖形之間的關係系統化，而這些空間圖形被他自己、柏拉圖、亞里斯多德以及其他希臘

---

[1] 譯按：習慣上我們以羅馬字母代表《幾何原本》的卷名，而以印度．阿拉伯數碼代表每卷中的命題。例如，有名的畢氏定理是在《幾何原本》第一卷第四十七個命題，而我們會簡記為命題 I.47。

[2] 譯按：本段未提及的卷 VI 是將卷 V 所發展的比例論應用於平面幾何之上。

哲人都認為是物理世界的理想表徵。

關於幾何以外的主題，歐幾里得也根據相同的程序，給出新的定義與新的假設，然後將理論建築在這些假設之上。卷 V 特別重要：它包含了詳細的理論，說明各類不同量之間的比例關係。這些比例在希臘數學中有舉足輕重的地位，而本卷所提供的基礎（傳統認為是歐多克索斯（Eudoxus）所完成）因此就顯得十分重要。

歐幾里得的天才，讓他將整本著作連接到柏拉圖的哲學。在《幾何原本》的最後一卷，他證明了唯一可能存在的正多面體，[3]就是五種「柏拉圖立體」。柏拉圖用它們來象徵整個宇宙的基本元素。（詳見素描 15。）

《幾何原本》卷 I 從十個基本的假設開始：[4]

公理[5]

1. 等於相同量的量彼此相等。
2. 等量加等量，其和仍相等。
3. 等量減等量，其差仍相等。
4. 彼此能重合的物體是相等的。
5. 全體大於部分。

設準

1. 由任意一點到任意一點可畫直線。
2. 一條有限直線可以繼續延長。
3. 以任意點為圓心及任意距離可以畫圓。
4. 凡直角都相等。

---

3 「正多面體」是完全由全等的正多邊形面所組成的三度空間形體。
4 英文版中本節所引用的《幾何原本》內文是由 [42] 改寫而成。
5 譯按：中文版中本節引用的《幾何原本》內文則是改寫自藍紀正、朱恩寬譯《歐幾里得幾何原本》，臺北：九章出版社，1992。

5. 一條直線與另外兩條直線相交，若某一側的兩個內角和小於兩直角，則這兩條直線不斷延長後在這一側相交。

以現代術語來說，這十條起點敘述是歐式平面幾何的公設（axioms）。前五條是關於量的一般敘述，歐幾里得認為它們明顯是真實的。第二組的五條是特別關於幾何的敘述。在歐幾里得的觀點中，這五條敘述直覺上是真實的。換句話說，任何知道敘述中每個字意義的人，都會相信這些敘述。為了釐清字義，他提供了二十三條幾何基本名詞的定義或敘述，從點與線開始。

（第五設準是不是看起來很突兀？它看起來是對的，但是它的文字比起其餘九條要複雜許多。歷史上很多數學家為此事所困擾。詳細的來龍去脈，請參閱素描 19。）

從這個簡單的開頭一二十三個定義、五條公理、五條設準一歐幾里得重新建造了整個平面幾何的理論。他的著作非常完整且清楚，所以從他的時代開始，《幾何原本》就被世人奉為學習平面幾何的圭臬。即使在今日中學所教授的幾何學，基本上也是改編自《幾何原本》。

歐幾里得的著作，其重要性之所以歷久彌新，是因為下面這個簡單的事實：

《幾何原本》所討論的內容不只是形與數，更是教你如何思考！

不只是數學，歐幾里得還告訴你如何用邏輯思考所有的事情一如何一步一步建造複雜的理論，其中每一部分都堅固地附加在已經被建造完成的地方。歐氏平面幾何在兩千年來形塑了西方思想。事實上，你必須先懂得欣賞歐幾里得，才能瞭解很多在政治、文學、哲學領域中最有影響力的著作。舉例來說：

- 在十七世紀，法國哲學家笛卡兒（René Descartes）將他部分的哲學方法建立於歐幾里得所使用之「連鎖的推論」（long chains of reasoning），從簡單的原則推論到複雜的結論。

- 同樣在十七世紀，英國科學家牛頓（Isaac Newton）與荷蘭哲學家史賓諾沙（Baruch Spinoza）用《幾何原本》的形式來呈現他們的想法。
- 在十九世紀，美國人林肯（Abraham Lincoln）曾帶著一本《幾何原本》，晚上靠燭光閱讀，希望藉著它使自己成為更好的律師。
- 在 1776 年 7 月 4 日，13 個美洲殖民地藉由承認一個公設系統—獨立宣言—與大英帝國公開決裂。在簡短的開頭之後，這份文件稱所有的公設為「不證自明的真理」（self-evident truths）。接著，文件中繼續去證明一個基本的定理：13 個美洲殖民地在一件事情上具有充分的正當性，那就是，從大英帝國分裂出來成組成獨立的國家—美利堅合眾國。

We hold these truths to be self-evident:
– that all men are created equal;
– that they are endowed by their Creator
with certain unalienable rights;
– that among these are life, liberty, and
the pursuit of happiness.
That, to secure these rights...

我等之見解為，下述真理不證自明：
—凡人生而平等；
—皆受造物者之賜，擁諸無可轉讓之權利；
—包含生命權、自由權、與追尋幸福之權；
茲確保如此權利……

許多個世紀以來，人們研究歐幾里得的著作，因為它被認為是精確思想的模範。學生們可能是研讀《幾何原本》，或是讀某些簡化過的「改良版」。大部分的人沒辦法讀到很多內容。事實上，在卷 I 很前面的部分有個定理被稱為「驢橋定理」（*pons asinorum*），因為這是程度普通的學生開始感到困難的地方。並不是所有的學生都能享受這種心智的鍛鍊。在十九世紀的耶魯大學，學生發明了一套儀式，要在大二結束時慶祝他們已修完所有的數學課程。這個儀式叫做「埋葬歐幾里得」。在儀式進行到某一點時，

> 歐幾里得的書被燒紅的火勾穿孔，班上每個人依序刺入，象徵他已穿過歐幾里得。接著，每個人會輪流握住這本書，代表他已懂得歐幾里得。最後，每個人用腳跨過書頁，他就可以說自己已經將歐幾里得拋諸腦後。[6]

接著是送葬行列、葬禮演說，以及《幾何原本》的火化！

到了二十世紀，幾何的學習從大學轉移到高中課程。[7]「兩欄式證明」（每個左欄的步驟都必須在右欄敘明理由）似乎在二十世紀初被發明，是為了要讓學生比較容易瞭解證明與寫出證明。然而，這個死板的結構讓太多學生用死背的方式來「學習」幾何，而不去瞭解論證的邏輯與定理的重要性。結果，許多中學生把幾何視為與「真實世界」無關的痛苦科目，上課只是行禮如儀。

大概從 1970 年代開始，中學幾何教材為了要改正這項缺失，開始加入各種不同的想法與取向，包含越來越多的非形式幾何與測量的討論等等。很不幸地，這個立意良善，要讓一個課程達到「雙重目的」的嘗試，常常兩面不討好，並且模糊了學習焦點。逐漸地，這些課程變成了幾乎全部是非形式幾何，強調學生從分組活動與討論中「發現」幾何想法。歐幾里得的邏輯結構，就算有的話，也是被放到最後幾章，使得這部分常被教學時間不足的老師們略去不教。[8]

---

[6] 參見 [89]，頁 78-79。

[7] 譯按：大學中仍然有幾何相關課程，只不過主流不再是歐氏幾何，而是歷史較短但有豐富應用的「微分幾何」與「拓樸學」等科目。

[8] 譯按：在臺灣，歐氏幾何過去一直是國三數學的主要部分。然而，近年來為降低課程難度，以及受到基本學力測驗只考選擇題的影響，歐幾里得的邏輯結構與證明，也已經幾乎消失於國中課堂之中。

歐幾里得的邏輯結構在中學幾何的重要性降低，實在是一件令人遺憾的事。在今日的世界，用公設系統的觀點看待各種狀況，以及處理狀況中邏輯結構的能力，仍是十分重要的，而且不只在數學中很重要。例如，美國有 20% 的勞資協議屬於集體談判協議（collective bargaining agreement），要瞭解、協商與執行這種協議的時候，上述能力是至為重要的；同樣地，要學習使用今日生活非常普及的電腦軟硬體系統，以及智慧地看待諸如墮胎、同性戀權利、防止種族歧視的積極措施、公平機會等等的社會、政治、法律熱門議題時，上述能力也是不可或缺的。[9]

數學家貝爾（E. T. Bell）曾說：「歐幾里得教會了我，沒有假設就沒有證明。因此，在所有的爭論中，要先檢查其假設。」在所有這類公設分析的背後有個典型的邏輯系統，就是歐氏平面幾何，這是個將想法組織起來的方式，它在今日與在 2300 年前歐幾里得初次寫下時同樣至關重要！

延伸閱讀：《幾何原本》最好的英文版是西斯爵士（Sir Thomas L. Heath）的《幾何原本十三卷》（*The Thirteen Books of the Euclid's Elements*），內含詳盡的介紹與評論（參考資料 [42]）。本書首度出版於 1908 年，後來由多佛出版社（Dover Publications）重印成三卷平裝本。不含註解的西斯譯本未來將由綠獅出版社（Green Lion Press）發行。在網際網路上也可找到附 Java 圖形的線上版本，在 http://aleph0.clarku.edu/~djoyce/java/elements/elements.html。[40] 的第 2 章與第 3 章包含了某些《幾何原本》定理的簡易解說，有大量的歷史脈絡。其他幾何專書如 [72]、[44] 與 [109] 也是如此。最後，[6] 提供了《幾何原本》很好的綜覽，包含非幾何的部分。

---

[9] 譯按：在臺灣，這些議題或許不一定熱門，但是當我們面對國家定位、考試文化、兩性、經濟成長、環境保護、外籍配偶與工作者權利等國人關心的議題時，相信我們也應該嘗試用公設系統與邏輯的觀點來看待。

15 美哉！柏拉圖立體

希臘人十分鍾愛「對稱」。你可以在他們的藝術、建築，以及數學中找到對稱。在幾何這個希臘數學的主要部分中，最為對稱的多邊形就是*正多邊形*—意即各邊與各角均相等的多邊形。正三角形即為等邊三角形；正四邊形就是正方形。任意決定邊數 n，都會存在一個正 n 邊形。

在三維空間中，如果一個多面體每一面均為全等的正多邊形，且其所有的頂點（立體角）均全等，則此多面體稱為*正多面體*（regular polyhedron）。例如，正方體是一種正多面體；它所有的面均為全等的正方形，且每個頂點皆是由三個正方形所構成的全等立體角。一件值得注意的事實，在歐幾里得《幾何原本》的最後一個命題中被證明，就是只存在少數幾種正多面體。（與正多邊形不同，因為任意邊數的正多邊形均存在。）事實上，正好有五種不同的正多面體，如圖一：

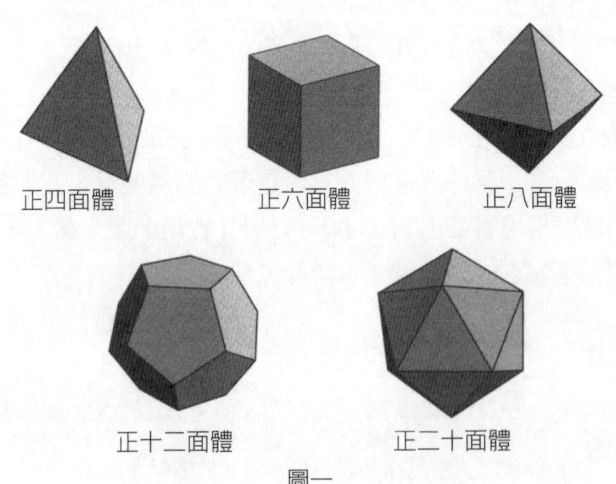

圖一

正四面體（Tetrahedron）——4 個面（正三角形）
正六面體（正方體，Hexahedron）——6 個面（正方形）
正八面體（Octahedron）——8 個面（正三角形）
正十二面體（Dodecahedron）——12 個面（正五邊形）
正二十面體（Icosahedron）——20 個面（正三角形）

乍看之下，你可能會認為正多面體怎麼可能會只有五種，但是，要看出箇中的原因，其實並不難。讓我們用以下的方式來思考：

- 要形成一個頂點或「尖頂」（立體角），至少需要使三個多邊形的面相接。
- 因為我們討論的是正多面體，任一頂點的情形與其他頂點相同。因此，我們只需考慮任一頂點上的情形。
- 為了要形成一個「尖頂」（立體角），相接於同一頂點上的平面角之總和必須小於 360°。（若總和等於 360°，則這些角會組成一個平的面。）
- 因為所有的面均全等，相接於同一頂點上的各平面角必相等。
- 現在我們來找出，所有可能做為正多面體上的面的正多邊形有哪些：

  正三角形：等邊三角形一內角為 60°。幾個加起來仍不滿 360°？3 個（180°），4 個（240°），或 5 個（300°）。（如圖二。）不能更多了。我們若把 6 個角接在一起會得到一個平的「尖頂」，超過 6 個，角度總和就太大了。從上述三種情形我們可以做出正四面體、正八面體與正二十面體。

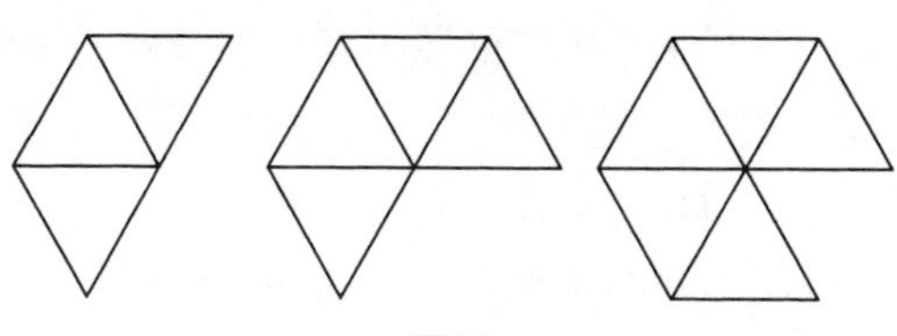

圖二

正方形：正方形一內角為 90°。三個這樣的角（總和 270°）可以相接於（正方體的）一個頂點，但四個角就太多了。（見圖三。）

正五邊形：正五邊形一內角為 180°。三個這樣的角（總和 324°）可以相接於（正十二面體的）一個頂點，但四個角就太多了。（見圖四。）

正六邊形：正六邊形一內角為 120°。三個角總和為 360°，這樣就太多了！所以，沒有正多面體的面為正六邊形。

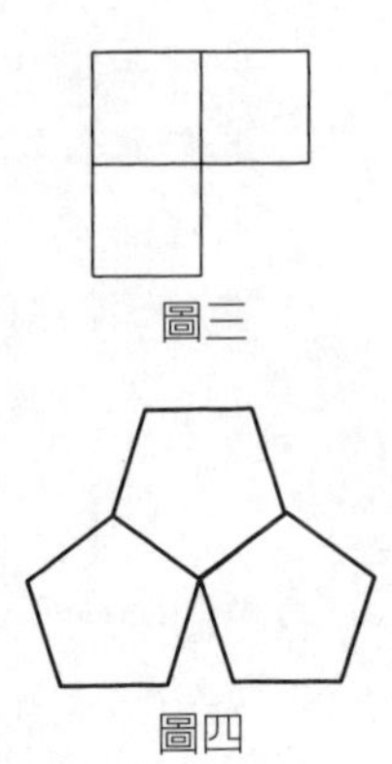

圖三

圖四

其他正多邊形：任何多於六邊的正多邊形一內角必大於 120°。三個這樣的角總和會大於 360°。因此，沒有正多面體的面是這些正多邊形。

因為這些形狀為正多面體，所以，它們可以內接於球面；意思是說，它可以被置於一個球面殼之內，使得每個頂點都「接觸」到球面（即每個頂點也同時是球面上的點）。這件事實對畢氏學派的成員至為重要，因為他們認為球面是最完美的立體圖形。下面四個圖形被他們用來代表實體世界的四種「元素」：

火—正四面體

土—正六面體（正方體）

氣—正八面體

水—正二十面體

後來畢氏學派發現了正十二面體，就以它來代表整個宇宙。（總是得賦予它某種意義！）柏拉圖（在《蒂邁歐篇》（*Timaeus*）中）就用這樣的宇宙表徵與其元素作為基礎，發展出一套十分詳盡的物質理論，在這個理論中，所有東西都是由直角三角形組成的。由正十二面體所代表的「第五元素」，被認為是宇宙的根本要素。這就是英文單字「quintessence」的來源，[1]今天我們用這個字代表某種品質、某類人，或某些非物質概念之中最好、最純粹、最典型的例子。由於柏拉圖對它們的興趣，後人便將這五個正多面體稱為「柏拉圖立體」（the Platonic Solids）或「柏拉圖體」（the Platonic Bodies）。

如果放鬆對正多面體的要求，我們能得到更多種類的多面體嗎？假設我們要求所有的面均為正多邊形，但不需要是同一種正多邊形。例如，同一多面體的面可以是三角形或五邊形。我們仍要求所有的三角形均全等，且所有的五邊形也全等。

希臘數學家帕普斯（Pappus）告訴我們阿基米德考慮過這種可能性，並發現剛好有 13 種如此的多面體存在。（因此，它們有時被稱為「阿基米德立體」，Archimedean Solids。）我們看一個例子。給定一個正二十面體。它有 12 個頂點，每個頂點上有五個三角形面接合。假設我們把每個尖點都切掉。如此這 12 個頂點中，每個頂點都會被一個五邊形取代。只要我們切得夠小心，我們會使得原來 20 個三角形面剩下的部分均為正六邊形。於是我們得到了一個多面體，它有 20 個正六邊形面與 12 個正五邊形面。它通常被稱為截角正二十面體（truncated icosahedron），而且它還確實存在於「真實世界」：它就是包覆在一顆足球上的圖案。

文藝復興時代，數學家又再度對正多面體與「半正多面體」感到興趣。他們從柏拉圖與歐幾里得那裡學到了五種正多面體，但大多不知道帕普斯的研究，所以他們必須重新發現阿基米德立體。發現的過程很緩慢，但充滿著刺激。這個過程的最高潮屬於刻卜勒（Johannes Kepler，以天文學的成就聞名於世），他發現了所有十三種阿基米德立體，並證明沒有其他種類存在。

如同柏拉圖，刻卜勒嘗試將這些美麗的對稱立體連結至真實世

---

[1] 譯按：quint 是表示「五」的字根，quintessence 原意即為第五元素。另一個表示「五」的字根為“penta”，如 pentagon 是五邊形（美國五角大廈及以此為名）、pentagram 是五角星形、pentahedron 是五面體。

界。他曾嘗試用柏拉圖立體建立一個太陽系的理論。在他想像中，每顆行星的軌道位於一個大球面之上。然後他描述，如果將一個正方體內接於土星的球面內，那麼，正方體的六個面會與木星的球面相切。同理，將正四面體內接於木星的球面，會使其四個面與火星的球面相切。接著用正十二面體、正二十面體、正八面體以此類推。還好，刻卜勒最終放棄了這個想法，後來發現了行星的軌道其實是橢圓。

柏拉圖的物質三角理論與刻卜勒的太陽系多面體理論，並未通過時間的考驗，但柏拉圖立體仍然可以在地球的元素中發現：

—鉛礦石與岩鹽的晶體結構是正六面體；
—螢石（fluorite）形成正八面體的結晶；
—石榴石（garnet）形成十二面體的結晶；[2]
—二硫化鐵（iron pyrite）的結晶有上述三種形式；
—矽酸鹽（silicate，地殼岩石中 95% 的成分）的基本結晶形式，是以三角形為面的最小正多面體，也就是正四面體；
—被稱為「巴克球」（buckyball）的分子，由六十個碳原子形成，這六十個碳原子的相對位置剛好是截角頂正二十面體的頂點。

延伸閱讀：請參見 [30]，內有關於多面體的長篇討論，包含大量的歷史資訊。

[2] 譯按：石榴石結晶為「菱形十二面體」（Rhombic Dodecahedron），並非「正」十二面體。

16 以數御形 座標幾何

在所有數學之中，最強有力的想法之一，就是去理解如何用方程式表徵圖形，這個領域如今我們稱為*解析幾何*。若是沒有這座幾何與代數間的橋樑，科學裡不會有微積分，醫學裡不會有電腦斷層掃瞄，工業裡不會有自動化機械工具，而娛樂事業裡也不會有電腦動畫。很多我們習以為常的事物都不會存在。這個非凡的洞見是從何而來？是誰想到的？在什麼時候想到的？

當你想到解析幾何，第一個在腦中浮現的印象是什麼？對多數人而言，那就是一對座標軸，x 軸與 y 軸交於直角，這個座標系統通常稱為*笛卡兒座標系統*（Cartesian coordinate system）。「笛卡兒」（Cartesian）是指十七世紀法國哲學家與數學家笛卡兒（Rene Descartes），他被認為是解析幾何的發明者。他的確提出了解析幾何中多數關鍵的想法，但不包含今日我們所熟知的直角座標系。

從某方面來說，故事開始於古埃及丈量人員用方格將土地分區塊，就如同今日的地圖為了指標用途被分為許多方塊一樣。這使得他們能夠用兩個數目登錄位置，一個數目是行，另一個是列。這個方法也被早期的羅馬丈量人員與希臘地圖繪製者使用。然而，用數碼格子標示位置只是搭起代數與幾何間橋樑的一小步。更根本的問題，是代數式—即方程式與函數—與平面或空間圖形的連結。

這個想法的濫觴，可以追溯至古希臘。約公元前 350 年，身為亞歷山大大帝私人教師之一的麥納奇馬斯（Menaechmus），將我們今日所說的*圓錐截痕*（conic sections，或稱圓錐曲線，就是用平面在圓錐上截出的曲線）與數值比例之解關連在一起。這替約一個世紀之後阿波羅尼斯（Apollonius）的圓錐曲線研究奠定基礎。阿波羅尼斯與當時其他的數學家有興趣的是軌跡（locus）問題：[1]什麼點滿足一組給定條件的集合，且這些點是否會形成某種直線或曲線？例如，與某固定點距離為定值的所有點之軌跡是圓；對給定點距離與對給定直線垂直距離相等的所有點之軌跡為拋物線。阿波羅尼斯探究了更複雜的軌跡問題，且證明了某些（但不是全部）軌跡是圓錐曲線。這是解析幾何嗎？不完全是。阿波羅尼斯是有往那方面前進，但他的幾何圖形是用比值及文字，與數值關係連結。帶有豐富模式的代數符號語言，仍在許多個世紀的未來。

圓錐截痕

有效的代數符號系統，花了很長一段時間演化。（參見素描8。）在奧雷姆（Oresme）描述如何畫出自變數與因變數關係的十四世紀時，那種代數系統還不存在。十六世紀末，韋達藉由用字母表徵數量，用方程式表徵關係，試圖提取出古希臘幾何分析的精華。如此，在將代數的威力聚焦於幾何問題之上，他邁出了巨大的一步。剩下所需要的，就是正確的創造性洞見。

這個洞見在十七世紀上半葉獨立地，也幾乎同時地，被兩位法國人提出。其中之一，是這個地球上大概最好的業餘數學家費馬（1601-1665）。費馬是位低調的法律公務員，他沈溺於研究各種數學的快樂中。他鮮少發表著作，而是喜歡在與當時其他頂尖數學家的通信中，展現超凡的創造力。[2]其中一封信告訴我們，費馬在約 1630 年時發展出了很多解析幾何的關鍵概念。為了他對阿波羅尼斯軌跡問題的興趣，費馬發展出了某種座標系統，用來畫出兩個未知（正）量 *A* 與 *E* 的關係。作法如下。

從適當點出發，他往右畫出一條參考線。他從水平軸上的起始點

---

[1] *Locus* 是英文字 local 與 location 的字源，拉丁文原意指「位置」。它的複數是 *loci*。

[2] 關於費馬生平，參見素描 13。

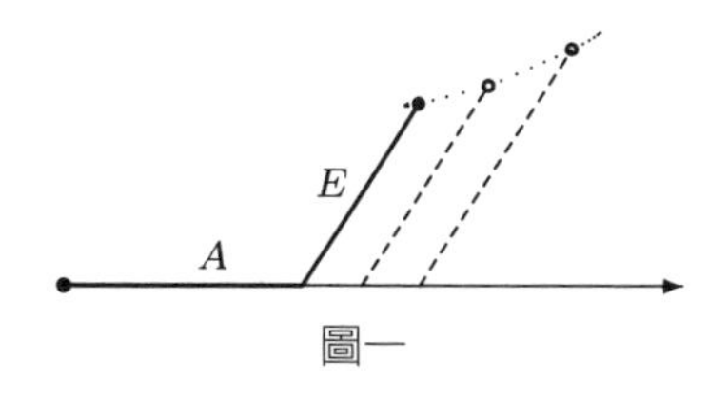

圖一

標出代表變數 A 的線段，在它的另一端放上另一個代表 E 的線段，與第一個線段成固定角度。根據他所研究的方程式，他想像 E 的長度隨著 A 的長度增減而變化，且 E 線段的位置會水平移動，但總是與 A 線段成同一角度。費馬說：[3]「為了要協助方程式的概念，令兩未知量形成一角，通常我們假設為直角，如此是令人滿意的」，但事實上他也允許其他角度。

費馬的重要洞見是，他看到了每當他能找出關於兩變數 A 與 E 的方程式時，他就能得到一條對應於此方程式的曲線。E 線段上方端點會描出一條曲線，而那正是對應方程式的軌跡。費馬自己說：

> 每當兩未知量出現於最終方程式時，吾人就有一條軌跡，其中一未知量的端點描繪了一直線或曲線。

（為了顯示一般情形，圖一中的角不是直角。若它是直角，則此圖會很類似我們熟悉的方式，將 E 視為 A 的函數來畫圖。）請特別注意，費馬是說這個程序會給你任意方程式的軌跡。他證明了所有二次函數的情形，事實上，他的結果顯示最後的軌跡總是圓錐曲線。

費馬關於這個主題的研究，到他死後才被出版，於是，發明解析幾何的功勞就被歸給另一人了。這個「另一人」是笛卡兒（1596-1650），他出生於法國貴族世家，幼年學習數學，壯年自願從軍，在他生命的最後二十年，則是位出眾的、自由思考的哲學家與數學家。許多數學家認為解析幾何的發展，為他的數學成就加上了冠冕，但對笛卡兒來說，這只是更大計畫中的三個個案研究之一而已。他將其寫在通稱為《方法導論》（*Discourse on Method*）的哲學小卷三個附錄其中之一。本書的全名顯示了他的意圖：《於眾科學中正確

3　本段與後面的引文皆來自 [130]，第 389-396 頁中，費馬的《平面與立體軌跡導論》（*Introduction to Plane and Solid Loci*）。

進行論證與追求事實之方法導論》（*Discourse on the Method of Rightly Conducting Reason and Seeking Truth in the Sciences*）。他的真正目的，是重新定義在所有事情上尋找真理的方法論。在當時「眾科學」（science）一詞的涵意比現在廣泛。他自己說：

> 幾何學家據以得到最困難證明之結論的長串簡易推理，令吾人想像，所有人類智識得以掌握之知識，均以此方式連結，且並無任何物超越吾人能力之外，抑或藏於無法發現之處，只要吾人拒絕不真之事，且永遠在思維中保持從一事實導出另一事實所需之秩序。[4]

笛卡兒自認他的方法是古典邏輯、代數與幾何的綜合，他將三種方法修剪，確定它們的限制。他藉著下面這段話，開啟他混合各種想法的過程：

> 論到邏輯，其論證與其他大多數之規則，僅能用於溝通吾人已知之事上……而非用於探究未知……。論到古人之分析（Analysis）與今人之代數，……前者唯獨限於考慮圖形，使得吾人僅能在想像疲乏之後方得練習理解；至於後者，其太過受限於某類規則與公式，使其最終成為充滿困惑與晦暗、使人窘困的計算技術（art），而非適合陶冶心靈之科學（science）。

為了要展現他新思維方式的威力，笛卡兒在《方法導論》之後寫了三篇附錄—關於光學、氣象學與幾何學。在那篇稱為《幾何學》的附錄中，有解析幾何的主要內容。他的主要繪圖工具，基本上與費馬設計的相同：自變數，現在稱為 x，沿著水平參考線上標示，而因變數，現在稱為 y，由一條與 x 線段成固定角度的線段所代表。比起費馬，

4　本段與下面引用《方法導論》的內容，皆引自約翰・外區（John Veitch）的翻譯，可自古騰堡計畫的網頁下載：http://www.gutenberg.net/。

笛卡兒更強調角度的選擇只是為了便利，不需要永遠是直角。

除了在此附錄中介紹改良的代數符號系統（參見素描 8），笛卡兒刻意偏離從希臘人而來，將乘冪視為幾何維度的想法。他的作法是定義單位長，然後用這個單位解釋所有的量。特別地，就如同 x 是相對於單位的長度，x^2、x^3 與任意未知數的更高次方也是長度。這個僅在費馬的研究中隱約出現的概念轉移，讓他（還有我們）能考慮單變數各種次方所組成的函數，在不考慮幾何維度限制之下畫出圖形。笛卡兒用他的新技巧，解決了阿波羅尼斯提出的一個大的軌跡問題，而這個問題用古典希臘方法仍無法解決，據此他宣稱他的「正確進行論證與追求真理之方法」具有優越性。

雖然笛卡兒處理幾何的代數進路具有威力，但他的《幾何學》並未對他同時代的數學造成衝擊。除了某些數學家認為代數缺乏與古典幾何同等級的嚴謹性之外，還有一些其他的原因。其一，就是語言的因素。當時住在荷蘭的笛卡兒，用他的母語法語寫下《方法導論》及其附錄。然而，十七世紀歐洲「通用」的學術語言是拉丁文。另外，笛卡兒刻意地省略了許多證明的細節，對他的讀者說，他不想「剝奪你自行精通內容的愉悅。」[5]至於移開那些路障，讓書中想法廣為人知的功勞，要歸給荷蘭數學家凡司頓（Frans van Schooten），他將《幾何學》譯為拉丁文，且發表了增訂版，其中包含豐富且詳細的評注。在 1649 至 1693 年之間，凡司頓的書出了四個版本，最後增為原版的八倍長。牛頓在他發展微積分基礎概念的過程中，就是從這些拉丁文版本學習到解析幾何。到十七世紀末，笛卡兒幾何的方法，已在歐洲各地廣為流傳。

但當時的座標幾何並未包含我們今日習以為常的一個特徵—就是縱座標！對笛卡兒與費馬兩人而言，點的第一個座標是一條從原點出發向右延伸的線段，而第二個座標是從 x 線段終點出發，以一固定角度向上延伸的線段。費馬的確常將此角度定為直角（參見前引

---

[5] 參見 [38]，第 10 頁。

言），但不管他或者笛卡兒都未曾提過第二個座標軸。此外，由於他們將這些「未知量」視為線段（長度），所以，他們都只考慮正座標。在 1650 年代發表成果的英國數學家沃利斯，將這些想法延伸至負座標。然而，即使遲至十八世紀中葉，如歐拉這樣的偉大數學家，都沒有在他畫的每個座標圖中全加上縱座標。我們歸功於笛卡兒的二軸直角座標系，似乎是在他出版《幾何學》之後的一個半世紀中逐漸演變出來的。

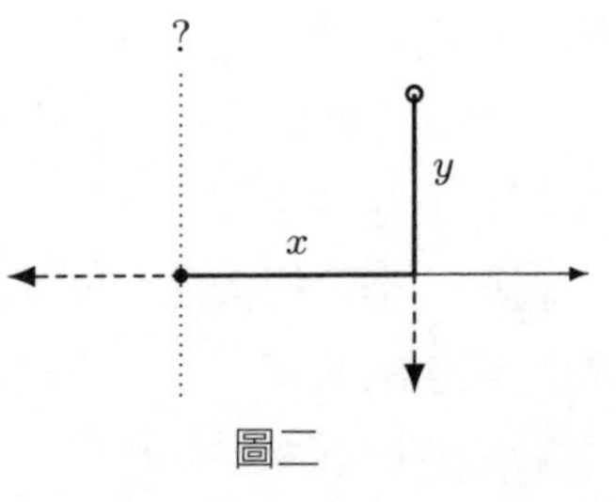

圖二

座標（或解析）幾何是重要數學進展的顯著歷史環節之一。正如符號代數的發展為解析幾何鋪路，同樣地，解析幾何也接著為微積分鋪路。接下來，微積分替現代物理與許多其他科技領域開了一扇門。在過去幾十年，這種描述圖形的代數方法，也與現代高速電腦協同創造出一再令人驚豔的視覺效果，廣泛用於各種領域。所有這些進展，都奠基於一個簡單想法，就是對空間中每一點給一個數值住址（numerical address），如此我們才能以數御形。

延伸閱讀：解析幾何的誕生在所有標準參考書中都有提及。要找更詳細的資訊，參見 [19]。大膽冒險的讀者，可以閱讀 [38]，那是《幾何學》的雙語版本。

不真、虛幻、但有用
複數

引進複數時的標準作法，是論證說我們希望可以解所有的二次方程式，包含 $x^2+1=0$。對這種說法的自然回應是：「為什麼？」這當然是個是好問題。

許多世紀以來，數學家將代數方程式的研究，視為解決實際問題的工具。對「平方與十根等於三十九」這個問題來說，平方被視為一幾何圖形，而「根」是它的邊。（參見素描 10。）在此脈絡下，即使負根都沒意義。而如果使用二次方程公式解時，你需要開一個負數的平方根，這就代表你的問題無解。

上述過程的一個好例子，可以在卡丹諾出版於 1545 年的《大技術》一書中找到。[1]他討論到一個問題，要找出兩數，使得它們和為 10 且積為 40。他正確地觀察到這種數不存在。接著，他指出二次公式會使他得到 $5+\sqrt{-15}$ 與 $5-\sqrt{-15}$ 兩數。他發覺，如果壓抑住心中對這些胡說八道的厭惡，直接對式子計算的話，他能證明兩數之和確實是 10，積確實是 40。但卡丹諾只將之視為無意義的智力遊戲。在另一本書中，他說「$\sqrt{9}$乃是 3 或 -3，因為正〔乘正〕與負乘負得正。因此 $\sqrt{-9}$ 不是 $+3$ 或 -3，而是第三種深奧之物。」[2]

如同與他同時代接近的人們所注意到的，他說的不無道理。例如，十七世紀初葉時，笛卡兒指出，想要找出圓與直線的交點時，必須解二次方程式。當公式解需要用到負數平方根時，正好就是圓與

---

[1] 素描 10 中有更多關於卡丹諾的細節。
[2] 出自《算術大技》（*Ars Magna Arithmeticae*）問題 38，引自 [26] 第 220頁，註解 6。

直線事實上沒有交點的時候，如圖一所示。所以，大多數的情形，人們的感覺是當「不真實的」或「虛幻的」解出現時，就是在告訴我們麻煩出在此題無解。

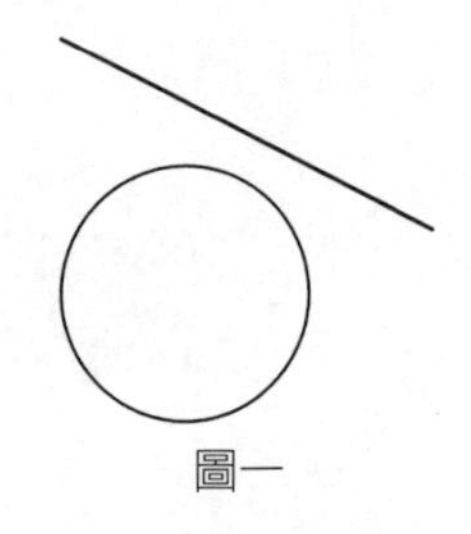

圖一

但即使在卡丹諾的時代，就有跡象顯示，人生（至少是數學家的人生）沒那麼簡單。卡丹諾在數學上最偉大的勝利，就是三次方程公式解（故事參見素描11）。對形如 $x^3 + px + q = 0$ 的方程式而言，[3]卡丹諾公式解的現代符號版本就是

$$x = \sqrt[3]{-\frac{q}{2} + \sqrt{\frac{q^2}{4} + \frac{p^3}{27}}} + \sqrt[3]{-\frac{q}{2} - \sqrt{\frac{q^2}{4} + \frac{p^3}{27}}}$$

這能解很多三次方程式，但某些情況會出一點小問題。例如，我們要解方程式 $x^3 = 15x + 4$。移項重寫為 $x^3 - 15x - 4 = 0$，接著應用公式解得

$$x = \sqrt[3]{2 + \sqrt{-121}} + \sqrt[3]{2 - \sqrt{-121}}$$

根據解二次方程式的經驗，正確的結論似乎是無（實）根。但如果我們嘗試將 $x = 4$ 代入，就知道上面那個結論下得太早：此方程式的確有實根。（事實上，它有三個實根。）

卡丹諾注意到了這個問題，但他似乎不知道如何處理。他兩次在書中提及此事。第一次，他說這種情形需要用不同的方法來解，他會在另一本書中說明。（但在後來的版本中，他改變說法，要讀者參考另一章，其中描述可能用來解某些方程式的技巧。）在第二次，他寫道：[4]「根據前述法則解 $y^3 = 8y + 3$，我得到 3。」這必然會使想要使用「前述法則」的讀者困惑，因為計算會導致 $\sqrt{-1805/108}$ 。

3　我們用現代符號寫出方程式與公式解；關於代數符號法則的故事，請參見素描 8。

4　參見 [26]，第 106 頁。

最早提出脫離這種窘境的方法的人，是 1560 年代的邦貝利。他宣稱我們可以直接對這種「新型方根」做運算。要討論負數的平方根，他發明了一種奇怪的新語言。他不把 $2+\sqrt{-121}$ 稱為「二加根號負一百二十一」，而是說成「二負的加根號一百二十一」（two plus of minus square root 121），如此「負的加」（plus of minus）成為加一個負數平方根的代號。[5]當然，減一個這種平方根就成了「負的減」（minus of minus）。因為 $2+\sqrt{-121}=2+11\sqrt{-1}$，他也說成「二負的加十一」。他還解釋了如下的運算規則：

負的加乘負的加得負；
負的減乘負的減得負；
負的加乘負的減得正。

很自然地，對我們現代人而言，上面的話可以看成

i 乘 i 得 -1；
$-i$ 乘 $-i$ 得 -1；
i 乘 $-i$ 得 1。

但我們要小心。邦貝利並未真的把這些「新型方根」視為數。他似乎是提出一種形式規則，可以讓他化簡如

$$\sqrt[3]{2+\sqrt{-121}}+\sqrt[3]{2-\sqrt{-121}}$$

的複雜算式。他證明了用他的形式規則可以導出

$$(2\pm\sqrt{-1})^3=2\pm\sqrt{-121}$$

所以

$$\sqrt[3]{2+\sqrt{-121}}+\sqrt[3]{2-\sqrt{-121}}=(2+\sqrt{-1})+(2-\sqrt{-1})=4$$

---

5 義大利文為 *piu di meno*。

而這就是讓我們想要尋找負數開方意義的那個方程式之解。

邦貝利的工作讓我們瞭解，有時候負數平方根在求實數解時是需要的。換句話說，他證明了出現這種式子並不總是代表問題無解。複數可能是有用的數學工具，上述是第一個跡象。

但老舊的偏見持續了很久的時間。半個世紀後，吉拉德與笛卡兒似乎已知道 n 次方程式有 n 個根，只要我們容許「真根」（正實根）、「假根」（負實根）與「虛根」（複數根）。這使得方程式的一般理論變得更為簡單有條理，但複數根仍常被描述為「詭辯的」、「不真的」、「虛幻的」與「無用的」。

下一步進展，似乎隨著棣美弗（Abraham De Moivre）在十八世紀初的工作而來。如果你帶著某種有色眼鏡看看兩複數相乘的公式，

$$(a+ib)(c+id)=(ac-bd)+i(bc+da)$$

你可能會注意到它的實部與公式

$$\cos(x+y)=\cos x\cos y-\sin x\sin y$$

的相似性。兩個餘弦在一起，如同兩相乘複數的實部乘在一起。同樣地，兩個正弦與兩個複數的虛部也是乘在一起。複數乘法公式的虛數部分讓我們想到

$$\sin(x+y)=\sin x\cos y-\sin y\cos x$$

因為正弦與餘弦混在一起，如同兩相乘複數的實部與虛部。由此，不難得到有名的棣美弗公式：

$$(\cos x+i\sin x)^n=\cos nx+i\sin nx$$

（在棣美弗的論文中暗示了這個公式，雖然他不是用上述形式寫出。）數年後，歐拉把所有的頭緒都理在一起，因為他（用微積分）發現了

$$e^{ix} = \cos x + i \sin x$$

（x 為弧度）。將 $x = \pi$ 代入其中，我們得到

$$e^{i\pi} = -1 \quad \text{或} \quad e^{i\pi} + 1 = 0$$

這是個將數學上某些最重要的數連結起來的公式。

到十八世紀中葉，數學家們已經知道，要解實數問題有時候需要複數協助。他們知道複數在方程式論中有地位，也知道複數、三角函數與指數函數之間有著深刻的關係。

但還是有很多問題。例如，歐拉對如 $\sqrt{-2}$ 這樣的式子仍然很混亂。一個實數方根有確定的意義：$\sqrt{2}$ 代表二的正平方根。但因為複數非正亦非負，並沒有很好的方式選擇我們要哪一個方根。所以，你會發現歐拉說

$$\sqrt{-2} \cdot \sqrt{-2} = -2 \qquad \text{以及} \qquad \sqrt{-3} \cdot \sqrt{-2} = \sqrt{(-3) \cdot (-2)} = \sqrt{6}$$

而沒注意到，如果他將第二式的方法應用到第一式時，他會得到不正確的結果

$$\sqrt{-2} \cdot \sqrt{-2} = \sqrt{(-2) \cdot (-2)} = \sqrt{4} = 2$$

類比推理常能幫忙，但不絕對有用！

雖然歐拉經常使用複數，但他並未解決一個重要議題，就是複數究竟是什麼。在他所寫的《代數指南》（*Elements of Algebra*）中，他說

> 既然吾人可能設想之數，若非大於零或小於零，即為零本身，那麼明顯地，吾人無法將負數之平方根同列於可能之數中，是以吾人必須認定此為一不可能之量。如此吾人聯想至數之概念，從本質而言它們是不可能的；是以它們被稱為虛量（imaginary quantity），因其僅存於想像之中。
>
> 因此，所有如 $\sqrt{-1}$, $\sqrt{-2}$, $\sqrt{-3}$, $\sqrt{-4}$ 等之表示式，皆為不可能，或為虛數（imaginary number），……且關於此

類數，吾人可斷言，其並非空無，非多於空無，亦非少於空無；此使其為虛幻或不可能。

縱然如此，此類數現身於心靈；其存在於想像，且吾人對其有充分理解……[6]

這樣的態度代表了十八世紀數學家的典型想法：複數基本上是有用的虛構。柏克萊主教大概會反擊說所有的數都是有用的虛構……[7]但在那個時代，他大概是唯一這麼想的人。

到十九世紀，事情開始變得較有秩序。一位巴黎書商阿爾龔（J. R. Argand），在一本 1806 年出版的小卷中，首度提議，若要驅散這些「虛構的」、「怪異的」虛數所帶來的部分疑慮，我們可以用幾何將它們表徵在平面上：座標 (x, y) 的點對應於複數 $x + iy$，如圖二。阿爾龔的提議被多數人忽略，直到高斯在 1831 年提出大致相同的想法，高斯也證明了這樣的想法在數學上很有用。「複數」一詞也是高斯提議的。幾年後，漢密爾頓（William Rowan Hamilton）證明了，我們可以從平面出發，用簡便的方式定義有序對（ordered pair）的加法與乘法，最後會得到與複數相同的東西。漢密爾頓的方法完全避開了神秘的「i」；它不過是點 (0, 1)。

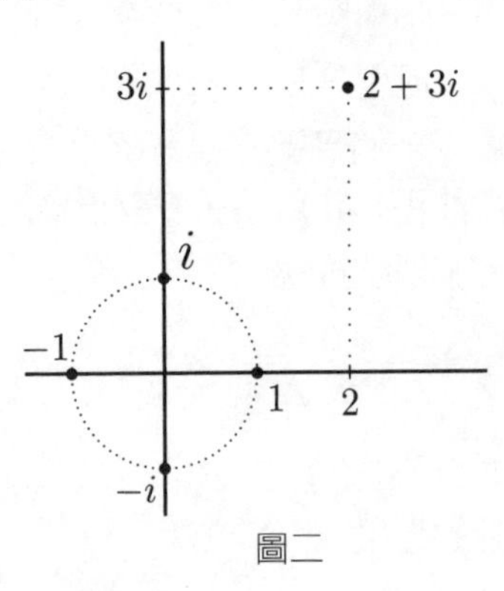

圖二

為什麼這些數學家要花那麼大的力氣，去尋找複數的穩固基礎？因為到了他們的時代，複數太有用了，以致於很難避開複數的使用。歐拉與高斯證明了複數可用來解代數與數論的問題。漢密爾頓用複數重寫了很大部分的物理學。科西與高斯則發展出了一種可應用於複數

---

[6] 引自 [43]，第 43 頁。
[7] 他因自己對微積分的批評而聲名大噪；參見第55頁。

的微積分版本。這種「複數微積分」後來變得很有威力，[8]部分原因是它比只用實數的微積分更容易。在黎曼與外爾斯特拉斯等人的手中，它成為在純數學與應用數學中扮演中心角色的有力工具。

這些發現的威力可用法國數學家哈德蒙（Jacques Hadamard, 1865-1963）的一句話總結：「實數領域中兩個事實之間的最短路徑，會通過複數領域。」即使我們只在乎實數問題與實數答案，他認為最簡單的解法通常會用到複數。

所以為什麼我們要「相信」複數呢？因為它們太有用了！

延伸閱讀：多數大部頭的歷史參考書有包含複數的歷史。參見[95]，它邀請你一同想像複數的本質，[101] 有「$\sqrt{-1}$的故事」（the story of $\sqrt{-1}$）的較技術性說明。文章 [88] 有趣地討論邦貝利究竟如何看待「新型方根」。皮秋兒（Pycior）的 [111] 有早期在英國關於複數與虛數爭議的故事。這篇文章十分精鍊，但是很引人入勝！

[8] 譯按：此即現代數學的一個分支「複變分析」（complex analysis）。

18 一半比較好
正弦與餘弦

談到正弦函數的由來，至少可以遠溯及希臘羅茲島上的天文學家希帕恰斯（Hipparchus, 190-120 B.C.）。[1]正如其他希臘天文學家一樣，他想要提出一個可以描述恆星、行星如何在夜空中運行的模型。天空是一個巨大的球面（即以地球為中心的天體），星星的位置是由角來決定的，但因角度計算較為困難，於是將角度問題轉換成與其相關的線段變化較為有用，此處所謂線段指的就是弦（chord）。例如圖一中，一個半徑固定的圓，給定圓心角 β 就決定了一條弦，我們稱之為 β 的弦，利用這弦長便可算出恆星與行星現在及即將到達的位置。

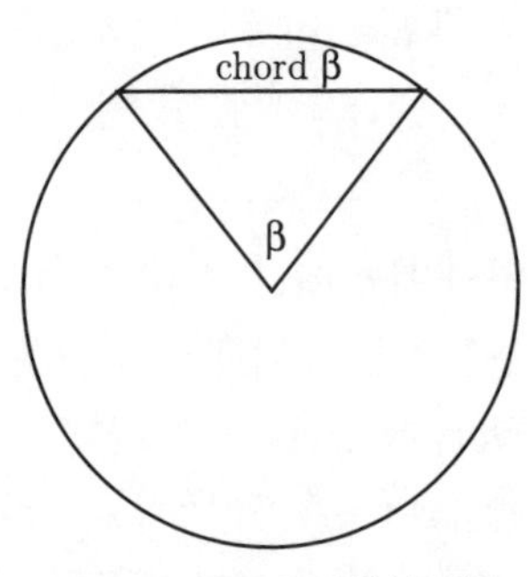

圖一　圓心角所對的弦

一般相信希帕恰斯建造了像這樣的弦表，而且，看來他用半徑為 3438 的圓來計算不同圓心角所對應的弦長（為何半徑選擇 3438？因為可以讓圓周非常接近 $21600 = 360 \times 60$，此時一分的弧長會逼近圓周上的一個單位長），[2]由於此表並未保留下來，我們並不知道他如何正確地計算弦長，目前所知道的皆來自其他希臘數學家所提及的參考文獻。

古希臘最偉大的天文學家是托勒密（Claudius Ptolemy, 85-165 A.D.），從他的著作《大成》（*Almagest*）我們可以學習關於弦的初

1　譯按：羅茲島為希臘最大島嶼，其古城現已列為世界重要遺址。
2　譯按：半徑 3438 的圓周長為 $2 \times 3438 \times \pi \approx 21601$。

步理論，第一章整章在證明弦的基本定理，並說明如何利用這些定理去探求球面上由大圓所圍成的球面三角形（spherical triangles）的一些幾何知識，此外，托勒密也解釋如何建造弦表。他從部分的準確弦長開始著手，然後藉由他設計的方法，得以估算出 $\frac{1}{2}^{\circ}$ 到 180° 的圓心角所對應之弦長的近似值。

下一個階段的重要進展要歸功於印度人，在第五世紀初期的著作裡，我們找到了半弦（half-chord）的弦表，反映了當時他們重要的洞察力。雖然一談到角，我們最直接的聯想線段是弦，但許多實際情況卻需要使用到「二倍角對應的半弦」（half the chord of twice the angle）。關於這一點，印度的天文學家似乎已經意識到了，因此，便將弦表改製作成半弦的表。他們稱半弦為 *jyā-ardha*，字面上的意義是半弦，常簡寫成 *jyā*。

就像在圖二所看到的，印度數學家所說的半弦就是現在我們所說的正弦，唯一不同的是我們今天認為的正弦，是指圖中箭頭處的線段與半徑的比值，而他們所謂的半弦卻表示某一個特定半徑之圓的半弦長（例如，托勒密是用半徑 60 來做計算），換句話說，半弦長等於 $R \sin \alpha$。

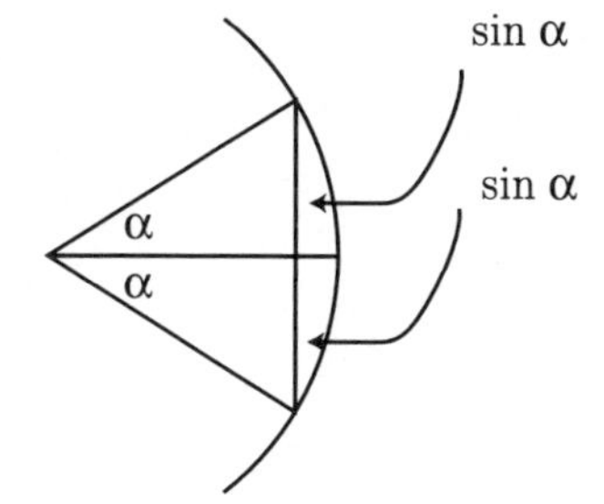

圖二　正弦是兩倍 α 角所對弦一半

無論如何使用弦表中的半弦長，當遇到半徑不同的情況時，都必須考慮圓的半徑大小，做適當的比例換算。早期的印度弦表使用 3438 當半徑，顯示他們應是受到希帕恰斯的影響。

印度數學家發展出非常精練的方法來製作半弦表，但因沒有任何方法可以正確的計算出任意角所對應的弦長，於是，都是採用逼近的技巧。從第六世紀的阿耶波多（Āryabhata）到第十二世紀的婆什迦羅二世（Bhāskara）乃至以後，也都找到更多精巧的逼近方法，這些技巧類似於後來歐洲的數學家重新發現的想法。

印度的數學是幾乎都由阿拉伯數學家傳到歐洲，這也就是歐洲也會有印度的半弦理論的原因。阿拉伯人從印度學習天文，其中包含他們的三角弦表（*jyā* tables），不過，他們並沒有直接翻譯梵文 *jyā*，而是由阿拉伯數學家簡單發明 *jiba* 這個字來代替梵文 *jyā*。

在處理不同問題案例時，阿拉伯數學家都會加入自己的想法，事實上，阿拉伯的三角學十分精緻。他們發現了三角學與代數的連結關係，例如，他們知道計算任意角的正弦值與解一個三次方程式這兩個問題是相關的；除了把球面三角形所知道的知識加深加廣外，他們也在理論上增加若干三角函數（不過，當時他們當然並不是使用這樣的詞彙），例如，阿拉伯數學家加入一個「投影函數」（"shadow" function），即是我們現在的正切（tangent），最後他們還改進了數值方法，計算出更切合實際的弦表（包括半弦和正切）。

當歐洲數學家發現有這樣的素材時，通常都會很快地學習並翻譯阿拉伯的作品，但當碰到 *jiba* 這個字時，翻譯者犯了一個錯誤！因為阿拉伯字常常沒有寫出母音，以致翻譯者在文本上只看到了 *jb* 這個等同於 *jiba* 的字，他們推測應該是阿拉伯字 *jaib*，此字的意義為山凹（cove）或海灣（bay），所以，他們選擇拉丁字 *sinus* 當作該字的譯詞。這個字原始的意思是「bosom」（胸部），從胸部穿束腰內衣摺疊所產生的凹處，到任何有形的凹處，包括「cove」或「bay」都可以叫 bosom。（sinuous 此字源自相同的拉丁字根：如果有很多海灣和凹洞就稱之為 sinuous），在這樣的錯誤下，就出現了 sine 這個字。

一直以來，我們所稱的三角學（trigonometry）僅是天文學的一部分，在十六世紀，三角學本身才開始變成令人感興趣的實質物件（object）。最重要的三角學成果是穆勒（Johannes Müller, 1436-1476）的著作，因為他出生在柯尼斯堡（Königsberg），雷喬蒙塔努斯（Regiomontanus）便成為他的另一個眾所皆知的名字。（柯尼斯堡意指國王的山，而雷喬蒙塔努斯拉丁文的意思亦為「從國王的山而來」。）

雷喬蒙塔努斯的《論各種三角形》（*On All Sorts of Triangles*）約

在 1463 年所寫，[3]但在數十年後才出版，雖然他知道阿拉伯人已在正切函數上的有些成果，但在書中他僅用到正弦，其內容涵蓋平面三角與球面三角的基本理論與幾何應用，雷喬蒙塔努斯的正弦概念跟印度人一樣，只是將之視為一特定線段長，仍然不是一個比值。書中的正弦值的弦表即是採用半徑 60,000 的圓計算得到的。當時半徑被當作一條完全的正弦（total sine），任何計算都必須考慮到它。

關於餘弦（cosine），從圖三來看，每當需要用到 α 角的餘角的正弦時，即所謂 $\sin(90°-\alpha)$，似乎不必再給這個線段特別的名稱！剛好可以用「餘角的正弦」（the sine of the complement）來稱呼。到了下一世紀，*sinus complementi* 變成了 *co. sinus*，後來便寫成 *cosinus*。

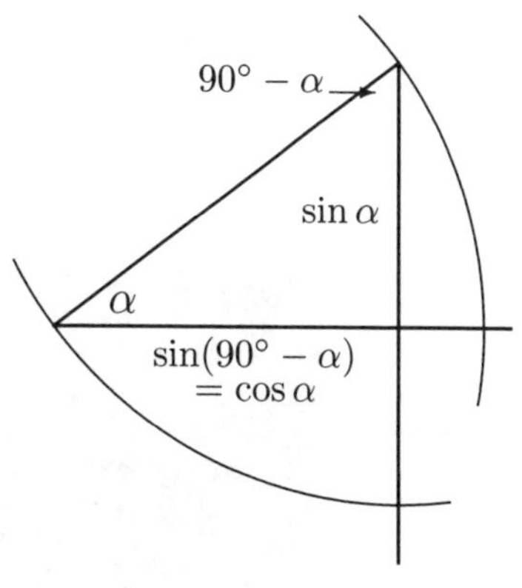

圖三　餘角的正弦

雷喬蒙塔努斯的書影響很大，約再經數十年，關於談論三角的著作才跟著出現，有一些只是重述雷喬蒙塔努斯的內容，但也有一些書會介紹新的概念。例如，瑞提克斯（George Joachim Rheticus, 1514-1574），他用直角三角形的觀點來取代圓，解釋如何定義正弦以及其他函數；芬可（Thomas Fincke, 1561-1656）發明正切（tangent）與正割（secant）這兩個字；皮蒂斯克斯（Bartholomeo Pitiscus, 1561-1613）於 1595 年出版的書，便以 *trigonometry* 這個字當作書名。

皮蒂斯克斯的書名叫《三角學》（*Trigonometry, or the Measurement of Triangles*），就是告訴讀者，該書是在講天文、地理以及測量上的應用（參考圖四），頗有創新的意味。書中除了天文上的基本應用外，還描述了如何用三角學解決地球上球面三角形的實用

---

[3] 原書名拉丁文為：*De Triangulis Omnimodis*。

問題。他的成就讓原本隸屬於天文學的三角學，逐漸變成數學上的專門的一支，應用在很多不同的領域。

三角學在十七世紀十分盛行，此時也正是代數興起的階段（請看素描 8），三角學提供了可以利用代數技巧解決幾何問題的想法，當然，有時也會用三角學來解決代數問題，例如，韋達（Viète）便是利用三角函數解出某些特定的三次方程式，只是此舉恰與西元前阿拉伯數學家所做的方式相反。

當時所謂的三角學看起來跟我們現在學習的三角差異很大，以正弦來說，它仍被用來表示一個特別半徑的圓裡所畫的一條特別的線段

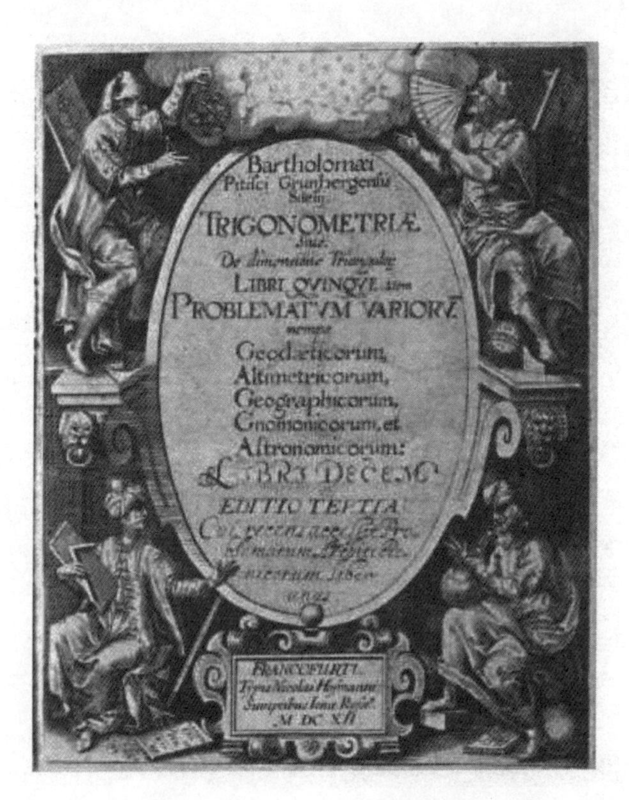
Bartholomæi
TRIGONOMETRIÆ
LIBRI QVINQVE
PROBLEMATVM VARIORV
Geodæticorum,
Altimetricorum,
Geographicorum,
Gnomonicorum, et
Astronomicorum:
EDITIO TERTIA
FRANCOFURTI
M DC XII

圖四 Pitiscus 第三版的三角學

長，並非指比值，而且也沒有像我們現在一樣視之為函數。直到微積分發明後，大家對正弦的概念才開始改變，到了十八世紀，才由歐拉（Leonhard Euler, 1707-1783）為它正名定位，並說服眾人，使他們同意：在單位圓上正弦應該被視為隨弧長改變的函數（也可以說，正弦是一個隨角大小變化的函數，該角是以弧長除以半徑來度量，單位叫弧度，radian）。歐拉的理論及其成就影響深遠，直到今天我們依然還在探討三角函數。

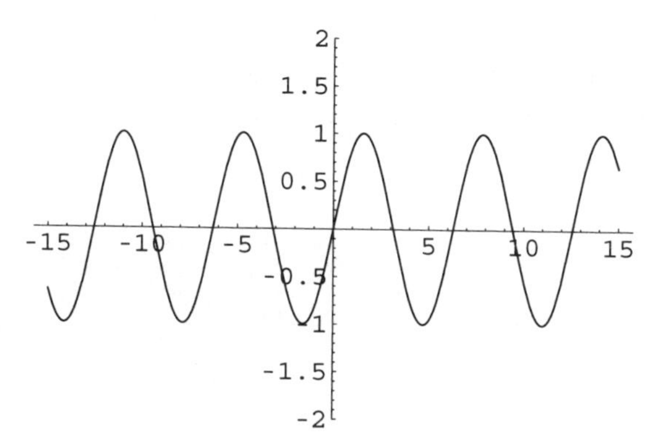

圖五　$y = \sin x$ 的圖形

至於正弦函數的圖形，就如圖五所畫的曲線，又是怎麼回事呢？在十七世紀，羅貝瓦爾（Gilles de Roberval, 1602-1675）在計算擺線（cycloid）內部面積時，就曾畫出正弦曲線（sine curve）的樣子，不過，並不清楚他是否真的瞭解他所畫的曲線意義為何！正弦函數的圖像，也是在歐拉以後才得以窺其全貌。

延伸閱讀：我們首先談及有關 sine 這個字的源起，是參考瑞奇（V. Frederick Rickey）的 *Historical Notes for the Calculus Classroom*（仍未出版），其更多詳細內容以及三角學的演變，可參閱 [80] 與 [66]。莫爾（Maor）的 [93] 相當受歡迎且具可讀性。文中圖四的封面，由瑪格莉特・莉比（Margaret Libby）所翻拍，該書存放於科比學院特藏。

19 奇妙新世界
非歐幾何

由於歐幾里得對平面幾何的系統化處理（詳見素描 14）做得太好了，以致於人類要經過兩千年以上的時間，才揭開一層蓋在歐氏幾何中心地帶的神秘面紗。本節素描會簡要地敘述被這個神秘面紗所覆蓋的內容，以及人類如何尋求解答，揭開面紗。故事是從歐幾里得的第五設準開始的：

> 一條直線與另外兩條直線相交，若某一側的兩個內角和小於兩直角，則這兩條直線不斷延長後在這一側相交。（參見圖一）

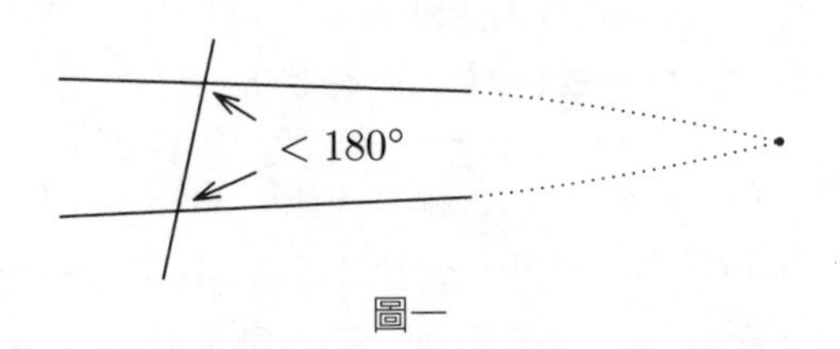

圖一

這條設準與平行線有關。它沒有明確地說平行線是存在的；它只是指出一對「不」平行的直線所擁有的性質。然而，在許多平行線性質的證明中，這條設準扮演了關鍵性的角色，所以，它常被稱為平行設準（Parallel Postulate）。

在《幾何原本》開始的許多條定義中，有一條說平行線是在同一平面上，經過不斷延長後，在任一方向不相交的（直）線。但歐幾里得過了很久才去處理平行線的存在性。事實上，歐幾里得甚至在證明前 28 個命題時都沒有用到第五設準。他是想要找出方法證明這條設準，使之成為定理？或者他只是覺得這樣編排命題是最恰當的？沒有人知道。雖然如此，一旦歐幾里得開始運用這條設準，他就完全展現了第五設準的威力。《幾何原本》卷 I 的其餘 20 個命題建立了關於平行線、平行四邊形以及正方形的基本性質，還包含一個眾所周知的事實：兩平行線之間的距離處處相等。他也使用第五設準來證明一些表面上與平行線無關的幾何概念，包括畢氏定理，以及三角形內角和為 180°（兩直角）。

從某方面來說，平行設準比較像是定理而非設準。它不像其他四條設準那麼簡潔、那麼不證自明，但是無疑地，在希臘人的幾何系統中它必須是正確的。歐幾里得是證明定理與組織概念的大師。那為什麼他無法證明這個敘述？兩千多年來，大部分的數學家認為，這是因為歐幾里得還不夠厲害。他們深信平行設準其實應該是個定理，而且很多人也真的提出了證明。例如，寫下希臘幾何史的五世紀希臘哲學家普洛克羅斯（Proclus），曾引述托勒密（Ptolemy）在二世紀時嘗試給出證明。在指出托勒密論證的瑕疵之後，普洛克羅斯給出了他自己的證明，但後來也被發現是錯誤的。在八世紀與九世紀的阿拉伯學者，將歐幾里得與其他古典時期的希臘文本譯成阿拉伯文之後，那些學者與其後進都曾嘗試證明平行設準。許多世紀以來，追尋第五設準證明的工作在中東與西方沒有停止過。但是，每一個被提出的證明都是有瑕疵的。關於這個看似定理的可怕設準，人們一直要到十九世紀才對它有正確的理解。

在許多證明平行設準的嘗試之後，一些數學家提議將第五設準換成其他在邏輯上等價，但較清楚或較易使用的敘述。其中最有名的是被稱為普羅菲爾設準（*Playfair's Postulate*）的敘述。這個敘述的名稱來自將其介紹給世人的蘇格蘭科學家普羅菲爾（John Playfair）。（事實上，普洛克羅斯在第五世紀就已提出並研究過這個敘述。）

平行設準的普羅菲爾形式：

過直線外一點，恰有一直線與給定的直線平行。

普羅菲爾設準十分有名，使得目前許多幾何書籍將之視為平行設準，代替歐幾里得原來的敘述。在本素描剩下的部分，我們也會從善如流。

十八世紀初，一位義大利的教師與學者薩開里（Girolamo Saccheri）對平行設準嘗試了一個很高明的處理方式。他用以下的理路思考：

- 我們知道歐幾里得的公設並無互相矛盾，因為我們有這個系統的真實世界模型。
- 我們相信平行設準可以從其他的公設證明，但到目前為止沒有人能證明它。
- 假設它可被證明。那麼，如果我們將平行設準用它的否定取代，我們就是把矛盾置入系統之中。
- 因此，如果我用平行設準的否定作為公設，然後在新系統中導出矛盾，我就證明了平行設準是可以從其他公設所導出的，即使我並未真正給出一個直接的證明。

普羅菲爾設準的否定有兩部分。過直線外一點，下面兩種情況可能成立：

1. 不存在一直線與給定直線平行；
2. 存在多於一條的直線與給定直線平行。

所以，薩開里必須證明上面兩種情形都會導致矛盾。第一種情形很好解決。在不使用平行設準的情況之下，歐幾里得已經證明平行線必定存在。（這個證明需要用到一個歐幾里得未曾明言的假設，那就是第二設準—「一條有限直線可以繼續延長」—暗示了直線的長度並非有限，這件事會在後文討論。）第二種情形比較不好處理。薩開里證明了不少有趣的結果，但似乎都不能找到矛盾。最後，他扭曲了某個很弱的結果，使之看來像是個很模糊的矛盾，不過，這個動作似乎沒有說服任何人。他的成果在 1733 年出版，書名為 *Euclides Vindicatus*

（直譯為「被證明清白的歐幾里得」），[1]可惜，這本書在出版後迅速被遺忘了將近一百年。

在十九世紀，有四個人接受了薩開里的方法，其中三人以下面的問題開始進行研究：

是否有一種幾何系統，在其中，過直線外一點，存在超過一條直線與給定直線平行？

大數學家高斯在約 1810 年時探究過這種可能性。然而，他並未發表任何結果，所以，幾乎無人知道他當時的進展。關於這種不同的幾何的研究成果，在 1829 年第一次被發表。這是由一位花去畢生心血研究這種幾何的俄羅斯數學家，羅巴秋夫斯基（Nicolai Lobachevsky）所寫。在大約同一段時間，一位匈牙利陸軍的年輕軍官波耶（János Bólyai）也在探索同一種想法，後來在 1832 年出版。他們三位都得到驚人的結論：如果平行設準被它的第二種否定所取代，所得出的系統不會有矛盾。這點一舉解決了兩千年來關於歐幾里得第五設準的問題：

平行設準不能從歐氏幾何的其他四個設準證明出來！

更重要的是，它帶來了一種全新的平面幾何—整套關於曲面上形狀的新理論。當然，這個系統的曲面不是歐幾里得想像中（或我們想像中）的「平面」；但使這種設準系統有意義的曲面的確存在。

在十九世紀時第四位跟隨薩開里腳步的人是黎曼。看到平行設準否定的第一部分，他心想：

是否有一種平面幾何的系統，在其中，過直線外一點，不存在任何直線與給定直線平行？

薩開里為這種情形找到了矛盾，但這樣的推論來自一個假設（如同歐

[1] 本書英文版書名為 *Euclid Freed from Every Flaw*。

幾里得自己的假設），就是直線式的長度是無限的。黎曼觀察到，所謂「繼續延長」不一定保證「長度無限」。例如，我們可以隨己意任意繼續延長圓上的弧；它不會有終點，但其長度是有限的。（當然，繞圓一圈之後，我們所延長的弧只是沿著原有的弧行進而已。）這顯然違反歐幾里得自己使用設準二的方法，所以，如此的解讀產生了設準二的另一種版本。黎曼假設設準二這種較弱的版本，他後來成功地建構了一種數學模型，能滿足歐幾里得的前四條設準以及平行設準的第一種否定。黎曼在 1854 年發表他的新幾何系統。

要想像黎曼幾何的模型，你可以將球面當作「平面」，球面上的位置當作「點」。這種幾何的「線」是大圓，也就是能將球面分成兩相等半球的圓，比如地球的赤道或經線。這種圓被稱為「大圓」，因為它們是球面上能被畫出的最大圓，所以，它們是擁有最小曲率的路徑。這表示球面上兩點間最短的路徑，是過這兩點的大圓線上的一段弧，所以，將大圓類比為歐氏平面的直線是很自然的。現在，任意兩條大圓線必定相交（想像一下，你能否將地球剛好切成兩半，而切口不通過赤道？），於是，在這種幾何中沒有平行線。[2]

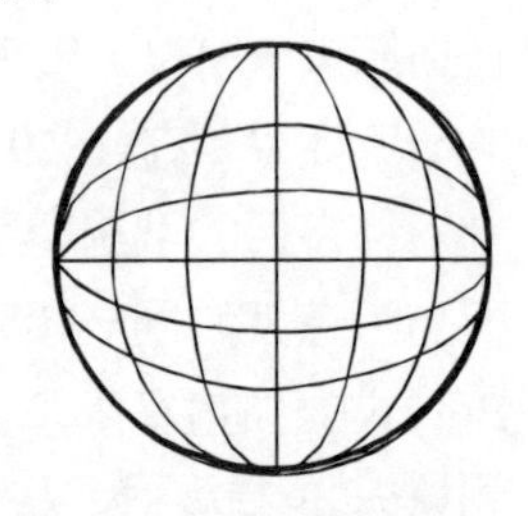

總之，到十九世紀中葉為止，數學上有三種不同「品牌」的幾何，因它們對待平行線的方式而有所不同。羅巴秋夫斯基與黎曼的新系統被稱為非歐幾何，以強調它們在邏輯上與歐氏幾何的相對立場。三種幾何都自成相容的系統，[3]但它們對平行的不同假設會導出截然不同的性質。例如，只有在歐氏幾何中才存在兩個相似、但不全等的三角形。在非歐幾何中，若兩三角形對應角相等則必定全等。另一個奇特的不同之處，在於三角形內角和會因所在的幾何系統而有不同：

---

[2] 本段的簡要敘述忽略了一個技術上的困難：球面上兩對心點必須視為相同點，否則兩點不會決定唯一的直線（大圓）。適當的等價關係可以解決這個困難；讀者可以先不管這裡的細節。

[3] 譯按：所謂相容（consistent），意即不會有自我矛盾的情形。

在歐氏幾何中，三角形內角和恰為 180°；
在羅巴秋夫斯基幾何中，三角形內角和小於 180°；
在黎曼幾何中，三角形內角和大於 180°。

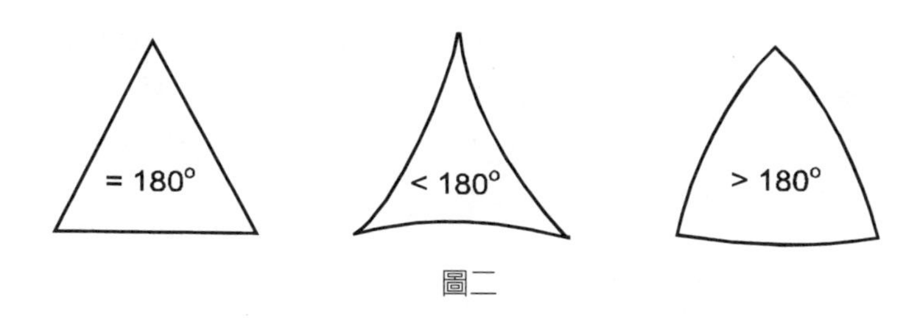

圖二

看到圖二，你或許會想，第二個與第三個圖形不是三角形，因為它們的邊看起來不是直線。但它們的確是。它們是在那種幾何的曲面上頂點間最短的路徑。它們看起來是彎的，因為我們把它們「攤平」在這一頁紙上（而這是歐氏的平面）顯示出來，使得這些非歐幾何三角形中點與點之間的相對關係被扭曲了。要對這件事有更好的理解，你可以把第三個三角形，也就是黎曼幾何的三角形，想像成是畫在球面上（或是氣球上）。在那種曲面上，你就很容易看出三角形的邊是頂點間的最短路徑了。

還有一個值得注意的不同，因為它表面上與平行線，甚至直線都無關。也就是，圓周 C 與半徑 d 的比值，會因幾何的種類而有不同：

在歐氏幾何中，它們的比值恰為 π；
在羅巴秋夫斯基幾何中，比值大於 π；
在黎曼幾何中，比值小於 π。

面對三種互相衝突的幾何系統，我們很自然會把較老、較熟悉的幾何看成「真的」幾何，而另外兩種只是人造的怪物。然而，就因為歐幾里得的系統比較早出現，它就是對的嗎？（試想最早的醫學理論）事實上，這個問題是無法回答的。真正該問的不是「何者為真」，而是「何者可用」。幾何是人類設計出來，幫助我們處理真實世界問題的工具。就像其他的工具一樣，有些適合某種工作，其他的適合別的工作。如果你是營造商、測量師，或是樂於 DIY 的木匠，那麼，歐氏幾何比其他好用得多；歐氏幾何在這些事情上的確很有用。如果你是研究遙遠星系的天文學家，你可能較偏好黎曼幾何；它比歐氏幾何更適合這種研究。如果你是理論物理學家，羅巴秋夫斯基幾何可能比起另外兩種幾何更好用。無論如何，幾何是讓工作者選擇的工具，而不是工作場域中固定的特徵。

延伸閱讀：有很多書都討論到非歐幾何的歷史。奧瑟曼（Robert Osserman）的《宇宙的詩篇》（*Poetry of the Universe*）[106] 是一本很受歡迎的書，其中提到幾何概念如何影響我們認識宇宙的方式；三到五章論及非歐幾何。[51] 裡面的 26 與 27 講也很有用。還有幾本專書，包括 [18]、[29]、[68]、[117] 與 [137]。這些書中對於歷史討論與真正幾何發展之間的平衡各有不同。討論最多幾何的大概是 [29]，而有最完整歷史描述的是 [117]。

慧眼旁觀
射影幾何學

在文藝復興時期，解放的風潮散佈全歐洲，在此一潮流的激勵下，科學家與哲學家有了更新的活力去探究周遭的世界，藝術家也尋找將真實景象（reality）反映在紙上與畫布上的方法。他們主要的問題是透視法—如何在一個平直的表面上畫出深度。這些十五世紀的藝術家發現這些問題是幾何學的，所以，他們開始研究眼睛所看到之空間圖形的數學性質。布魯涅內斯基（Filippo Brunelleschi, 1377-1446）首先在這方面做出了可觀的成果，隨後，其他的義大利畫家也跟進研究。

義大利藝術家在數學透視的研究上，最有影響力的非阿爾貝蒂（Leone Battista Alberti, 1404-1472）莫屬，他以這個為主題寫了兩本書，他提出了單眼凝視的繪畫原則，那就是說，他認為圖像的表面像是一扇窗或一幅屏幕，藝術家可以透過它來觀看所將描繪的景物，當外景視線會聚於目視點時，屏幕上即可截取形成那些圖像的橫切圖。（參見圖一。）

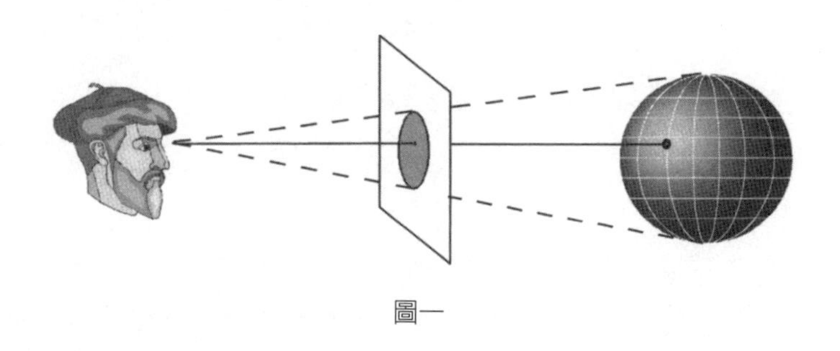

圖一

阿爾貝蒂針對此一繪畫原則的應用，開發了一系列的數學法則，他並且提出了一個根本的問題：如果從兩個不同的地點觀察相同的一件物體，那麼，將會有兩個不同的「屏幕映像」。這些映像之間究竟如何關聯？我們又可否以數學的方式來描述它們的關係？這些屏幕映像被稱為相關物體的射影，而射影間相互關係的一些研究，在在引發了一個被稱為射影幾何學的數學新領域之問題。在十五世紀到十六世紀初葉，有許多傑出的人物，他們研究、使用，並拓展了這種透視觀點的數學理論，其中包括義大利藝術家法蘭西斯柯（Piero della Francesca, c.1410-1492）與李奧納多．達文西（Leonardo da Vinci, 1452-1519）；以及德國的藝術家杜勒（Albrecht Dürer, 1471-1528），他以這個為主題寫了一本廣被引用的書籍。

現在，從比方說「另一方向」來思考射影吧。意即，把眼睛想像成是一個光源，它把平面上一個圖形的影像投射到另外一個平面上，就好像是幻燈機之把幻燈片上的影像展示在屏幕上。假如傾斜屏幕，你可以透過很多種不同的方式來扭曲那映像。（參見圖二。）舉例來說，你可以改變距離及角度，但是有些圖形上的基本性質是你無法改變的，譬如說，直線的射影永遠是直線。

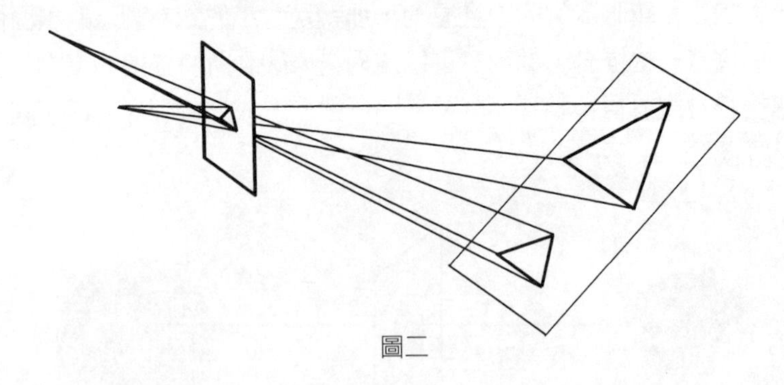

圖二

這裡有一個非常令人印象深刻的範例：一個圓的映像可能不是一個圓，但是，它將永遠是一條圓錐的截痕，[1]事實上，任意圓錐截痕

[1] 圓錐的截痕可能是圓、橢圓、拋物線和雙曲線。

的映像，將會永遠是圓錐截痕！圓錐截痕這一項特別顯著的性質，是法國工程師與建築師笛沙格（Gérard Desargues, 1593-1662）開啟射影學研究的基本原理。笛沙格的工作在他的時代被一般人所忽略了，但是，到了十九世紀中葉，又被再次被發現與受到最後的重視，在當時，彭賽列（Jean Victor Poncelet, 1788-1867）發表了一本非常有影響力的書籍來討論射影幾何。那本書是在拿破崙敗北莫斯科，而彭賽列自身成為俄國戰俘之後，在獄中（不靠任何參考書）計畫完成的。

建立在笛沙格和彭賽列的工作上，十九世紀法國和德國的數學家將射影幾何轉變成為一個主要的數學研究領域，他們有關透視與射影的數學延拓概念，帶來了許多令人驚喜的洞見，其中最震撼和最有力的一項，就是對偶原理。

要解釋這個概念，讓我們暫時回到藝術家有關射影的觀點。透視畫法中一個非常有名的例子，就是鐵路軌跡往地平線遠處延伸的影像，那平行的軌跡似乎將相會於一點或相會在地平線外。事實上，在畫家的畫布那一平面上，這些線條確實相交。也就是說，為了使目視者看來，這些線條呈現出相同的距離而且互相逐漸消失遠去，它們必須相交「在無窮遠處」。所有線條必須相會於無限遠處的同一點，才能呈現出與某一特定線條平行，射影幾何嚴肅地對待那些無窮遠點。二維的射影幾何平面，是正規的歐幾里得平面再外加一條線——一條理想直線，它包含歐幾里得平面上每個平行線「家族」中恰好一點。[2] 這樣一來，每一對直線在射影平面上確實都相交於一點。

這讓我們回到對偶性。在歐幾里得幾何中，「兩點恰好決定一直線」是眾所周知的事實，在射影幾何裡此一事實也成立，而且類似的是「兩條直線恰好決定一個點」亦為真。事實上，在射影幾何中任何有關點與線的敘述如果為真，那麼，將「點」與「線」二字交替互換後，該敘述依然是真（假定你適當地調整專門術語），這就是對偶原

[2] 每一個平行線家族可以關聯到單一的實數，恰恰好比每一家族中的所有直線都關聯到它們共同的斜率。

理，而且兩個敘述中的一個都稱為另外一個的對偶。它在十九世紀中葉被首先被提出，而在二十世紀早期被確立，至於其進路，則是藉由一個射影幾何的公理系統之建構，在那個公理系統裡，每一公理的對偶也是一個公理。

舉例來說吧，以下是平面射影幾何的一個公理系統，其中每一個公理都是它自己的對偶：[3]

1. 通過每一對相異點恰有一直線，而且每一對相異直線都恰好相交於一點。
2. 存在兩點和兩直線，使得每一個點只在其中一直線上，而且每一直線只通過其中一個點。
3. 存在兩直線和不在給定直線上的兩點，使得這兩直線的交點落在通過這兩點的直線上。

公理 3 是它自己對偶的事實，剛開始時也許不是很明顯。無論如何，兩直線交點與一直線經過兩點互為對偶，要記在心裡。現在如果你將公理 3 裡的「點」與「直線」交替互換，並且調整語法，你可以看到所產生的敘述，說的是同樣一件事：「存在兩點和不通過給定兩點的直線，使得通過這兩點的直線，通過給定兩直線的交點。」

到目前為止，我們所呈現的對偶敘述，都無法好好展現對偶性的效力，因為它們都太簡單了。我們將以一個非常有趣的實例，巴斯卡（1623-1662）所謂「神秘六角星形」定理，來結束此一簡短的素描，它源自笛沙格有關圓錐截痕的研究：

> 一個六邊形可以內接於一圓錐曲線，若且唯若它三組對邊延長線的三個交點都落在同一條共直線上。（圖三是橢圓上巴斯卡定理的圖解。）

[3] 參見[53]，頁 116。

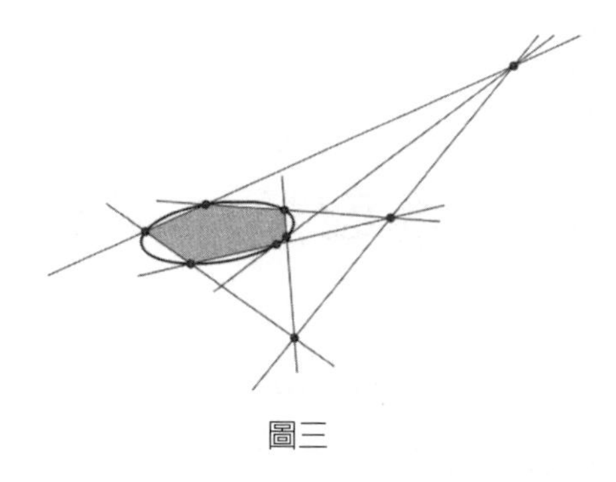

圖三

應用「點—線對偶性」，多邊形的邊可成為頂點，反過來說也一樣，而且「內接」（頂點在圓錐曲線上）成為「外切」（邊是圓錐曲線的切線），如此，巴斯卡定理的對偶是：

> 一個六邊形可以外切於一圓錐曲線，若且唯若它三組相對頂點所決定的三條直線相交於相同的一點。（圖四是橢圓上巴斯卡定理對偶的圖解。）

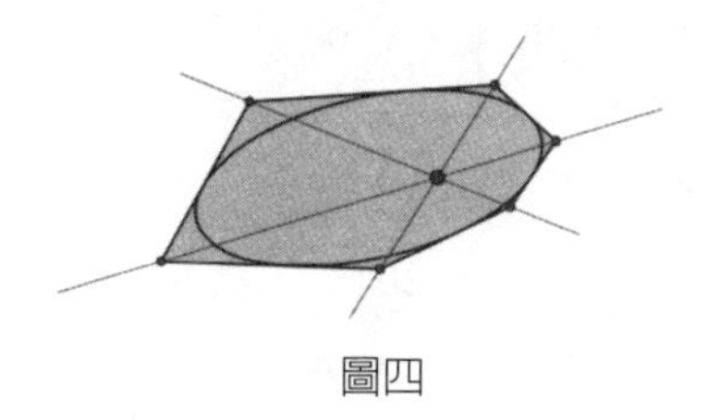

圖四

這個定理的證明，首先發表於 1806 年，差不多是巴斯卡證明他定理的兩百年後，不過，卻是在對偶原理被瞭解之前。藉由對偶性質，現在我們知道：巴斯卡的原始證明也自動地確保了對偶定理為真！

延伸閱讀：除了標準參考外，閱讀 [56] 和 [53] 可對此一主題更多瞭解。

遊戲乾坤
機率論的開端

在 1654 年，一位涉獵博弈的富裕法國貴族迪默勒（Chevalier de Méré）向數學家巴斯卡提出一個賭博問題。那就是在一場未完成的賭局中，如何分配賭金呢？這些「賭金」是每個賭徒在一開始所下注的。根據慣例，只要一下注，直到遊戲結束前，這些賭金是不屬於任何人的，結束時，只有贏家能擁有全部賭金。迪默勒的問題是：在已知玩家們的部分得分之下，如何去分配這中斷賭局的賭金，即現今所謂的「點數問題」。為了「公平」起見，這個答案必須設法反應出，若賭局繼續，每位玩家得勝的可能性。下面是迪默勒點數問題的一個簡單版本：[1]

> 賽維爾（Xavier）和伊凡（Yvon）各出 10 元玩擲銅板遊戲。每人輪流擲銅板，如果擲出的銅板落地正面朝上者，擲銅板者得 1 點；若不是擲出正面，則另一人得 1 點。第一個得到 3 點的人可贏得 20 元。現在假設這個遊戲在賽維爾已得 2 點，而伊凡得 1 點且賽維爾正要投擲時，不得不取消。那分配這 20 元的公平方法是什麼呢？

巴斯卡考慮過的實際點數問題，問的是在這一類中斷的遊戲中，所有可能的得分。巴斯卡將這問題告知了另一位著名的法國數學家費馬。從他們的通信當中，一個新的數學領域誕生了。這兩位數學家對於這問題使用了不盡相同的方法，但卻得到相同的答案。下面是針對

---

[1] 改寫自 [2]，頁 14。

我們的簡例之巴斯卡解法：[2]

> 在擲銅板的遊戲裡，一個公正的銅板擲出正面或反面是機會均等的。因此，如果每一位玩家都擁有 2 點，那麼，在下一次的投擲，每一個人贏得遊戲勝利的機會是相等的。所以，每一位玩家分得賭局一半的總賭金 10 元，應該是公平的。在這個例子中，賽維爾已得 2 點，而伊凡得 1 點。如果賽維爾擲了銅板並且贏了，則他得到了 3 點，因此可得 20 元。如果賽維爾輸了，則每名玩家各有 2 點，因此每一個人有資格得到 10 元。故賽維爾在這個遊戲中，至少保證可以得 10 元。又賽維爾在這次的投擲中，輸或贏的機會是相等的，所以，其他 10 元應該由玩家們平分。結果，賽維爾應該得 15 元而伊凡得 5 元。

巴斯卡接著處理中斷賭局的其它情況，他把每一個情況化約到之前已解決的情況並依此分錢。後來，巴斯卡和費馬將這問題和它的解法一般化，並延伸探討到其他機遇遊戲（game of chance）中。不久，他們的研究激起了歐洲科學社群的興趣，而其他學者也相繼開始挑戰賭博遊戲的分析工作。

機率的中心概念，是將某未知事件會發生或已經發生的可能性加以量化。就如巴斯卡的解法所提示，要理解這個過程的關鍵，在於出現結果機會均等的概念。如果一個狀況可以被發生機會均等的結果所描述，那麼，結果的其中一種可能發生的機率，就是所有結果總數分之一。卡丹諾（Girolamo Cardano）早在迪默勒玩擲骰子前一百年，就已經發現和探討過這個原理了，但是，他相關的書《論機遇遊戲》（*Liber de Ludo Aleae*）直到巴斯卡與費馬解決了迪默勒問題九年後才出版。在那本書中，卡丹諾提出了一個近似現今我們所稱的大數法則。在出現機會均等的觀點下，此法則其實用以確認我們的常識：

---

[2] 參考 [2]，頁 243。

> 如果一遊戲（或者其他實驗）有 n 種發生機會相等的結果，且它被重複進行了很多次，則每種結果實際上發生的真實次數將會趨近於 $1/n$。玩得次數越多，結果將會越貼近這個比率。

如果丟一個公正的骰子，六面中的任何一面出現的機會均等。如此，我們在 6 次的丟擲中有 1 次的機會丟出 5；它的機率是 1/6。這並不保證我們丟了 6 次，其中 5 正好出現一次，但是，大數法則告訴我們，我們丟了 100 或者 1000 或者 1,000,000 次，5 出現的次數會有越來越接近於投擲總數 1/6 的傾向。

要得到諸如此類情況的結果之機率分配，取決於能準確地計算等機率結果的總數。這有時是需要一點技巧的。例如，投擲一對骰子有 11 種可能的結果（得到 2 或者 3……或者 12 點），但是，它們並非全都是出現機會均等的。如果你計算骰子點數從 1 到 6 的全部可能的「數對」（parings of the number）組合，這些數對中，有 6 個的骰子點數和是 7，但是，只有一個的骰子點數和是 12。因此，擲出 7 的機率是 6/36 或者 1/6，但是，擲出 12 的機率只有 1/36。在某種意義上，每一不同的點數和事件，要以該點數和所有出現機會均等的數對總數，給予不同的加權。

這種結果加權的原則，可以延伸至計算相等機率行不通的情況。例如，在圓盤中心有不同尺寸的紅、黃和藍色部分的轉盤中，指針停在任何特別的顏色上的機會是不均等的。相反的，每一個色帶的大小將可「加權」得出轉盤停在那裡的機會；如圓盤有一半是紅色，一個公正的轉盤停在紅色的機率應為 1/2 等等。卡丹諾、巴斯卡和費馬認為機率的基本原理是，每一種可能發生的結果所分配的機率值必須是小於 1 的數（反映出它發生的相對可能性），而且一種狀況的所有可能發生結果的機率值總和為 1。（如果你認為機率是「可能性的百分比」，那麼，它們的總和會是 100%。）

在 1657 年，荷蘭的科學家海更斯（Christiaan Huygens），寫了一篇〈論機率博奕的計算〉，其中，他把巴斯卡和費馬的想法聯結起來，並且將它延伸到有三個人或更多玩家情況的遊戲中。海更斯的進路是從「出現機會均等」結果的概念出發。他的核心工具不是機率的現代概念，而是期望值或者是「預期結果」的概念。下面是一個簡單的示例。

> 你有投擲一個骰子的機會。如果出現 6 點，你得到 10 元；如果出現 3 點，你得到 5 元；其他的狀況，你什麼也沒得到。那玩這場遊戲該支付的一個合理的價錢是多少？

從現代觀點來看，這一遊戲的數學期望值，是透過每一個可能的報酬與它的機率的乘積加總而得到。在這例子中，骰子六面當中的每一面是出現機會均等的（假設骰子是公正的），因此你有六分之一的機會得到 10 元，六分之一的機會得到 5 元，以及六分之四的機會什麼也沒得到。因此，數學期望值為

$$\frac{1}{6}\cdot \$10+\frac{1}{6}\cdot \$5+\frac{4}{6}\cdot \$0=\$2.50$$

這意味著如果一個賭場讓客人付 2.50 元來玩這個遊戲，那這賭場期望最後是不賺不賠的。如果玩這遊戲要付 3 元，它會期望長期來說能從每位玩家手上賺到 0.5 元。（如果你買一種 1 元的樂透彩，並且利用彩券背面的數據計算你的數學期望值，你將發現它是比 1 少得多。這就是國家要發行樂透彩的原因了。）

海更斯逆轉了這個過程，使用期望值去計算機率，而不是用機率計算期望值。但是，基本想法是相同的：機率相等的結果，意味著相等的期望值。

數學期望值，像大多數的機率論一樣，它的應用遠多於抽獎和賭博。尤其，當保險公司承保保險單時，這是他們評價風險的根本模式。伯努利在他的書《猜度術》（*Ars Conjectandi*）裡收錄了機率的

廣泛的應用，出版於他死後八年的 1713 年。在那本書中，伯努利研究理論機率和它各種實際應用的相關性。尤其是，他體認到當討論人的壽命與健康等主題時，發生機會均等的假定是一個嚴重的限制，所以，他建議改以統計資料為基礎的進路去探討。從此，伯努利也增強了卡丹諾的大數法則概念。他主張，在可重複的實驗中，如果某個「我們希望產生的」結果在理論上發生機率是 p，那麼，任意給定誤差範圍，只要實驗次數足夠多，希望產生的結果總數與實驗總數的比值和 p 的差距就會在給定範圍內。按這個原則來看，觀測的數據能用來估計現實世界情況的事件機率。

如果我們想要推估精準一點，我們必須知道，需要多少的觀測記錄才夠達成目標。伯努利試圖在他的書裡做這些事情，但是，他陷入一個嚴重的問題。他確實設法計算出一個他能證明是足夠的試驗次數，然而，他所得到的數目卻非常大，大到令人絕望。如果要得到一個合理計算的機率值需要一個大到離譜的試驗次數，那就實際上來說，它不可能完成的。或許這就是伯努利的書在他死之前始終未出版的原因了。無論如何，一旦它被出版了，其他的數學家應該會設法對他的方法加以改進，並且證明觀測試驗記錄的數量，並不需要如伯努利所想像的那麼大。

機率的觀點不是容易被接受的。例如，考慮人壽保險。我們覺得，機率的思維顯然將幫助公司去出售人壽保險賺錢。特別地，因為我們相信大數法則，所以，我們知道如果出售很多保單對這公司來說，是再好不過的了。因為它出售的保單越多，死亡率就越有希望如預期的那樣，公司將因此而獲利。不過，在十八世紀，很多公司好像認為，販售每一張新保單會增加公司的風險。因此，他們覺得出售太多保單肯定危險！

在十八世紀期間，數學社群對機率問題的興趣，被不同的人導引至不同的結果。接近該世紀末時，一位擁有非凡天賦且興趣廣泛的法國數學家拉普拉斯，開始對機率問題感到興趣。在 1774 到 1786 年間，亦即他專注研究太陽系運轉的數學之前，他寫了一系列有關機率問題的論文。1809 年時，拉普拉斯重新回到機率的研究，這次他研究科學數據收集過程中可能誤差的統計問題。三年後，他出版《機率的分析理論》（*Thèorie Analytique des Probabilités*），那是一本百科全書式的著作，蒐羅到那時為止，他自己與其他數學家在這方面的所有研究。這本書的確是一本傑作，但是，他高密度與技術性的寫作風格，使得除了最有毅力、數學成熟度的讀者外，一般人都難以親近它的大部分內容。英國的數學家笛摩根對這本書的評論是：[3]

> 《機率的分析理論》這本書是數學分析的白朗峰；然而，白朗峰比起這本書的好處，在於山總是有嚮導在附近準備妥當，而學生則要靠自己去面對這本書。

為了讓自己的觀念更能被廣大的讀者所接受，拉普拉斯在 1814 年的二版書中寫了一篇 153 頁講解性質的序。這篇序也被獨立出版名為《機率的哲學小品》（*Philosophical Essay on Probabilities*）的小卷子，內含了非常少的數學符號或公式。在這本小卷子中，拉普拉斯主張將數學機率應用在更廣泛的人類活動中，包括政治和我們現今所謂的社會科學。

在這方面，他正呼應了伯努利的想法，伯努利在早一個世紀的著作《猜度術》中，建議機率原理應用於政府、法律、經濟和道德之方式。隨著統計的研究在過去兩世紀的發展，機率論這門學問已經提供了許多工具，讓伯努利和拉普拉斯的理想成真。今天，機率的想法不僅應用在他們建議的領域之中，而且也擴及教育、商業、醫學以及很多其他學門。（關於統計史的資訊，見素描 22。）

延伸閱讀：[14] 提供了對於機率和其歷史的有趣討論。[34]、 [70] 和 [132] 裡有許多頗佳的機率史的學術論著。其中 [132] 比較數學味一點，[34] 和 [70] 則分別提供不同觀點的廣泛視野。

---

[3] 這是 1837 年的評論，轉引自 [21]，頁 455。

理解數據
統計成為一門科學

「統計」是一個擁有許多不同的意義的名詞，而且常常在面對可疑的意見時，被用來保證其可信度。我們有時使用它來談論資料，特別是指數值資料—例如「有 52% 的美國人喜愛藍色的 M & M's 巧克力」或是「93% 的統計數值是編造的」。當在這些意義下使用時，統計（statistics）是個複數名詞：數據的每一小部分都是一個統計量（statistic）。[1]當統計（statistics）作為單數名詞使用時，它所指的是產生及分析這些數據的科學。這門科學有著深遠的歷史根源，但卻是在二十世紀初期發展興盛起來。

數值資料的蒐集—羊群的大小，穀物的供應量，軍隊的人數等等—有著相當古老的傳統。這些種類的資料所繪成的表格，可以在古代文明中最早遺留下的史料裡尋得。它們被政治或軍事的領導人用來預測或防範可能發生的飢荒、戰爭、政治上的結盟，或是國家其它的事務上。事實上，統計這個字的來源就是 *state*（國家）：這個名詞在十八世紀時被造出，原指國家事務的科學性探究，但很快地重點被轉移至政府有興趣的政治或人口統計資料。

這種資料的收集，是有政府時就存在了（事實上，有些學者認為對這些資料的需求，就是數目本身被發明的原因之一）。不過，一直到過去幾個世紀，人們才開始去思考如何去分析及瞭解這些數據的意義。我們的故事開始於 1662 年的倫敦，當時有位名叫格朗特（John Graunt）的商店老闆，出版了一本小卷子：《關於死亡清單的自然與

---

[1] 統計有一個比這個較精確的專門性的意義，但在這裡我們專指大眾化的用法。

政治觀察》（*Natural and Political Observations Made upon the Bills of Mortality*）。這些死亡清單是倫敦每週及每年葬禮的紀錄，而且早在十六世紀中葉開始，就由政府來收集歸檔。格朗特將 1604-1661 年間的紀錄整理成數值的表格，然後陳述了他所觀察到的模式：男嬰出生人數比女嬰多，女性活得比男性長，每年的死亡率（除非是有傳染病流行）大致上是一個常數等等。對一組同時出生的 100 位倫敦人所組成的「典型」團體，他也估計了每十年的死亡人數。他這些被稱為倫敦壽命表（London Life Table）的表格化結論，代表了對平均壽命數值化估計的開始。[2]

格朗特和他的朋友伯提（William Petty, 1623-1687）一起建立了「政治算術」（Political Arithmetic）這門學問，也就是嘗試藉由如死亡清單這類資料的分析，而獲得國家人口資訊。他們的方法是相當基本的，尤其格朗特並沒有方法，說明他數據中所呈現的一些確切的特點，是具有一般性的或只是偶然的事件。藉由格朗特分析死亡清單所提出的議題，很快就有其他人用較好的數學方法來處理。例如英國天文學家哈雷（哈雷彗星就是以他的名字命名）就編輯了一套 1693 年死亡率表格，作為他研究保險年金的基礎。他因此成為精算科學（actuarial science），亦即對平均壽命或其他人口統計趨勢的數學性研究的創立者。這類的研究很快就成為保險業的科學基礎，依賴的是對各種不同保單所冒風險的精算（在現代已經有更專業的分析工具，使之愈來愈可靠）。

在十八世紀初期，統計和機率共同發展成對不確定性之數學討論的兩個緊密相關領域。事實上，它們是對相同的基本情況進行相反兩方的考察。機率探討吾人已知群體的未知樣本可以說些什麼？例如，知道了投擲一對骰子一次可能得到的所有數值組合，那麼，下次投擲得到點數和為 7 的可能性是多少？統計則是從調查一個小型的樣本，探究吾人對未知的群體可以說些什麼？例如，知道在十六世紀一百位

---

[2] 見 [21] 第 9 章，或是 [74] 中對格朗特和死亡清單有更多的陳述。

倫敦居民的壽命，我們是否可以推論出一般倫敦人（或是歐洲人，或是一般的人類）也可以活一樣久？

第一本對機率與統計作廣泛、充分討論的書，是在 1713 年由雅各・伯努利出版的《猜度術》（*Ars Conjectandi*）。這本書分成四個部分，前三個部分討論排列、組合和流行的賭博遊戲之機率理論。在第四個部分，伯努利陳述了這些數學概念在例如政治、經濟或死亡率等領域有更嚴肅及更有價值的應用。這裡提出了一個基本的數學問題：我們必須收集多少數據，才能合理地相信從數據所做出結論是正確的？（例如，為了要正確預測選舉的結果，我們需對多少人作民意調查）？伯努利證明了，樣本愈大，結論正確的可能性愈高。精確地說，伯努利證明了現在稱為「大數法則」（Law of Large Numbers）的著名定理（他稱之為「黃金定理」，Golden Theorem）。

數據的可靠性對十八世紀歐洲的科學或商業都是重要的議題。天文學被認為是決定經度的鑰匙，而經度測量的可靠性，則是遠洋航海安全的關鍵。[3]天文學家為了決定行星軌道，也作了大量的觀測，但是，這些測量容易產生誤差，因此，如何從「混亂」的數據中抽取出正確的結論，就變成是一件相當重要的事。相同的問題也發生在地球形狀的爭論中—到底它是在南北極較扁（如牛頓所宣稱的）還是在赤道較扁（如巴黎天文臺的主管所宣稱的）？[4]這個問題的決議仰賴著「田野」的精確測量，但不同的考察隊通常會得到不同的答案。同時，保險公司開始收集各種種類的數據，但是，那些數據都包含著偶然性所導致的變異，所以，吾人也必須以某種方式去區別，什麼是真的會持續發生，什麼只是因為誤差或機遇變異所導致的波動？

在 1733 年，一位住在倫敦的法國人棣美弗描述了我們現在所說

---

[3] 見 Dava Sobel 所寫的好書 [131] 中對這個主題的論述。

[4] 譯按：這是法國科學史上非常有名的科學爭議（scientific controversy），因為根據牛頓力學，地球應該像洋蔥（亦即赤道較寬），而根據笛卡兒的漩渦理論（theory of vortex），地球則應該像檸檬（亦即南北極較長）。最後，通過法蘭西科學院的兩支科學考察隊精確測量地球子午線而獲得解決。

的常態曲線（或正規曲線），作為二項分佈的近似。他使用這個想法（後來被高斯及拉普拉斯重新發現）去改進伯努利為得到精確結論所需觀測次數之估計。不過，棣美弗和他同時代的人並不總是能給出合適的答案，

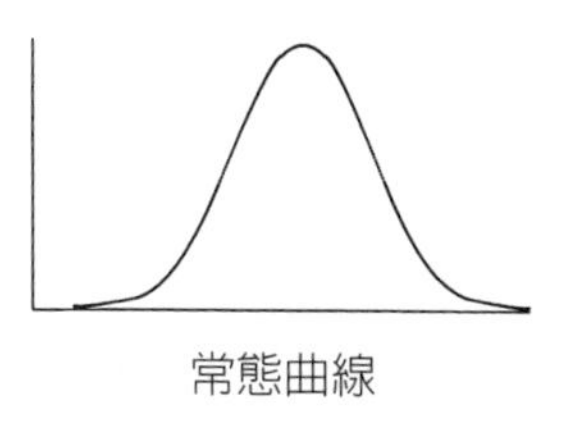
常態曲線

來回答對於真實世界的情況所提出的基本問題：關於我們觀測所得的數據中某些特徵，到底有多少程度反應出所研究的群體或現象的狀況？處理這個問題與其他應用的更強有力工具，仍然需超過一個世紀後才出現。

首先需要的是更多的數學。特別地，機率理論需要發展到能夠有效的運用到實際的問題上。整個十八世紀，很多人對機率理論做過探討，而這整個過程，隨著 1812 年拉普拉斯《機率的分析理論》的出版而達到高峰，那是一本收集及延伸當時所有已知機率理論的大部頭著作。它相當數學化，於是，拉普拉斯又寫了一本《機率的哲學小品》，嘗試用較不專門的詞彙解釋這些概念，而且討論了它們廣泛的應用性。

十九世紀初，法國擁有不只一位的出色數學家。勒讓德的工作在廣度、深度及洞察力上，均堪與拉普拉斯匹敵。他對分析、數論、幾何及天文學均有重要的貢獻，而且在 1795 年法國為定義公制系統而去測量子午線長度的委員會裡，他也是其中一員。在統計上，勒讓德提出了一個方法，建立了十九世紀統計理論的走向，而且從那時起，這個方法就是統計學家的標準工具。在一本於 1805 年出版，討論如何確定彗星軌道的一本小書的附錄中，勒讓德提出他所謂的「最小平方法」（la méthod de moindres quarrés, the method of least squares），來從觀測所得的數據中提取出可靠的資訊。他說：

> 藉由這種方法，一種誤差間的平衡被建立起來了。因為它避免了極端結果掌控全局，所以適合用來揭示那個最接近

真理之系統狀態。[5]

不久後，高斯和拉普拉斯獨立地使用機率理論來證明勒讓德的方法，也重新對它加以陳述使其更便於使用。隨著十九世紀的進展，這個極有威力的工具逐漸在歐洲的科學家社群中傳播開來，這是因為它在處理大量數據依賴的研究，尤其有關天文學及測地學時，是一個十分有效的方法。

統計方法也隨著比利時人克威特列特（Lambert Quetelet）的開創性工作，而開始滲透到社會科學。1835 年，克威特列特出版了一本書討論他所謂的「社會物理學」（social physics），在該書中，他嘗試運用機率的定律去研究人類的特徵。他新穎的「平均人」（the average man）概念，即在一個給定的情境下，對人類特徵的一個以數據為基礎的統計性構念，成為後來研究中吸引人的焦點。但是，它也被批評為過度推廣數學方法，將其使用到多數人認為不可量化的人類行為（如道德）之上。事實上，在十九世紀時，除了心裡學之外，大部分的社會科學領域都對統計方法的滲入表示出相當抗拒的態度。

大概是因為他們可以控制他們的數據之實驗來源，心理學家欣然接受統計分析。他們首先利用它去研究天文學上的一個謎樣的現象：不同的天文學家對觀測所找到的誤差模式似乎因人而異。瞭解及解釋這些模式的需求，激發了早期實驗性的研究，因此而發展出來的方法，也立刻被應用到其他的問題上。到了十九世紀晚期，統計是一個為心裡學研究者所廣泛接受的工具套件。

在十九世紀時，由於取得了許多的進展，統計開始從機率理論的陰影之中走出來，而成為數學上的獨立學門。它的成年禮，是達爾文最年長的一個表兄弟嘉爾頓（Francis Galton）爵士在 1860 年代為遺傳學所做的研究。嘉爾頓是當時優生學運動的一份子，希望藉由選擇性的生育來改良人類的種族。因此，對於理解某些特徵在母群體

---

[5] 引自 [132], p13

中是如何的分佈及如何（或者是否）遺傳，他有著很濃厚的興趣。為了彌補無法控制影響遺傳無數變因的缺點，嘉爾頓發展了兩個創新的概念：迴歸與相關。在 1890 年代，高頓的洞察力被愛爾蘭數學家愛格伍斯（Francis Edgeworth）以及倫敦大學學院的皮爾遜（Karl Pearson）和他的學生優爾（G. Udny Yule）所精鍊及延拓。優爾最後將嘉爾頓及皮爾遜的想法，發展成為迴歸分析中一個有效的方法論，其中他使用了勒讓德最小平方法的一種微妙的變形。這個進展為在二十世紀時遍及生物及社會科學中廣泛使用的統計方法鋪了路。

當統計理論成熟時，它的應用變得愈來愈明顯。二十世紀中，許多大公司均聘僱有統計學家。保險公司聘請精算師來估算在平均壽命及個人不可預期事件的考量下，應收取的保險金額。其他公司則僱用統計學家來監控品質管制。愈來愈多的統計理論上的進展，是藉由非學院背景的人之研究所取得。二十世紀初期，在愛爾蘭金氏（Guinness）黑啤酒釀造廠工作的統計學家哥薩（William S. Gosset）就是這樣的一個人。因為當時公司的政策禁止雇員出版著作，所以，哥薩必須在他的論文簽上假名「學生」（Student）。他最精彩的論文是處理抽樣方法，即從小樣本中提取出可信賴之資訊的特別方法。

二十世紀初期最重要的統計學家是費雪（R. A. Fisher, 1890-1962）。因同時具有理論上及實務上的洞察力，費雪將統計奠基在嚴格的數學理論上，使之成為一個強而有力的科學工具。1925 年，費雪出版了《研究者的統計方法》（*Statistical Methods For Research Workers*），對很多世代的科學家而言，這是一本劃時代的著作。十年後，他寫了一本《實驗設計法》（*The Design of Experiments*），其中他強調：為了獲得良好的數據，吾人應該要從為了提供那些數據所設計的實驗開始下手。費雪有一項本領，他可以選擇恰好適當的例子去解釋他的想法。他在這本討論實驗的書中，舉了一個例子，告訴我們從真實事件中思考實驗如何設計的需要：在一個下午茶的聚會中，有一位女士宣稱，先倒茶再倒牛奶或是先倒牛奶再倒茶，這兩種順序會使茶嚐起來味道不同。在場大部分的男女都覺得這是荒謬的，但是，費雪立刻決定去檢驗她的主張。吾人如何可以設計一個實驗，確定地證實這位女士是否真正品嚐出這個差異？

它看來可能像是一個無聊的問題，但是，它卻相當類似於科學家及社會科學家需要藉由實驗去解決的那類問題。[6]醫學上的研究，也同樣依賴於這類經過精心設計的實驗。費雪的工作，將統計工具穩固建立成為任何一位科學家所必備的工具。

在二十世紀，我們看到統計技術應用到廣泛且大量的人類事務上。政治上的民意調查，製造業上的品質控制方法，以及教育上的標準化測驗等等，都已經成為每天生活中司空見慣的部分。電腦現在幫助統計學家可以處理大量數據的工作，而且這正開始影響統計的理論與實務。某些重要的新概念來自杜基（John Tukey, 1915-2000），他對純數學、應用科學、電腦科學及統計學均有重大的貢獻，是一位相當傑出的科學家。[7]杜基發明了他所謂的「探索式資料分析」（Exploratory Data analysis），它是一種處理數據的方法，而且對必須應付今日龐大數據集的統計學家而言，已經愈來愈重要了。

今日，統計已不再被認為是數學的一個分支，即使它的理論基礎仍然是十分數學性的。在史蒂格勒（Stephen Stigler）論及這個學科的歷史時，他說：

> 對不確定性的測量以及對在實驗及觀測的計畫與詮釋中所產生的不確定性結果所做的檢驗，現代統計……是一種邏輯也是一個方法論。[8]

因此，在短短的幾世紀中，對數據所提出的數學問題所播下的種子，已經成長茁壯為一個有自我目的及標準的獨立學門，它對科學與社會

---

[6] 謠傳這個實驗曾經真實測試過，而且這位女士答對了每一杯茶的處理情形。見 [119] 第 1 章。

[7] 杜基也是一個創造新名詞的天才，包括提出「軟體」（software）及「位元」（bit）。

[8] 參考 [132]，頁 1。

兩者有著越來越重要的影響。

延伸閱讀：有關統計史最好的學術論著是 [132]，[74] 中有重要統計學家的簡短傳記，[119] 中有易讀且通俗化的二十世紀的統計歷史。

機器會思考？電子計算機

電子計算機直到二十世紀中葉才存在，是很難想像的一件事。今天，它們似乎無所不在，經常塞在狹小的角落，但卻以光速操弄大量數據，從而影響著我們生活中幾乎每一個面向。不過，在它們的發展早期，它們卻是龐大、緩慢且笨拙的機器，相當匹配現代的集體暱稱—「恐龍」。這些機器及其所有超炫後代的歷史根基，起源於好幾個世紀以前，而其早期的嘗試，都是利用某些機械裝置，有效率地簡化計算工作。

有人或許會說這個故事可以從 5000 年前的東方算盤說起，這種裝有珠子與橫桿的計算工具今日仍在使用。[1]然而，現代計算機的族譜（family tree），頂多只能逆推到十七世紀歐洲。在 1617 年，蘇格蘭科學家納丕爾為了他自己的、全新的對數系統之操弄，設計了一組可移動的操作桿，標上數目，以便雙雙對應滑動時，可以自動完成乘法計算。這些操作桿經常以象牙製成，因此，很自然地被稱為「納丕爾籌」（Napier's Bones）。[2]不久之後（在 1630 年），英國牧師奧特雷德（William Oughtred）改良了納丕爾的設計，而發明對數尺這種以對數為基礎的計算裝置，成為直到二十世紀中葉為止每一位工程師必備的恩物。

---

[1] 譯按：原文中的「東方算盤」（Oriental abacus）應指中國珠算盤，不過，珠算盤在中國的起源頂多可以追溯到十三世紀，沒有早到那種程度才是。

[2] 譯按：中國明末耶穌會士羅雅谷著有《籌算》一書（收入《崇禎曆書》），介紹納丕爾籌算。請參考李儼、杜石然，《中國古代數學簡史》（香港：商務印書館，1976／臺北：九章出版社，1991），頁 246-251。在該書中，Napier Bones 中譯為「納白爾算籌」，作者還指出：「應用納白爾算籌，可以把乘除法變為加減法。」

到了十七世紀早期，印度—阿拉伯的十進位制終於取代了羅馬數碼，而被選為歐洲世界書寫數目的一個系統，同時，在此系統中，處理初等計算的算則（主要利用筆算）也獲得很好的發展。（參考素描1。）在 1642-1652 的十年之間，當時非常年輕、才氣縱橫的法國數學家巴斯卡，設計並在最終發明了一個可以操作加減法的機器，被命名為「機械加法器」（*Pascaline*）。非常類似汽車里程表，這個機器利用十進位原理，將標號從 0 到 9 的號碼鍵，搭配好以便在一個號碼鍵上走一整圈，就會自動地移到下一個號碼鍵上。數目相加或相減只不過是將數目鍵入，而機器將代勞其餘部份。

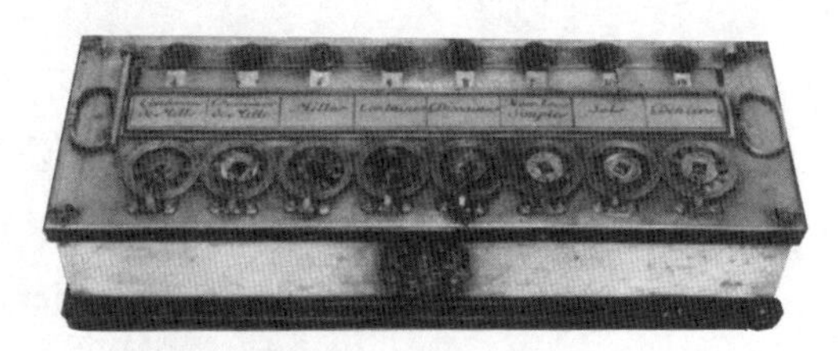

機械加法器（感謝 IBM 檔案室提供）

在十七世紀，製作像機械加法器這樣的機械設計以及其他精密機械裝置（如可靠的鐘錶）的主要困難，在於每一個齒輪、樞軸以及其他精密零件，都需要由手工個別地製作。這些機器無法量產，它們只能由工匠打造逐一完成。因此，發明家的才氣經常「扣留在」（held hostage to）金屬工匠的技巧之中。例如說吧，微積分的發明者之一—萊布尼茲就曾經改良了機械加法器，使它也能作乘法（透過累加）與除法（透過累減）。這個機器稱為「步進計算器」（*Stepped Reckoner*），代表了超越機械加法器的一種理論上的進步，就是說其計算都基於二元算術（或二進位算術）—今日所有計算機語言的基礎。儘管如此，1694 年的工匠技術還不足以有效地承造這一機器的可靠複件。它在商業上的獲利足足延遲了 150 年以上。在 1862 年倫敦博覽會上，法國的寇馬（Charles de Colmar）提供了步進計算器的一個簡化、改良的版本。他稱之為「四則運算器」

（*arithmometer*），也為他贏得了金牌獎。多虧了工業革命之後的量產技術，這個機器到了二十世紀仍然大量製造與出售。四則運算器的促銷者宣稱它可以在 18 秒內將兩個八位數相乘，在 24 秒內將一個十六位數除以一個八位數，而且，還可以在 1 分鐘內，做出一個十六位數的平方根。按今天標準，這些都慢得不行，但較之手算，快速與效率已經神奇得不得了。

在十九世紀早期，劍橋數學教授巴貝吉（Charles Babbage）開始設計一種機器，可以造出對數及天文數表。除了在數學與科學方面是重要的工具之外，這些數表在航海上尤其不可或缺，因此，英國政府對於他的研究工作相當主動積極。到 1822 年為止，巴貝吉在一個他稱為「差分機」（*Difference Machine*）的小機器上，不停地操作，最後造出一些具有六位數準確的數表。由於政府的大力支持，他開始設計一個更大的機器，希望可以造出準確到二十位數的數表。這個計畫在多次的挫折之後，終於為了一個更有野心的計畫而擱置下來。在 1801 年，雅各（Joseph-Marie Jacquard）設計了一種用以編織複雜類型的織布機，其中的類型概由打了洞的一系列卡片所決定。這種織布機的成功，在於最後結果的「前程式化」（pre-programmed）類型，引導巴貝吉嘗試去造一個可以從打洞的卡片接收指示與數據的計算器。他將這種擬定的設計稱為「分析機」（*Analytical Engine*）。就像新的火車頭一樣，當時為了最早的鐵路即將蒸汽轉變成動力，巴貝吉的分析機就要被賦予蒸汽動力了。

巴貝吉差分機
（感謝 IBM 檔案室提供）

在這個野心勃勃的工作計畫中，巴貝吉的助手就是羅夫萊斯（Augusta Ada Lovelace），她是詩人拜倫爵士（Lord Byron）與安娜密爾班克（Anna Milbanke）的女兒，以及英國邏輯學家笛摩根的一位學生。羅夫萊斯翻譯、澄清並且延拓了巴貝吉計畫的法文描述，並且添加了大量的原創性評論。她擴張了「編製程式」的想法到配備有打洞的卡片指示之機器上，並且寫下被視為第一個有意義的計算機程式，預見了許多包括自動重複步驟的一個「迴路」之現代編製程式設計。[3]儘管巴貝吉和羅夫萊斯的理論貢獻，分析機從未被建造出來。十九世紀中葉的金工技術就是達不到巴貝吉的機械設計之精密要求。巴貝吉和羅夫萊斯的想法逐漸褪色以致於隱晦有一世紀或更久，後來被二十世紀的計算機設計者獨立地重新發現。

許多不同的想法和技術性的進展，都是邁向第一臺成功的電子計算機之必要奠腳石。正如我們已經看到，有能力量產標準化的精密零件—工業革命的一個品質優良證明，就是其中之一。同時，想法的推進已經走了關鍵的另一步。在 1800 年代中期，愛爾蘭位於寇克（Cork）的皇后學院數學教授布爾，出版了兩本著作，為機器邏輯（machine logic）提供概念性基礎。在《邏輯的數學分析》（*The Mathematical Analysis of Logic*）（1847）和《探究思考法則》（*An Investigation of the Laws of Thought*）（1854）中，布爾說明了基本邏輯程序如何可以利用現在稱為布爾代數的系統，表示成為 1 和 0 的組合。（參考素描 24。）雖然傳說布爾認為他的系統將不可能有任何實際應用，但是，布爾代數已經成為今日計算機所有的「思考」電路設計之理論鑰匙。

還有一個十九世紀的發明對於計算機革命來說，是非常決定性的關鍵。來自 1880 年美國人口普查的數據，用手工處理已經花了將近八年的時間。當時的人口普查局的年輕員工海倫里斯（Herman Hollerith），設計了一種機器，可使用電力自動地將紀錄在打了洞的卡片上之數據分類和製表。海倫里斯的系統將 1890 年的人口普查數

---

[3] 發展於 1980 年代的編製程式語言艾達，是為了紀念羅夫萊斯的突破性貢獻而得名。

據之處理時間，縮短到只需要兩年半。奠基於這一項成就，海倫里斯後來創辦了製表機器公司（Tabulating Machine Company），最後變成了 IBM。

當夏農（Claude Shannon）在他的 MIT 碩士論文中，結合布爾代數以及電力繼電器和開關電路，顯示機器能夠「做」數學邏輯，所有這些零散的部份開始在 1937 年集結在一起。當第二次世界大戰席捲全球時，雙方陣營的國家開始通過技術研究，以尋求軍事優勢。圖靈——一位帶領成功的英國團隊破解德國 U-艦指揮部的所謂「謎團密碼」（Enigma code）的數學家，設計了很多電子機器，以便協助作密碼分析。多年以前，他創造了圖靈機（the Turing machine），一種理論性的計算機，在決定哪些問題可被真正的計算機解決時，扮演了不可缺少的角色。

環繞在敵對雙方陣營的作戰策略之機密，伴隨著技術創新的迫切需求，是很多不同國家人民差不多同時、獨立地發明可編程電子計算機的背景。其中，一個最有趣的例子，在將近半世紀的保密之後，最近才得以曝光。在「謎團」之外，德國高級指揮部在戰爭後期，也使用了更複雜的密碼來進行傳送工作。努曼（Max Newman）是一位在布萊切利莊園的英國解碼中心工作的數學家，他設計了一種方法來解碼，可是，速度實在太慢，而且也太沈悶，以致於根本不實用。這個問題後來轉給斐羅爾斯（Tommy Flowers），他是在英國郵政總局工作的一位工程師。在不到一年的時間（從 1943 年 3 月到 1944 年 1 月）內，斐羅爾斯設計並指導了一臺巨型機器的建造，其中使用了 1500個真空管（像是古老的收音機中的東西），用以操作努曼的解碼程序。這臺機器暱稱為「巨像」（Colossus），可以在幾小時內破解德國情報，而不是利用手工需要耗費幾個星期或幾個月。（事實上，它的設計使得它有現代 Pentium PC 做相同解碼工作的兩倍速度。）總共有十臺這樣的機器被建造，並成功地用以破解數以萬計的德軍情報，或許這縮短了歐戰的時間，並因此拯救成千上萬的生命。不幸，戰後英國政府將這十臺機器解體，並將技術圖形全部焚燬。這些機器的真實存在，在1970 年以前始終列為機密，甚至到現在它們的解密碼之算則，仍然不對外公開。

在這同時，德國的祖司（Konrad Zuse）也建造了一臺可操作程式的電子計算機。他的研究始於 1930 年代晚期，到 1940 年代早期，他已經完成了一臺功能性的電子機械機器，這也為他被賦予電子計算機的發明者之頭銜，提供某些歷史資格。然而，戰時保密也讓他的研究成果藏了起來。在 1941 年，有一位名叫阿塔納索夫（John Atanasoff）的愛荷華州立大學教授，和他的研究生貝里（Clifford Berry）一起建造了可操作程式的計算機，可以求解線性方程組。至於美國第一臺一般用途的計算機—「一號」（*the Mark I*），是由艾坎（Howard Aiken）以及哈佛大學 IBM 工程師團隊所建造而成。它使用了機械的、電磁的繼電器（electromagnetic relay），並且從一個打洞的紙帶得到指示。「一號」長度超過 50 英呎，大約包括 800,000 個零件，而且使用了 500 英哩以上的電線。

1946 年 2 月 15 日，由賓州大學艾克特與馬科林所建造的電子數值積分計算器（*ENIAC, Electronic Numerical Integrator and Calculator*）舉行了揭幕典禮。原來，ENIAC 的設計目的，是為了戰時幫助美國計算海軍大砲射程圖，不過，它還沒有派上用場時，戰爭已經打贏了。它同樣龐大無比，有 42 個 9×2×1 呎的儀器板，配備了 18,000 個真空管，1500 個繼電器（electrical relay），至於總重量則超過 30 噸。它使用真空管以取代繼電器，在速度上有了主要的改善，比起「一號」它快了約 500 倍。不過，可靠性則未獲改善，因為真空管正如燈泡，使用久了就會燒光。同時，它的程式必須用手操作—重新安排外部電線並移動開關，而且它實質上

ENIAC
（感謝 IBM 檔案室提供）

缺乏數據儲存容量。

馮紐曼一般被推崇為發明了一種在計算機內儲存程式的方法。他的想法於 1949 年在劍橋大學的 *EDSAC*（*Electronic Delayed Storage Automatic Computer*）上首度得以操作運算。艾克特與馬科林組了一家公司，並且售出第一個商用計算機—通用自動計算機一號（*UNIVAC I*），它在 1951 年 3 月 31 日交到美國人口普查局。

被使用在這些早期機器中的真空管技術，在空間、電力及可靠性方面都所費不貲。當貝爾實驗室在 1950 年代早期發明了電晶體之後，所有的一切都改觀了。使用這種「第二代」技術的計算機變得更小、更快、更有威力，而且也更有經濟性。第三代則是在 1960 年代中期因積體電路之引進而來臨。個人電腦開始成為越來越負擔得起的現實。當固態電路已經改良並小型化的時候，個人電腦也在尺寸上從迷你型（minis）縮小到微小型（micros），再到桌上型（destops）、到膝上型（laptops），最後到掌上型（palmtops）。在這同時，計算威力、程式速度以及記憶容量，都呈指數形式遞增。CD-ROM 和 DVD 技術的現身以及甚至即將來到的更多樣、更奇特的創新產品，都說明了在這個計算機時代，在商店中有更多的驚奇等著我們。有一本寫於 1990 年的書籍，現在按計算機時代的標準來看，真是有夠老了，不過，它還是很好地描述了這種變革的旋風：

> 在世界史上，從來沒有一種技術像計算機技術進展得如此快速……如果汽車技術也進步得像 1960 與今天之間的計算機技術一樣，那麼，今天的汽車將會有一個小於十分之一英吋的引擎，如此一來，這一部汽車 1 加侖汽油將可行駛 120,000 英哩，而且速度每小時將可高達 240,000 英哩，至於花費則只要美金 4 元就夠了。[4]

---

[4] 參考 [37]，頁 17。

延伸閱讀：本素描的大部份內容都取自 [61] 的第 2 章。針對計算機的早期歷史，請參考 [8]、[63] 和 [36]。針對二十世紀的計算，[97] 是一個很好的資料來源。有關「巨像」的資訊，可以在 http://www.picotech.com/applications/colossus 或 http://www.computer.org/history/development/1940-44 找到。至於想瞭解更多有關 ENIAC 及 IBM 的歷史，則請參考 http://www.ibm.com/ibm/history。

推理的計算法則
邏輯與布爾代數

電腦會思考嗎？看起來好像會喔！電腦會問我們問題，提供建議，改正我們的文法，記錄收支，還會計算應繳的稅款。有時候電腦的任性讓我們抓狂，它會誤解我們已經說得很清楚的話，或是徹底拒絕我們合理的要求！然而，電腦越是看來似乎能思考，就越發顯示人類高超的思考力，因為我們能找到方法，得以完全用一連串的 0 與 1 來表示越來越複雜的理性活動。

人類嘗試將自身的理性化約至機械歷程，最早可以追溯至公元前四世紀亞里斯多德的邏輯三段論法（syllogism）。比較近代的例子，是偉大日耳曼數學家萊布尼茲（Gottfried Wilhelm Leibniz）的作品。在許多萊布尼茲的成就中，有一個是他在 1694 年創造，能進行加減乘除四則運算的機械計算儀器。其實，在這部被稱為步進計算器（Stepped Reckoner）的機器之前，還有一部為世人所知的加法機器，就是巴斯卡（Blaise Pascal）在 1642 年做出的機械加法器（Pascaline），但它只能做加減法。與機械加法器不同的是，萊布尼茲的機器使用二進位計數系統，將所有數字轉換成連串的 0 與 1 之後來進行運算。

萊布尼茲步進計算器（感謝 IBM 檔案室提供）

萊布尼茲，這位獨立於牛頓之外發明微積分（calculus）的數學家，也對「邏輯計算法」（calculus of logic）這樣的願景產生了興趣。[1]他希望能建立一套能應用於所有科學的普遍推理系統（universal system of reasoning）。他期望這套系統能根據一組從已知敘述導出新敘述的簡單規則，就可以「機械式地」運作，而運作的起點就是少數幾個基本的邏輯假設。為了要實現這種機械式邏輯，萊布尼茲瞭解到各類敘述必須以某種方式轉換成符號，所以，他希望發展出一種普遍特性論（universal characteristic），意即一種普遍性的邏輯符號語言。這項工作的早期計畫出現在他 1666 年出版的《組合的藝術》（*De Arte Combinatoria*），但後來大部分他關於這方面的工作直到二十世紀初才被出版。因此，萊布尼茲對於抽象關係與邏輯代數的先知灼見，並未影響十八與十九世紀的數學發展。

將邏輯的符號化視為數學系統的真正發展，起於笛摩根（Augustus De Morgan, 1806-1871）與布爾（George Boole, 1805-1864）的工作，這一對朋友兼同僚在逆境之中將研究帶往成功之途。

笛摩根出生於印度的馬得拉司（Madras），天生一眼失明。[2]雖然有先天的殘疾，他仍能以優異的成績從劍橋大學三一學院畢業，並於 22 歲時在倫敦大學得到數學教授的職位。他對數學中各領域有廣泛的興趣，而且被認為是個舉止古怪但才華洋溢的教師。他發表的通俗文章有各種不同主題，觸及邏輯、代數、數學史以及許多其他領域，他並且是倫敦數學會（London Mathematical Society）的創會元老與首任會長。笛摩根相信，在十九世紀當時，數學與邏輯各行其路的情形只是人為造成，而且有害，所以，他致力於將許多數學概念建立於更穩固的邏輯基礎上，並使邏輯更數學化。或許是想到了失明的一

1 譯按：Calculus一字在拉丁文原意為「用以計算的小石頭」，後來被引申為「計算法」。微積分其實就是一種關於計算極限、導數、面積、體積、無窮級數等的學問。萊布尼茲希望邏輯也能有一種「計算法」。

2 譯按：馬得拉司為印度東南部大城，現在名為千奈（Chennai）。

眼，他用下面的比喻總結自己的觀點：

> 嚴正科學（exact sciences）的雙眼是數學與邏輯：數學一派容不下邏輯之眼，邏輯一派容不下數學之眼；兩派都認為用一隻眼睛比用兩隻眼睛看得更清楚。[3]

布爾是英國工人之子，出生於沒錢也沒特權的家庭。雖然如此，他仍自學拉丁文與希臘文，並且設法得到足夠的教育後成為小學教師。等到布爾開始認真地學習數學時，他已經 20 歲了。僅僅在 11 年之後，他出版了《邏輯的數學分析》（*The Mathematical Analysis of Logic*, 1847），這是他為邏輯推理的數值與代數論述方法奠定基礎的兩本書之一。1849 年，他成為愛爾蘭都柏林皇后學院的數學教授。在布爾 49 歲突然辭世那年之前，他已寫出數本現今被認為經典的數學書籍。他的第二本，更為有名的邏輯著作—《探究思想法則》（*An Investigation of the Laws of thought*, 1854）—十分詳盡地闡述 1847 年的書中所探索的概念並將之符號化。這種邏輯的符號取向導致了布爾代數（Boolean Algebra）的發展，而這就是現代電腦邏輯系統的基礎。

布爾研究成果的關鍵是，他有系統地將敘述視為其真值（truth value）可結合的客體來處理，而敘述真值的結合方法就如同數的加法或乘法。例如，若敘述 P 與 Q 分別都可為真（T）或為假（F），則當這兩個敘述結合起來時，我們只需考慮四種真值的情形。敘述「P 且 Q」為真若且唯若兩者皆為真，這樣的情形可用下圖一左邊的表格來表示。同樣地，每當 P、Q 至少其中之一為真，「P 或 Q」為真就成立，這樣的情形在圖一中央的表格可以看出來。右邊表格則顯示一個敘述與其否定總是有相反的真值。

---

3 [22]，331頁。

且（and）

	T	F
T	T	F
F	F	F

或（or）

	T	F
T	T	T
F	T	F

非（not）

T	F
F	T

圖一

從這裡開始，很容易可以把 T 與 F 轉換成 0 與 1，並且將邏輯運算表（如圖二）視為一種另類但完全合用的算術系統的基礎，這種算術系統與數的加法、乘法及相反數有類似的代數性質。

且（and）

	1	0
1	1	0
0	0	0

或（or）

	1	0
1	1	1
0	1	0

非（not）

1	0
0	1

圖二

笛摩根對於邏輯的代數處理方式，也具有十分深遠並具說服力的影響。他的論文擴展了布爾所創造的系統並將其精緻化與大眾化。在笛摩根對此領域的眾多貢獻中，有兩個現今以他命名的法則，這兩個對稱的法則清楚地抓到了邏輯運算「且」與「或」相對於「否定」的行為：

非（P且Q）⇔（非P）或（非Q）
非（P或Q）⇔（非P）且（非Q）

笛摩根對邏輯的數學理論的重要貢獻之二，是他強調邏輯關係本身應作為值得研究的客體。這部份的工作大多未被世人注意，直到十九世紀後四分之一時，查爾斯．皮爾斯（Charles Sanders Pierce, 1839-1914）讓這個領域復活並擴充它。作為哈佛數學家與天文學家班傑明．皮爾斯（Benjamin Pierce）之子，查爾斯．皮爾斯對許多數學與科學領域都有貢獻。然而，當他對哲學與邏輯的興趣越來越顯著之後，他的著作也移往這些領域。他對邏輯代數的興趣與他父親或其他數學家不同，因為他說，數學家想盡快得到結論，所以，當他們知道推理的結果時會跳過某些步驟，但另一方面，邏輯學家想要盡可能仔細地分析演繹過程，所以，他們會將之拆解成很短、很簡單的步驟。

這種將數學推理拆解成一長串簡短的機械步驟，是「電腦時代」出現的重要先備條件。二十世紀在電子儀器設計上的進展，加上將 0 與 1 轉換成開與關（on-off）的電子狀態，造成電子計算器的問世。這不但實現，還超越了萊布尼茲步進計算器的理想。鍵盤符號的標準碼容許這些機器閱讀與書寫文字。但世人要感謝布爾、笛摩根、皮爾斯與其他人將推理的文字轉換成符號再轉成數字，才有現代電腦的出現，而電腦對長串 0 與 1 的快速計算讓它在越發複雜的數理邏輯應用上「思考」出方法解決問題。

延伸閱讀：開始可以先讀 [104] 的 1852-1931 頁。不難閱讀的單行本是 [36]。關於萊布尼茲、布爾、笛摩根、皮爾斯等可參閱 [98]。

25 數不勝數 無限與集合論

很多很多世紀以來，「無限」作為一個不會結束的過程之想法，一直是個有用的數學工具。它是古希臘人據以處理不可公度的量以及求曲線形面積的「窮盡法」之基礎。它也是微積分基礎概念—極限—的底層憑藉。然而，處理物件的無限集體，則是相當新穎的數學活動。兩個世紀以前，偉大的歐洲數學家高斯，還非常嚴肅地表示：

> 我尤其反對將一個無限的量視為一個完備的（completed）量，因為它不被數學所容許。無限只不過是一種說法（a manner of speaking）而已。[1]

高斯的評論反映了遠自亞里斯多德以來的一種共同的理解。不過，讓我們考慮以下的情況。我們認識一個計數數（counting number），[2]是因為我們看到它，不管它是 5 或 300 或 78,546,291，而且我們知道沒有最大的這種數，因為我們總是可以將現有的數加上 1。現在，如果我們可以從 $\frac{1}{3}$ 或 -17 或 $\sqrt{2}$ 這一類的數，區別出計數數來，那麼，考慮所有的計數數的集體（collection of counting number）成為一個獨特的數學物件，不也是很有意義嗎？偉大數學家康托就認為如此。

約當美國南北戰爭塵埃落定後，康托在柏林學派大師外爾斯特拉斯的指導下，完成了博士論文。[3]當時，歐洲數學家剛好處在鞏固微

---

[1] 高斯於 1831 年 7 月 12 日致 Heinrich Schumacher 的一封信，引自 [35]，頁 120。

[2] 數學家通常稱呼這些數為自然數。

[3] 譯按：美國南北戰爭結束於 1865 年，而康托則在 1867 年取得博士學位。

積分基礎的最後階段，這一過程已經進行了差不多兩百年之久了。為此，他們對於實數—這種可以標示座標軸上所有點的數—終於有了更深刻的理解。實數可以分成兩種不同的類型—可以表示成兩個整數的比的有理數，以及不能如此表示的無理數。數學家當時就已經知道任一種數都會在另一種數中「稠密」（dense）分佈。換句話說，他們知道：在任意兩個有理數中，存在有無限多的無理數，反之，在任意兩個無理數中，也存在有無限多個有理數。這導致一種普遍看法，亦即實數多少可以平均地分割成有理數和無理數。

然而，某些類的函數之研究，卻開始對這種看法投下疑問。某些函數在這兩類的數上的行為截然不同。當康托探索這些差異時，他開始注意到將這些不同類型的數視為相異的數學物件，亦即「集合」，的重要性。康托有關集合之概念相當一般化—而且含混：

> 所謂集合，我們將瞭解它是一個任意集體，由我們的直觀或思想所及的所有確定和個別的客體組合而成。[4]

這表示數目（以及其他事物）的無限集體可以被考慮成為一個獨特的數學物件，同時，正如有限集合一樣，它們之間彼此可以比較與操弄。尤其，這使得提問兩個集合是否具有「同樣大小」（the same size）—也就是它們是否可以應用一一對應來匹配時，變得有意義。這些初等的概念迅速地引導康托獲得數學思想史上，最具有革命性的成果。茲列舉一些如下：

- 不是所有的無限集合都具有相同大小！（也就是說，存在有無限集合彼此之間無法被建立一一對應關係。）
- 無理數的集合比有理數集合來得大。
- 一個集合的所有部份集合所成的集合，比該集合本身來得大。
- 數線上任意區間（無論多短）內的點之集合，與這一數線上所有點的集合擁有同樣大小。

---

[4] 出自 [25]，頁 85，此處稍作修飾以呼應現代術語。

- 平面或三維空間或 n 維空間（n 為任意自然數）上的所有點之集合，與一條（單一）線上所有點的集合擁有同樣大小。

康托出發點的抽象單純性，讓他的集合論可應用到整個數學領域。這也使得他令人驚奇的結果很難以忽略，儘管它看起來違反了大部分數學家對於他們的本行之常識性理解。

康托的研究成果雖然得到數學社群很多成員的青睞，不過，其接受度絕非普遍。他有關無限的集合論式處理，招惹了某些同時代主要數學家，最有名的如考納克（Leopold Kronecker）—柏林大學傑出數學教授—的激烈反對。考納克研究數學的進路，是奠基於一個前提，那就是：一個數學物件不會存在，除非它是經由有限多次的步驟實際建構（actually constructible）而成。基於此一觀點，無限集合並不存在，因為顯然無法在有限多次的步驟中，建構無限多的元素。自然數是「無限的」只是意指目前所建構的自然數之有限集體，可以延伸到我們喜歡多遠就有多遠，至於「所有自然數的集合」則不是一個合法的數學概念（legitimate mathematical concept）。對考納克及分享他的觀點的那些人來說，康托的研究是一種異端與煉金的危險混合體。

為了瞭解考納克究竟擔心什麼事，不妨考慮可以寫成兩個奇質數的和之所有偶數所成的集合。這個集合有甚麼樣的數呢？這樣說好了，對比 4 大的任意特定偶數，很容易決定（儘管有時不免麻煩）這個數是否在本集合中。例如說吧，由於 22434 = 12503 + 9931，所以，22434 當然屬於本集合。如此一來，每一個大於 6 的偶數是否都屬於本集合？我們根本不知道。（「每一個大於 4 的偶數都在本集合中」這一敘述是一個著名的猜測，到目前為止，還沒有人得以證明。[5]）然而，如果我們不能說哪些元素屬於我們的集合，那麼，我們又如何可以談論我們的集合是一個完整的全體呢（completed whole）？這樣的談論將導引我們自相矛盾，難道這不危險嗎？

---

[5] 這就是鼎鼎大名的哥德巴赫猜測，最早由哥德巴赫（Christian Goldbach）於 1742 年寫給歐拉的一封信中所提出來的。

考納克對於數學一致性（mathematical consistency）的穩當之擔憂，在集合論出現了很多悖論之後，顯得頗有說服力。這些悖論中著名的，莫過於羅素在 1902 年所提出來的那一個。在此，我們不想引述它的集合論式的版本，[6]你可以從許多普及版本中的一個掌握其想法。羅素自己在 1919 年就給出了一個：

> 在某村莊中有一位理髮師宣稱：他替全村民中那些不自己刮鬍子的人刮鬍子。如果他的宣稱為真，則這位理髮師會為自己刮鬍子嗎？

運用一種稍微多一點形式的術語來說，這位刮鬍子的理髮師本身也是村民，那他是不是所有不自己刮鬍子的村民所成的集合中的一個成員？如果他是，那麼，他就不可能自己刮鬍子，但是，由於他刮了所有不替自己刮鬍子的村民，所以，他終究不在本集合中。另一方面，如果他不在本集合中，那麼，他就會自己刮鬍子，然而，他只替那些不自己刮鬍子的人刮鬍子，因此，他必定不刮自己的鬍子，於是，他在本集合中。看起來，在這個自相矛盾的邏輯迴圈中，根本沒有出路。像這樣的兩難之局，逼迫十九世紀末、二十世紀初的數學家著手進行了一個有關康托集合論的徹底修訂，企圖避免於這種自相矛盾的險境。

儘管有這一初期的不安，康托的研究工作還是極其正面地影響了數學家。他的基礎集合論已經為包括機率、幾何以及代數等許多不同的數學領域，提供了一個簡單、統合的進路。而且，在他的研究之某些早期延拓中所遭遇的奇怪悖論，激勵著數學家依序安頓他們的邏輯位置（logical house in order）。他們針對數學的邏輯基礎所做的細心檢視，已經引出了許多新穎的結論，並且為甚至更抽象的統合理念，鋪設了康莊大道。

由於有關無限集合的大部分反對，都是基於哲學假設，於是，康

---

[6] 參考 [39]，其中有羅素悖論的一個更形式化、但可讀的版本。

托走出數學的尋常邊界，而論證他的想法在哲學上的可接受性。他論述說無限集合不只是有趣的數學想法，而是它們真實地存在。因為如此，他的研究工作所受到的注意，不僅來自數學家，而且也還包括哲學家與神學家。針對這一點，時間條件特別成熟，因為在十九世紀末，正如康托的集合論崛起成為知識上的黎明，神學家也有企圖想要建構一種哲學，以便調適科學與宗教。

在 1879 年，教宗里奧八世簽署了《永恆之父》通諭（*the encyclical Aeterni Patris*），其中他教誨天主教會重新活化經院哲學之研究。[7]這種哲學也稱作托馬斯神學（Thomism），因為它是以聖托馬斯・阿奎那（Saint Thomas Aquinas, c. 1225-1274）的《神學大全》（*Summa Theologica*）為基礎。《永恆之父》通諭帶動了新托馬斯神學（neo-Thomism）的興起，這個哲學思想的學派視宗教與科學可以相容。它主張近代科學不需要導向無神論與唯物論。新托馬斯神學認為他們的進路導向有關科學的一種理解，可以避免任何與宗教（尤其是天主教）的衝突。

當康托有關無限的數學之研究工作在 1880 年代為人所知時，它在新托馬斯神學哲學家圈子裡，引出了相當大的興趣。從歷史觀點來看，天主教會曾經認為無限事物的真實存在將導向泛神論（pantheism），而這當然被視為一種異端。康托這位虔誠的天主教徒並不同意。他認為他有關無限集合的數學的確處理了實在（reality），但是，這些無限集合卻不等同於無限的上帝。康托區別了他的研究成果中的數學面向與哲學面向。在數學中，他宣稱吾人可以自由地考慮不自相矛盾的任意概念。至於在現實世界中是否存在有任何東西對應到這些概念，則不是一個數學問題，而是形上學的一部份。

形上學是研究「存有」（being）與「實在」（reality）的一個哲學分支。康托的形上學主張數目的真實無限（actually infinite）集體

---

[7] 通諭是指教宗寄給主教有關處理基督教義的一種正式書信。

有一個真實的存在，儘管不必然具有物質性（material）。在與若干位天主教神學家領袖的耐心、堅持的通信中，康托與異端邪說劃分界線，而獲得了半官方的接受。在德國，某些新托馬斯哲學家甚至使用他的理論，去斷言真實無限的存在。例如說吧，他們論證說：由於上帝的心靈全知（the Mind of God is all-knowing），所以，祂必定通曉所有的數目，於是，不僅所有的自然數真實存在於上帝的心靈之中，所有的有理數、所有的無限（十進位）小數等等，也一樣如此。

然而，集合論在哲學上最重要的效應，超越了新托馬斯哲學家的論證。康托與他的後繼者的許多企圖排除矛盾於集合論之外，從而讓它在形上學上站得住腳，導向數學基礎更深刻研究。這些在二十世紀早期的研究，也導致邏輯形式、證明方法乃至文法錯謬之澄清，進而被用以改善哲學論證。現代數學已經為哲學研究可容許使用之推論種類與可能的邏輯建構，提供了一些顯明的、形式的指導方針。集合論更進一步為哲學研究提供了新的問題，以及有關無限的新理念。結果，宗教、哲學及科學之間的邊界，遂成為了極熱門的焦點。

這些努力的成效之一，便是很多人終於視數學是一個從形上學領域中，移除出來的一個學門！於是，我們可以看得出來，當人們開始熱衷地探索數學基礎時，其中所涉及的哲學議題就顯得特別地深刻。有好幾個學派應運而生（參看本書第64頁），然而，沒有任何一個提供的解答足以服眾。

總之，今日看來已大勢底定的，是康托觀點的第一部份。作數學研究可以不必先為哲學議題煩心。數學家可以研究無窮集合，而且只要他們可以迴避矛盾，其成果自然就是確證有效的數學（valid mathematics）。大半這樣的數學最後都在真實世界中十分有用，只不過這些連結經常比起我們所想像的，更加微妙與令人驚奇。同時，那些未解決的哲學問題（譬如為何數學最終都可應用之問題）可以留給哲學家去傷腦筋。這當然可能讓康托大失所望，他強烈地關心他的研究之形上學面向，正如他對純數學的態度。不過，現代數學家與哲學家將這種數學與哲學的分家，看作是人類思想進展的巨大步伐。

延伸閱讀：[40] 的第 11 章為康托的研究提供了一個容易閱讀的說明。[39] 的第 2 章則對集合論，提供了一個更一般性的討論。最後，有關集合論早期歷史的詳細解說，則請參考 [65] 的第 5 章。

PART 4
延伸閱讀

數學史是一個龐大而迷人的學科。由於本書能做的，最多是拉開幕簾，讓讀者略為窺探其中奧妙，因此，提供一個有關文獻的導引，當然十分重要。

選擇性的參考書目，就像我們所提供的這一組，永遠都是作者個人偏好的結果，同時，它們涉及的判斷當然主觀，而且往往有程度之別。我們在此使用了兩個用以選擇與討論的判準。首先，我們所選的是那些不會艱深到難以卒讀的書籍，而且，也不需要太多數學或歷史的預備知識。其次，我們也試著挑選一些來源可靠的書籍。當然，數學史是歷史而非數學。正如所有的歷史書寫一樣，史家經常有爭議之處；這些爭議有時甚至會讓此一學科的學習更有樂趣。還有，我們也避免引用大部分過時、玄想居多，或者太容易犯錯的書籍。

我們這裡所給的是相關書籍的一小部份而已，不過，當然都值得推薦。請參考每一篇素描與俯瞰中的每一節之最後所提供的註解。在本書中，我們在引用的書籍後面都編了一個號碼放在中括號裡面。這些號碼指涉了參考書目中更完整的列舉。

參考書架

讓我們首先考慮可以算是參考書籍的一個理想書架。這些書籍要不是針對某些特定問題探究答案，就是為某一特別歷史時期的概觀提供參考。

在我們的書架上應該要有的第一本書，是一部擁有宏偉的、有板有眼的數學史。這一類的書籍不算少。有一些專門為大學數學史課程而寫的教科書（不必說：它們包含習題！），其他有專門為一般讀者閱讀而寫，當然還有一些則是專門為專業數學家而寫。有一本目前極易取得，而且是最好的一本，莫過於卡茲（Victor J. Katz）[80]所撰寫的《數學史》（*A History of Mathematics*）。這的確是一部包羅萬象的巨著。卡茲充分察覺目前數學史研究現況，並得以提供了很好的參考資料。他的書誠然不是閱讀這些大歷史的最佳入門，然而，它卻是我們最想率先閱讀的一部。

很多其他單卷的數學史也都各擅勝場。相較於卡茲的著作，伊夫斯（Howard Eves）的《數學史導論》（*An Introduction to the History of Mathematics*）[48]，和伯頓（David M. Burton）的《數學史》（*The History of Mathematics*）[21] 都設定為大學教科書，因此，就顯得更加親切而不沈重。至於格頓—吉尼斯（Ivor Grattan-Guinness）的《數學彩虹》（*The Rainbow of Mathematics*）[66] 則是為更大範圍的讀者而寫，儘管它偏重一些專門性知識，但是，仍然值得閱讀，這是因為比起其他著作而言，它更加重視近、現代數學與應用數學。[1]因此，當你翻開凱茲、伊夫斯，或伯頓等書的中央篇幅時，或許會發現有一章介紹中世紀數學，但是，當你翻開《數學彩虹》的中間地帶時，你可能發現自己進入了十八世紀。這一點精確地反映了自從早期近代（early modern times）以來，數學知識生產的巨大爆發量。另一方面，這也表示格頓—吉尼斯所討論的許多單元比較高深，以致對讀者的數學素養之要求更多。

這裡還有三本著作值得提及。庫克（Roger Cooke）的《數學史：一個簡短的課程》（*The History of Mathematics: A Brief Course*）[28] 是根據他在佛蒙特大學的課程講義改寫而成。正如他在導論中所說，該書反映了他的興趣與個人傾向，不過，本書寫得有趣，讀來讓人愉悅。傑夫・鈴木（Jeff Suzuki）的《數學史》（*A History of Mathematics*）[133] 在份量上與卡茲的著作相似，不過，他聚焦在「初等數學」方面，意即他討論的數學，僅限於大學數學主修的層次。當然，在該書中他也試圖按照起源的歷史形式，納入真實的數學

[1] 譯按：這是格頓—吉尼斯對數學史學的堅持。1994 年當他訪臺參加我們的「HPM 工作坊」時，曾當面跟我強調說：數學史著作本來就應該保留數學的實質內容才好。有關他的《數學彩虹》，我曾經對比該書與莫理斯・克萊因（Morris Kline）的《數學史：數學思想的發展》（*Mathematical Thought from Ancient to Modern Times*, 1972），撰寫的一篇評論，請參考洪萬生，〈數學史的另類書寫：推介 IGG 的《數學彩虹》〉，收入洪萬生，《孔子與數學：一個人文的懷想》（臺北：明文書局，1999），頁 329-336。

面貌。史都克（Dirk Struik）的《簡明數學史》（*A Concise History of Mathematics*）輕薄短小但不失精準，是一種並非不重要的優點。這是一本有價值的書籍，不過，其中有一些簡明性，卻必須假設讀者不需要作者說明數學而只要歷史就夠了，因此，數學的預備知識之要求相當高。

一個好的圖書館的書架，應該要擁有格頓－吉尼斯所主編的一套兩本的《數學科學的歷史與哲學之百科全書手卷》（*Companion Encyclopedia of the History an Philosophy of the Mathematical Sciences*）[64]。像大部分收集很多作者論文的書籍一樣，本書品質參差不齊，然而，它對特定學科的簡短歷史或參考文獻來說，仍然是個重要的學術資源。在圖書館同樣也值得搜尋的，還有《科學家傳記大辭典》（*Dictionary of Scientific Biography*，縮寫為 *DSB*）[62]，這是按數學家／科學家姓氏字母順序排列、數本成為一套的巨著，提供這些數學家／科學家的短篇傳記。事實上，*DSB* 所納入的傳記，經常是嚴肅地研究個別數學家的一個最佳起點。

瑟琳（Selin）與達布洛修（D'Ambrosio）的《跨文化數學》（*Mathematics across Cultures*）[123] 也是一本論文集，它聚焦在非西方文化中的數學，包含了若干古代文化。由於這一單元經常被大歷史論述所忽略，所以，本書是一個有價值的補充。其實，數學的非歐洲根源也被約瑟夫（George Gheverghese Joseph）的《孔雀的尾巴》（*The Crest of Peacock*）[78] 所探討。

另外還有兩部論文集也是很好的參考文獻。第一本是由斯懷茲（Frank Swetz）所主編的《從五指計算到無限》（*From Five Fingers to Infinity*）[136]。本文集主要選錄自那些刊載針對廣大數學閱聽人（mathematical audience）的期刊如《數學教師》（*Mathematics Teacher*）與《數學雜誌》（*Mathematics Magazine*）的文章。其中有一些文章稱得上珍品，整體而言，本文集相當有用，同時，讀來也令人感覺有趣。類似但範圍更廣的一部，則是四卷一套的《數學世界》（*The World of Mathematics*）[104]，由紐曼（James R. Newman）所主編，目的在讓外行人也得以接近數學。它的內容包括了小說、歷史、傳記、說明性文章等等，其中特別針對歷史的文章，都收入第一卷。

有一些比較專門的書籍值得注意。由彭特、瓊斯和貝狄恩著作的《初等數學的歷史根源》（*The Historical Roots of Elementary Mathematics*, 1988）不僅專注於數學的初等部份，同時，也很好地說明它們的歷史。[2]卡裘利（Florian Cajori）所著作的《數學記號的歷史》（*A History of Mathematical Notations*）[23] 是有關數學記號如何發展的最佳詮釋，而且，它也經常可以正確回答「誰最先使用這個記號？」這個問題（但是，有關現在可以並駕齊驅的文獻，請參看後面「其他媒介」那一節）。同樣有趣的書籍，還有梅林格（Karl Menninger）的《數目字與數目符號》（*Number Words and Number Symbols*）[96]，它自我描述為一部「數目的文化史」。本書包括蠻多有關不同文化如何使用數目的資訊，其中當然提供一些像算盤類的計算器之討論。

數學史中的女性角色已經有多本很好的書籍加以探索，它們從書名即可辨認。《數學的女性》（*Women of Mathematics*）[69] 自稱為一部「自我參考的文獻資源」（a biobibliographical sourcebook），收入 43 位女數學家的簡短傳記和參考文獻，其中除了 3 位之外，都生活在十九或二十世紀。這些簡短的傳記都相當可讀，而且也為學生在研究某一特別女性時，提供了一個好的起點。《數學中的傑出女性》（*Notable Women in Mathematics*）[100] 一書也相當類似，或許更容易閱讀些。至於海里奧（Claudia Henrion）的《數學中的女性》（*Women in Mathematics*）[73] 則寫得比較老練，她使用了 9 位當代的女性數學家（大部分都還十分活躍）的故事，去探索數學女性的一個更寬闊的專業脈絡。（也請參考歐森（Lynn Osen）的《女數學家列傳》（*Women in Mathematics*）[105]，我們將在下一節討論。）

---

[2] 譯按：本書第 6 章“Euclid”非常值得精讀，凡是有意深入瞭解《幾何原本》的認識論與方法論的讀者，都不應錯過。這是洪萬生教授在臺灣師範大學數學系為大四生開授「數學史」課程必教的材料之一。

最後，有一些書籍就是好玩。伊夫斯在他的《數學圈》（*Mathematical Circles*）系列 [45, 46, 47, 49, 52] 中，收集了許多有關數學家的軼事。這些讀來都令人愉悅，而且是極佳之故事題材，可以增加課堂教與學的一些趣味。[3]由克蘭茲（Steve Krantz）所著作的《數學外典》（*Mathematical Apocrypha*）也類似如此。此外，收集引言的書籍也可以很有趣，譬如《數學紀念物》（*Memorabilia Mathematica*）[99]（舊書）與《數學家嘉言錄》（*Out of the Mouths of Mathematicians*）[120]（新書）就都是很好的參考。你也可以從網際網路找到數學引言（mathematical quotations）的彙編：Furman大學建立在網址 http://math.furman.edu/~mwoodard/mquot.html 的數學引言伺服器，就是一個很好的參考來源。最後，還有威爾森（Robin Wilson）的《票「遊」數學王國》（*Stamping through Mathematics*）一書。這一本美麗的小書複製了一些按歷史年代編排、以數學和數學家為主角的世界各國郵票，[4]其結果十分賞心悅目，而且對於學生的專題報告來說，也是有趣的視覺圖片之潛在參考資料庫。

十五本必讀之數學史著作

我們到目前為止所介紹的書籍都是十分有用的參考讀物，不過，想必很少讀者願意實際上逐本閱讀。其實，就大部分的著述而言，那也不是它們原先的旨趣。在本節中，我們將要給出一個有關數學史的簡短書單，這些我們認為既可讀又值得。其中有某些由數學史家著述，其他則由作家根據他人的歷史研究成果而撰寫。除了特別指明之外，我們認為這些書籍都是可靠的來源；不過，每一位歷史書寫的讀者都必須「信賴，但（也不要忘了）核證」。

但澤（Tobias Dantizig）的《數目：科學的語言》（*Number: the*

---

[3] MAA 計畫好不久將再版這些書籍，或許編入較少的卷數之中。

[4] 譯按：請參考洪萬生，〈「票」遊數學王國〉，《科學月刊》32(8) (2001): 722-723。

Language of Science）[33] 是富洞察力、十分動人的一部編年史：它提供了有關數目概念從史前的原始開端到現代複數與超越數的高度修練之演化過程。循此方向，但澤的故事同時也觸及了早期代數與幾何的很多單元，提供了數學史的一個（史學）技藝成熟的統一觀點。

鄧漢（William Dunham）的《天才之旅》（*Journey Through Genius: The Great Theorems of Mathematics,* 1990）[40] 以聚焦少數幾個重要定理的方式，概述了數學史之大要。其中每一章都各自針對某一主題，提供了一個歷史面向極廣的導引、定理證明的解說，然後是該定理被證明之後的數學發展摘要。本書儘管出版較早，[5]但由於擁有實質的數學內涵，因此，它的可讀性仍然很高。

貝爾（E. T. Bell）的《大數學家》（*Men of Mathematics*）是貫穿歷史上的數學家（並非全部男性）傳記之總集，每一篇都寫得可讀而魅力十足。[6]貝爾顯然知道如何書寫一氣呵成的故事，其中他拉掉所有的學究氣書寫方式，好讓讀者真正關心他所描繪的數學家生命之輪廓。平心而論，本書已經沒有它原先的風行，主要並非它的（英文）頭銜（男數學家）「政治不正確」，而是貝爾使用史料時未免太自由了些。（有一些批評者會說這是「因為他虛構了一些史實」。）本書讀來有趣，但不要完全依賴貝爾所提供的史實。

歐森（Lynn Osen）的《女數學家列傳》（*Women in Mathematics*）[105] 聚焦在 8 位女數學家的生平事蹟，[7]年代分佈則從古希臘時期到二十世紀早期。儘管本書有些內容與最近的歷史研究成果略有出入，但是，作者所敘說的故事還是內容豐富，筆法迷人。在本書「導言」與「結語」兩節中，作者針對女性在二十世紀以前的數學史上幾乎隱形之原因，都提出了挑撥性十足的論述。

伊夫斯（Howard Eves）有兩部著作都包括了數學史插曲的簡短說明。它們分別是《1650 年之前的數學重要時刻》（*Great Moments*

---

[5] 譯按：本書有中譯本，牛頓出版社。
[6] 譯按：本書有中譯本，九章出版社。
[7] 譯按：本書有中譯本，九章出版社。

in Mathematics (before 1650)）[50] 和《1650 年之後的數學重要時刻》（*Great Moments in Mathematics (after 1650)*）[51]。其中第一卷的大部分材料所處理的單元，在本書中我們也有討論，只不過我們所提供的數學知識多了些。至於第二卷則比較高深（例如，它納入了有關非歐幾何學的一個很好的討論）。

梭貝爾（Dava Sobel）的《尋找地球刻度的人》（*Longitude*）[131] 敘述了十八世紀鐘錶師傅哈里遜（John Harrison）的生平事蹟，及其如何解決海上航行的精準計時問題，為十八世紀的數學、天文學和航海之互動，提供了一個很好的圖像。[8]

奧瑟曼（Robert Osserman）的《宇宙的詩篇》（*Poetry of the Universe*）[106] 說明了幾何觀念如何影響我們對所生存宇宙之看法，是一部簡要、可讀性高之作品。[9]順著這一方向，奧瑟曼納入有關幾何史的頗多資料，其中含幾種非歐幾何學的極佳討論。

波但尼斯（David Bodanis）的《$E = mc^2$：世上最著名公式的傳記》（*$E = mc^2$: A Biography of the World's Most Famous Equation*）[17] 比較像系譜而非傳記。作者在本書中，追溯了愛因斯坦改變世界的洞察力之科學根源，並且，還預演了它的某些結果的連續劇。波但尼斯同時將歷史與科學恢復活力，使得本書包羅萬象、充滿魅力，而且平易近人。

有關古代數學史的著作往往相當難讀，考量此一主題的迷人之處，這實在令人遺憾。除了前述之外，還有兩本更加平易近人：阿鮑（Asger Aaboe）的《古代數學趣談》（*Episodes From the Early History of Mathematics*）[1]，和古歐墨（S. Cuomo）的《古代數學》（*Ancient Mathematics*）[32]。後者對於門外漢而言，更是有關希臘與希臘化時期的數學的一個絕佳且合乎時宜之綜覽。

由於二十世紀的數學極為專門，所以，有關其歷史相當難以

---

8 譯按：本書有中譯本，時報文化出版公司。
9 譯按：本書有中譯本，天下遠見出版公司。

上手。傳記或訪談是我們對於過去發生的事掌握一點感覺的方法之一。兩本利用傳記作為故事的切入點的作品，是薩爾斯伯格（David Salsburg）的《品茶仕女》（*The Lady Tasting Tea*）[119]—這是有關二十世紀統計史的著作，以及揚德爾（Benjamin Yandell）的《榮譽班》（*The Honor Class*）[141]，它聚焦在數學家如何研究希爾伯特（David Hilbert）在 1900 年國際數學家大會上所提出的 23 個問題上。循此主題，我們也打算推薦由阿爾伯斯（Donald J. Albers）、亞歷山德森（Gerald L. Alexanderson）所主編的《數學人物》（*Mathematical People*）[3]，和《更多的數學人物》（*More Mathematical People*），其中包括了數學家以及與數學有關人物之訪談紀錄。

網際網路和其他媒介

歷史資訊不是只存在於書本中。晚近，你也可以在網際網路上找到，而且，有時也會在錄影帶或 CD-ROM 上找到。本節將指出一些老早在那兒的更有趣資訊，但並不想太求全或精細。

網際網路對於數學史的愛好者而言，已經是極重要的參考資源。有許多網址處理這一主題。一如往常，資訊的可靠與否是最大的問題所在：這是因為創造一個網址極其容易，所以，吾人很難確定資訊的品質。在此，一樣地，我們最好「信賴，但（也不要忘了）核證」。

我們只列出少數幾個看起來特別有用的網站。請記住這些網站經常搬家，我們無法保證這些 URLs 仍然正確。假使你發現某一個已經停止工作，多半你可以利用網際網路搜尋引擎，在其他的地址找到。

新手上路最佳出發點，是（參考）架設在 http://www-groups.dcs.st-andrews.ac.uk/~history 的 *MacTutor History of Mathematics Archives* 網站（由蘇格蘭的聖安德魯大學的數學與統計學院所提供）。這裡收藏了一大堆材料，但是，最有用的面向，則是它所提供的數學家短篇傳記之龐大資料庫。這些傳記說明通常也包括傳主引言、相片（如果蒐集得到），以及其他的材料。

另一個由威爾金斯（David Wilkins）所維持的數學史網站，則架設在下址：http://www.tcd.ie/pub/HistMath。這是我們在網路上可以做好同類事的一個極佳示範。在本站中，我們可以找到柏克萊（George Berkeley）、漢彌頓（William Hamilton）和黎曼（Bernard Riemann）等數學家的大部分作品的線上版，再加上布爾（George Boole）、牛頓（Issac Newton）和康托（Georg Cantor）的部份材料。對於想要親炙原典的人來說，這無疑是一個寶庫。同時，在本站中，你也可以發現一個連結區，連結到其他與數學史有關的網站。

有兩個由米勒（Jeff Miller）所維持的網站非常有趣與有用。他任教於佛羅里達州里其新港（New Port Richey）地區的港灣中學（Gulf High School）。首先，架設在 http://members.aol.com/jeff570/mathsym.html 的網站：*Earliest Uses of Various Mathematical Symbols*（各種數學符號的最早期使用）。本網站主要處理數學記號和其他符號的歷史。就某種意義來說，它是上述提及的卡裘利著作的現代版回應。其次，則是架設在 http://members.aol.com/jeff570/mathword.html 的網站：*Earliest Known Uses of Some of the Words of Mathematics*（某些數學用詞的最早期使用記錄）。這是上一個網站的姊妹版，主要處理數學名詞及其來源。事實上，這兩個網站都包括可以豐富課堂教學上的一堆材料。

最後一個值得提起的網站其實是 *Math Forum@Drexel* 的子網頁，後者是 Drexel 大學所主持的一個龐大而有用的網站，其中收集了各類的數學資源，母站架設在 http://mathforum.org。本站維持了一個規模極大的數學史連結區（主題各色各類，總數超過 500 個項目），其網址如下：http://mathforum.org/library/topics/history。

錄影帶對於數學史材料而言，常常是有用的載體形式，這是因為它可容納影像與卡通。在一大堆的製作成品中，有些舊，有些新，或許最平易近人的，莫過於 *Project MATHEMATICS!*。這個公司製作了可以在課堂上合併使用的影片與教學模組，同時，他們的大部分影片都有充實的歷史成分。你可以在網址 http://www.projectmathematics.com 上，找到更多有關錄影帶和線上資料，當然，你也可以在 MAA 架設在 http://www.maa.org 的網站書店上找到。此外，PBS（美國公共電視臺）和 BBC（英國國家廣播公司）也製作了一些有關數學史單元的優質錄影帶節目。其中有一些可以經由架設在 http://www.shop.pbs.org 的 PBS 線上店，或 WGBH 架設在 http://www.wgbh.org/shop/ 的線上店購買得到。

有關 CD-ROM 方面，道本周（Joseph Dauben）和路易士（A. C. Lewis）所主編的《古今數學史：一個精選的、添加評注的參考文獻》（*The History of Mathematics from Antiquity to Present: A Selective Annotated Bibliography*）是一個重要的資源，在某些圖書館或許可以借閱參考。[10]這是有關數學史重要論文與書籍的一份龐大且詳盡的參考文獻。其中材料大都相當專門，然而，這一份 CD-ROM 對於那些好奇心無法從本章淺嚐則止的導引得到滿足的讀者而言，仍然是有用的參考資源。

[10] 譯按：道本周教授曾主編 *The History of Mathematics from Antiquity to the Present: A Selective Bibliography.* New York & London: Garland Publishing, INC, 1985. 看起來，這一張 CD-ROM 或是基於此錄製而成。

PART 5
思考與討論

數學簡史

專題

1. 在這項專題之中，你（妳）的老師將會選派一位數學家讓你（妳）去研究，我們稱這位數學家為「你（妳）的數學家」（Your Mathematician），簡稱為「YM」。
   a. 這本書中有提到 YM 嗎？
   b. 到《科學家傳記辭典》（參考文獻 [62]）與百科全書中查這位YM，閱讀其中的文章並做筆記。留意在這些資料中是否有不一致之處，你（妳）如何決定哪一份資料是比較可信的？
   c. 在網路上搜尋 YM，閱讀這些資訊，並與你（妳）已知的做比較。你（妳）如何判定在網路上找到的資訊是可靠的？
   d. 到圖書館去翻閱數學史書籍。有提到 YM 嗎？有沒有 YM 寫的書，或有關 YM 的書？YM 的研究成果有被彙集出版嗎？如果有，圖書館的藏書裡有嗎？
   e. YM 使用哪種語言讀寫？你（妳）怎麼知道的？當他或她寫數學時，使用哪種語言？
   f. 寫一篇 YM 的簡傳。
2. 在這概述中，挑一個數學事件或人物，並寫一篇報告，描述當時世界上發生哪些事。在選擇人物或事件的地區上，不要給自己設限，考慮全世界的每個角落。同樣地，考慮當時所有的歷史特徵：政治上的改變、社會潮流、科學上的突破性進展、宗教運動、文學、藝術等等。然後討論你（妳）所選擇的人物或事件，（如果有的話）如何影響、以及（或）被你（妳）所描述的歷史情勢影響。你（妳）可以提出個人的見解，不過要附有支持個人見解的論證，且這些論證要以歷史證據為基礎。
3. 今日我們常常可以見到「純數學」與「應用數學」間的鮮明對比，在歷史中的其他時期也是如此嗎？（古）希臘人是如何看待這件事的？十八世紀的數學家有區分這兩種（數學）風格嗎？

4. 不要查閱蘭德紙莎草文書（Rhind Papyrus），讓我們自己來造兩個「第 n 個部分」之和的表。$\bar{n}$代表「第 n 個部分」，右表是一開始的部分：

n	兩個「第 n 個部份」之和
3	$\bar{2}\,\bar{6}$
4	$\bar{2}$
5	$\bar{3}\,\overline{15}$

5. 比較並對比（今日已知的）古埃及與古美索布達米亞的數學。（你或許需要做一點額外的研究，以獲得足夠的資訊。）
6. 「民族數學」（Ethnomathematics）在這節中僅被簡短地提及。做些研究，然後針對此主題寫一篇簡短的導論。
7. 找出更多關於中國數學史的資料，然後寫一篇簡短的報告。
8. 找出更多關於印度數學史的資料，然後寫一篇簡短的報告。
9. 歐幾里得的《幾何原本》第二卷常常被說成在處理「幾何代數」（geometric algebra），不過，現代的學者對這種說法多所懷疑，辯稱這種說法是我們傾向以代數來看書中的數學，多於歐幾里得書中實際有的數學。閱讀第二卷，並提出你（妳）自己的論點，說明這一卷究竟是關於什麼。（你（妳）或許也要去讀一些學者關於這個主題的論辯。）
10. 數學家喜愛引用這個論述：「幾何學是在不正確的圖形上作正確的推理。」圖形似乎在希臘數學中扮演核心的角色，甚至只要很快地掃視《幾何原本》或阿基米德的作品，就能知道在那之中有非常多的圖形。圖形對論證來說有多重要？證明能夠沒有圖形嗎？
11. 一位老師和一位學生有如下的對話：

    學生：我認為 $1+1=2$，而且不可能是其他的情形。

    老師：但是 $1+1=2$ 這句話聽來太像猶太・基督宗教的傳統了！[1]

    真的是這樣子嗎？分析數學的歷史，確認西方的數學傳統是否受猶太教、基督教影響，以及受到影響的程度。

---

1 譯按：這句話是美國文化的慣用語，意指古板、保守、沒有想像力。據譯者向作者詢問的結果，這是個真實發生的情境，故事中的老師認為，學生說 $1+1$ 一定要等於 2，沒有別的可能，這樣的態度很「食古不化」，就像猶太・基督教傳統一般，並暗示他們應該拋棄這種傳統。作者寫下這個故事，主要是要打破一般人觀念中「西方」文化（包含「西方」數學）等同於「猶太・基督教」文化這樣的迷思，進而思考西方數學受到其他「非猶太教、非基督教」文化影響的部分。至於猶太・基督教文化是否真的古板、保守、缺乏想像力，就留給各位讀者自行判斷。

12. 找出更多關於數學與航海間的關連。十六世紀的航海家需要什麼樣的數學？他們如何使用它？
13. 伯努利家族以出了很多傑出的數學家與科學家而聞名。找出更多關於這個家族成員的資料，並做一個族譜，包含重要的成員與其簡短的傳記，以及其他的資訊。
14. 除了《分析學》外，柏克萊主教還寫了有關代數的書。查明柏克萊對代數的態度為何。
15. 在公元 2000 年時，克雷數學研究所宣佈為七個數學問題中的每一個，均設立百萬美金的獎賞。這七個「千禧年問題」到底是什麼？有哪一個已經被解決了？
16. 二十世紀早期的著名英國數學家與哲學家羅素，曾經宣稱數學是「在這個科目之中，我們無法知道我們在談論什麼，也無法知道我們談的是否為真。」[2]在他所在的數學發展脈絡之中，說明他的陳述。
17. 愛因斯坦曾說：「只要數學法則指涉實在（refer to reality），它們就不可能是確定的；一旦它們是確定的，它們就不能指涉實在。」說明這個陳述如何與二十世紀數學本質的觀點有關。
18. 布拉克（James O. Bullock）在〈數學語言中的讀寫能力〉一文中說道：

   > 數學可被精確地理解是因為它是抽象的。我們不需要仰賴觀察才能知道平行直線不會相交。之所以能有信心地做這種斷言，那是因為數學不是被發現的，而是被發明的。

   在這文章脈絡之中，「抽象的」意義為何？歐幾里得會同意布拉克的陳述嗎？希爾伯特會認同嗎？布拉克的陳述如何反映數學家們看待數學這學科的歷史轉變？
19. 大多數女性思考數學與大多數男性不同嗎？如果是，如何不同？（這裡是徵求你（妳）的意見，至今這個問題尚未有明確的心理學研究。）如果你（妳）對第一個問題的回答是否定的，那這個專題並不適合你（妳）。如果你（妳）的回答是肯定的，請繼續讀下去。假設你（妳）的意見是正確的，那如果數學主要是來自女性，則數學在哪些方面會發

---

[2] *International Monthly*, Vol.4, 1991.

展得不一樣？如果可以的話，提供特定的例子說明。

20. 拉瑪努真（Ramanujan）的生平與工作成果成了二十世紀數學中最迷人的篇章之一。寫一篇簡短的傳略，之中包括你（妳）對他影響現代數學（如果有的話）的看法，並提出支持你（妳）看法的理由。[3]
21. 第一個得到數學博士學位的非裔美國人是考克斯（Elbert F. Cox），他在1925 年從康乃爾大學得到博士頭銜。找出更多關於考克斯的資料，以及至少另外兩位獲得數學博士學位的非裔美國人資料。將你（妳）找到的寫成一系列的簡短傳記（每篇傳記一頁）。如果你（妳）願意的話，在你（妳）的報告最後，就非裔美國數學家對二十世紀數學的貢獻，做些一般性的評論。務必要確認你（妳）獲得資訊的資料出處。
22. 針對中世紀的教育，寫一篇較為詳盡的報告，並要包含對三學科（trivium）及四學科（quadrivium）的仔細討論。
23. 歐幾里得的《幾何原本》曾在歐洲及美國的大學課程中，扮演重要的角色。研究數學課程的歷史，以確定歐幾里得是如何地被使用。為什麼《幾何原本》會包含在課程之中？這本書的哪些部分被實際使用？學生對它的反應如何？為什麼是歐幾里得而不是別人，比方說阿基米德？運用你（妳）對希臘數學的認識，以及你（妳）學習數學的經驗，評估將歐幾里得這樣象徵性人物放進課程中的明智之處。
24. （給大學部學生。）你（妳）所就讀的大學於何時成立的？當時教授的數學是什麼？你（妳）能找出任何有關當時教科書或使用過的教學方法的訊息嗎？
25. 在美國有幾個數學家及數學教師的專業性團體，包括美國數學學會（American Mathematical Society）、美國數學協會（Mathematical Association of America）、美國數學教師協會（National Council of Teachers of Mathematics），以及美國工業與應用數學學會（Society for Industrial and Applied Mathematics），這些團體的不同之處為何？它們如何、以及在何時被創立的？它們如何影響美國的數學及數學教育？
26. 國際數學家會議第一次舉行是在十九世紀末，現已經是定期舉行的大事

---

[3] Robert Kanigel 寫的《懂無限的男人》（*The Man Who Knew Infinity*）是本很好的拉瑪努真傳記。出版資訊：New York: Charles Scribner's Sons, 1991.

了。找出更多關於國際數學家會議的歷史，並準備一篇簡短的報告。你（妳）的報告之中須包括下一屆國際數學家會議的資訊。

27. 競賽在數學歷史中曾扮演何種角色？它們在今天的數學世界裡又扮演何種角色？

素描1

習題

1. 影印下表並且在每一列填入代表相同數字的數碼。

埃及	巴比倫	馬雅	羅馬	印度—阿拉伯
	▽ ◁▽▽			
∩∩‖𓍢‖∩∩				
		≡ ⊖		
				620
			MCCCXX	

當你完成表格後，依照你自己的觀點，將這五個系統，由「最易於使用」到「最難以使用」排序。並簡短地說明你排序的理由。

2. 由於所使用的記數系統並不適合計算，許多早期文明的人們在平日的計算上習慣使用算盤或是計算板。試試看，不要轉換成印度—阿拉伯數碼，將下面的每一對數字加起來。簡短地說明你的作法；然後轉換成印度—阿拉伯數碼檢查答案看看。

a. 𓍢𓍢𓍢𓍢𓍢∩∩∩∩∩∩||| 和 𓍢𓍢𓍢𓍢∩∩∩∩∩||||

b. ◁▽▽ ◁◁◁▽▽▽▽▽▽ 和 ◁◁◁▽▽ ◁◁◁▽▽▽▽▽

c. $\begin{array}{c}\cdot\\ =\\ \cdots\\ =\end{array}$ 和 $\begin{array}{c}\cdot\\ -\\ \cdot\cdot\\ =\end{array}$

d. MCXLVII 和 MMCDLXXXIV

3. 依年代前後順序排列下列事件：

a. 羅馬共和國建立。
b. 埃及人開始使用象形文數碼。
c. 羅馬人敗給奧多亞塞（Odoacer），結束羅馬帝國。
d. 巴比倫人開始使用楔形文數碼。
e. 哥倫布發現美洲。
f. 第一所大學在歐洲設立。
g. 亞歷山大大帝征服近東大部分地區。
h. 查理曼大帝統治歐洲的法蘭克王朝。
i. 歐洲的第一部印刷機被發展出來。
j. 阿拉伯人建立印度—阿拉伯記數系統。

專題

1. 這個素描聚焦在運用書寫形式記錄數字的方法，有許多用來記錄與計算數字之非書寫形式的方法也被人們使用著。比如說，計算板、算盤，印加人的奇普（Quipu）和手勢等等的例子。[4]研究幾種這樣的方法，說明它們是如何操作；並且評論你認為這些方法如何有用？在什麼情形下有用？用你自己的話將這些想法表達出來，記得註明你所使用資料的來源。
2. 標記系統的缺點之一，是用來表示數字的空間需求增加非常地快。表示一百就需要一百個標記符號！在十進位系統，一百需要三個印度—阿拉伯數碼；在古希臘記數系統與羅馬記數系統，它只需要一個符號。想一想在這個素描中所提及的每一種記數系統，並討論數字的大小與所需空間的關係。
3. 這個素描簡短地提到古希臘字母記數系統。研究這個系統，並且寫出一頁的報告說明它是如何操作。記得註明你所使用資料的來源，並用你自己的話將這些想法表達出來。同時，報告中必須包含下列這些問題的答案：

---

4 譯按：Quipu 是古代印加人的一種結繩記事的方法，用來計數或者記錄歷史。它是由許多顏色的繩結編成的。這種結繩記事方法已經失傳，目前還沒有人能夠瞭解其全部涵意。

a. 什麼是這個系統的基本符號？它如何操作？舉例說明之。
b. 它是哪一種的位值系統？或者，它不是位值系統？
c. 在現行的英語中，*myriad* 的意義是什麼？在古希臘語的意義又是什麼？它在這個系統所扮演的角色是什麼？
d. 比較古希臘記數系統與羅馬記數系統。

素描2

習題

1. 以下各算式均使用下列數學家所給的符號。試著用現代的記號將之翻譯出來，並註明每個數學家當時所處的國家。
   a. 雷喬蒙塔努斯（1470 年代）：9 $\widehat{\iota\varphi}$ 3 — 4 *et* 2
   b. 帕奇歐里（1494）：9 $\tilde{p}$ 6 $\tilde{p}$ 3 — 20 $\tilde{m}$ 2
   c. 維德曼（1489）：31 − 20 das ist 10 + 1
   d. 雷科德（1557）：2 —+— 3 —+— 4 ═══ 10 ——— 1
   e. 吉拉德（1629）：(8÷2) + 7 *esgale á* 13
   f. 奧特雷德（1631）：7 – 2 : + 3 = 5 + : 4 – 1 :
   g. 笛卡兒（1637）：5 + 4 ∞ 2 + 10 -- 3
2. 用現代的記號法寫出「當一打少去五時再加上三，其結果是十」，並用問題一所列出的七種記號法各自再寫一遍。
3. 要避免使用過多的編組符號（像是奧特雷德的冒號或是現在的圓括號），其中一種方法就是對於運算的優先權規則達成共識，也就是說，除非有明確的編組符號出現，不然某些運算總是優先處理。例如，5 + 3 ×4 是指 5 + (3×4)，而不是 (5 + 3)×4，因為乘法總是比加法來得優先。
   a. 在算術中，常用運算的標準優先順序為何？
   b. 計算器通常會精確嚴格地執行優先權規則。請檢查操作手卷或是做一些試驗判斷你的計算器對於下列運算的優先順序如何指派：變換正負號、加法、減法、乘法、除法及乘冪次方。
4. 如果你有權選擇一個獨特的乘法符號供全世界使用，你會挑選哪一個？如果你必須選擇一個獨特的除法符號，你會選擇哪一個？為何你的選擇是最好的？請說明理由。

5. 當表示「相等」的符號從普通的破折號開始演變，經過像是片語「那是」（that is），最後到雷科德兩條成對的線段，許多人開始將「相等」和「相同」看成同義詞。然而，如果你曾經忘記將 $\frac{6}{8}$ 化簡成 $\frac{3}{4}$，你就知道至少在數學上這兩者是不同的。
   a. 至少舉出二到三個數學上的例子，兩個事物相等卻不相同。並且，在每個例子上註記「等於」的意義為何，並且說明它們差異最顯著的部分。
   b. 現代的數學有幾種顯然是衍生自符號 $=$ 的常用符號，包括 $\equiv$、$\approx$ 和 $\cong$。對每個符號至少說出一個意義，並說明這個意義與原來的「等於」差異何在。舉例說明你的解釋。你能對其餘的符號做相同的思考嗎？
6. 對於習題 1 中提及的每個數學家，由下列藝術及文學事件的清單中，選出與其同一時間及相同國家的人：
   a. 達文西（Leonardo da Vinci）畫最後的晚餐（*The Last Supper*）。
   b. 詩人約翰．鄧恩（John Donne）死亡，詩人約翰．德萊敦（John Dryden）出生。
   c. 藝術家／版畫家／幾何學家 杜勒（Albrecht Durer）出生。
   d. 藝術家　尼古拉·普桑（Nicolas Poussin）畫劫持薩賓婦女（*The Rape of the Sabine Women*）。
   e. 藝術家　施恩告爾（Martin Schongauer）製作非常精細的版畫，像聖安多尼的誘惑（*The Temptation of St Anthony*）。
   f. 音樂家／作曲家　莫利（Thomas Morley）出生。
   g. 劇作家　高乃依（Pierre Corneille），熙德（*Le Cid*）以及其餘31 部戲劇的作者，寫下他的第一部戲，梅麗特（*Melite*）。

專題

1. 美洲第一本印刷的算術書是迪亞茲教士（Brother Juan Diaz）的《簡要理解》（*Sumario Compendioso*）。找出更多有關這本書的資料，它何時出版？在哪裡出版？其中所用的算術記號法是哪一種呢？
2. 在這個素描中列舉的所有例子都是關於歐洲的數學。研究印度及中國數學家所使用的算術符號，並寫一份簡短的文章說明之。

3. 這個素描聚焦於我們如何寫出簡單的算術「句子」。但是，我們同時也使用符號來表示計算的實際過程。所以，我們可以寫出如右圖所示的計算結果，什麼時候這樣的減法方式被引進呢？你還知道其他相減的方法嗎？

$$\begin{array}{r} {}^{2}3{}^{13}4{}^{1}2 \\ -\,173 \\ \hline 169 \end{array}$$

素描3

習題

1. 如同下面例子所呈現的，早期巴比倫數碼缺少零的符號造成意義上的不明確。
   a. 請至少用四種不同的方式詮釋《▽▽，在每個例子中，用後期巴比倫人的點符號重寫這個數碼。可以的話，也使用我們現行的印度—阿拉伯數碼寫出這個數目。
   b. 你有多少方式可以詮釋 ▽▽▽？運用後期巴比倫人的點符號；可以的話，也使用我們現行的數碼系統。至少說明四種不同的情形並求出其值。
2. 在 p.74 中的巴比倫人手持泥版左上方的數碼可以翻譯成：

   5 個十與 3 個十結合起來是 2 個十加上 5；

   這個答案再與 3 結合起來是 1 和 1 個十加上 5。

   （答案在泥版圖中垂直線的右邊。）試問這個計算的結果所用的運算及位值為何？試說明之。並進一步說明零的符號如何幫助解讀這個計算結果。
3. 當你在進行加法與減法運算時，能否不用將零視為一個數目？試說明之。
4. 為了將零視為一個數目，初等算術的運算（那些我們用 +, –, ×, ÷ 表示的運算）必須擴展規則讓零能夠參與，有些規則的擴展是由好幾個印度數學家所提出。在以下的敘述中，一律用 n 表示任意的自然數。
   a. 為何宣稱 $n+0$ 與 $0+n$ 兩者都等於 n 是有意義的？試說明之。

b. 公元九世紀時，瑪哈維拉宣稱 $n-0$等於 n。說明為什麼這麼做是有意義的？為何他沒考慮 $0-n$呢？

c. 瑪哈維拉也宣稱 $n\times 0$ 等於 0。假如他說 $n\times 0$ 等於 n 會有什麼問題？

d. 瑪哈維拉也宣稱 $n\div 0$ 等於 n。能將它當成算術的規則嗎？如果不能，是出了什麼問題？如果可行，那麼 $0\div n$ 等於多少？

e. 公元十二世紀初期，婆什迦羅二世主張 $n\div 0$ 等於一個無限大的量。為什麼這是一個合理的猜測？能將它當成算術的規則嗎？如果不能，是出了什麼問題？

f. 可以宣稱 $0+0, 0-0, 0\times 0$，及 $0\div 0$ 都等於 0 嗎？試說明之。

5. 將下列事件依年代順序排列，並標記適當的年份或是時期：

a. 印度數學家發展以十進位制為基礎的位值系統。

b. 巴比倫人開始使用空位符號。

c. 巴比倫的漢摩拉比王編纂他最有名的法典。

d. 瑪哈維拉將零視為一個數目。

e. 諾曼人在黑斯廷斯戰役（the Battle of Hastings）擊敗薩克遜人。

f. 凱撒在羅馬遭人暗殺。

g. 阿爾・花剌子模的作品（包含他對零的論述）被翻譯成拉丁文，並在歐洲傳播開來。

h. 埃及大金字塔（the Great Pyramids）建於吉薩。

i. 哈里奧特提出解方程式的作法。

j. 查理曼被加冕成為神聖羅馬帝國皇帝。

k. 哥倫布發現美洲大陸。

l. 美國獨立戰爭爆發。

m. 美國南北戰爭爆發。

n. 伽羅瓦、阿貝爾及其他數學家開始將數目系統一般化，形成抽象代數的結構。

專題

1. 許多人都交互地運用「零」（zero）和「沒有」（nothing）的字眼。在某些情形下，這是可以接受的；但有些情形是不可以的。寫篇簡短的報告說明哪些情形可以，哪些不可以。也就是說，在什麼情況下，零僅僅表示沒有？在什麼情況下，零確實代表某些（可能是抽象的）事物？

2. 即使零被接受成為一個數目後，它仍保留著某些神秘和隱喻的力量。“cipher”這個字常用來代表零，不過通常意指神秘、難以理解及謎一般的事物（不妨想一想 decipher 的意思）。當我們想要描述某些人是「無關緊要的角色」（a zero）我們也常隱喻地使用零。找些有關這類隱喻使用零之文學作品的例子。
3. 在公元 1999 年的年底，人們曾廣泛討論公元 1999 年的 12 月 31 日是否為那個千禧年的最後一天。[5]數學家及某些嚴格要求精準的人，都認為千禧年的最後一天，應是公元 2000 年 12 月 31 日。當時一個流行的說法是「因為沒有公元零年。」請對這個議題做些研究，決定那個千禧年應該從何時開始？你的答案是否與「公元零年」有關？為什麼？

素描4

習題

1. 請寫出埃及分數「十二分之一」的前十一個倍數，你可以寫成一個的「單位分數」或不同（不重複）「單位分數」的總和。請盡量使用比較少的單位分數與比較小的分母。用埃及人與現代人的符號各寫一遍。（請忽視 $\frac{1}{2}$、$\frac{2}{3}$、$\frac{3}{4}$的特殊符號。）
2. 根據習題 1 的說明，寫出 $\dot{\cap}$ 的前九個倍數。
3. $\frac{1}{2}$、$\frac{2}{3}$、$\frac{3}{4}$的特殊象形符號分別是 𓐛、𓂚與 𓂛。使用這些符號會如何改變習題 1 與 2 的答案？
4. 請將下面的量，寫成六十進位展開式。然後再將你的答案翻譯成巴比倫的表示法。（巴比倫符號系統請參見素描 1。）

例：$71\frac{1}{4}=1\times 60+11+15\times\frac{1}{60}$　　𒁹　𒌋𒁹　𒌋𒁹𒁹𒁹𒁹𒁹

---

[5] 譯按：這裡的千禧年並非指某一年，而是某段一千年的時間。如同「世紀」，「千禧年」也是一個計時的單位。

(a) $\frac{1}{3}$　(b) $\frac{1}{100}$　(c) $12\frac{1}{5}$　(d)81.23

為了使巴比倫的數碼更容易解讀，你會加入什麼符號的規約到他們的系統中？

5. 請說明《九章算術》中將分母通分的分數除法，與現代學校裡教的「乘以倒數」的方法為何是如何相通的。用例子來說明你的理由。請分別找出這兩種方法的優點。
6. 電腦與電子計算器的普及，使得分數越來越常被表示為十進位小數。
   a. 請敘述將分數寫成十進位小數的兩個好處。
   b. 請敘述將分數寫成十進位小數的兩個壞處。
7. 將分數表示為十進位表示法時，小數的長度決定於分數的分母與位值系統基底（base of the place system）之間的關係。
   a. 哪些分數可被表示為（小數點以下）不超過三位數的小數？哪些分數可表示為不超過五位數的小數？請解釋原因。
   b. 哪些分數剛好可以表示成有限小數？請解釋原因。
   c. 請舉三個分數的例子，它們都不能表示為有限小數。證明你的答案。
   d. 有沒有分數在巴比倫六十進位系統能表示為有限小數，但在我們的十進位系統不能？如果有，舉三個例子（加上解釋）。如果沒有，為什麼？
   e. 有沒有分數在我們的十進位系統能表示為有限小數，但在巴比倫六十進位系統不能？如果有，舉三個例子（加上解釋）。如果沒有，為什麼？
8. 在某些巴比倫文本中，你會看到像下面的句子：「七沒有相反物。」你覺得他們在說什麼？
9. 誰是納皮爾？誰是刻卜勒？他們的工作或興趣如何可能使得他們傾向用十進位表示法代替分數？

專題

1. 我們太習慣於將分數寫成十進位小數，以致於我們不再真正需要思考這些表徵的意義。本題的目的是要讓你重新思考。回憶一下，我們知道分

數都可對應至循環（十進位）小數。[6]所以，小數

$$1.22222222222\cdots \text{ 與 } 0.818181818181\cdots$$

都代表分數。所以，它們的積也必為分數，也就都是循環（十進位）小數。你能否在不轉換回分數的限制下，計算出

$$1.22222222222\cdots \times 0.818181818181\cdots$$

的十進位小數表徵？

2. 在皮薩的李奧納多所著之《計算書》中，提供了另一種表示分數與帶分數的方法。李奧納多用 $\frac{1}{11}\frac{5}{6}244$ 表示 244 個單位，加五個六分之一，再加上一個六分之一的十一分之一。以現代符號表示，就是

$$\frac{1}{11}\frac{5}{6}244 = 244 + \frac{5}{6} + \frac{1}{11} \times \frac{1}{6}$$

 a. 你覺得他為什麼要這麼寫？
 b. 將帶分數表示為這種分數的方式是唯一的嗎？
 c. 在李奧納多的其中一個問題中，他解釋要如何將 $\frac{3}{5}$ 個 $\frac{4}{7}29$ 乘以乘以 $\frac{6}{11}$ 個 $\frac{2}{3}38$。他說答案是 $\frac{2}{5}\frac{2}{7}\frac{2}{11}374$。檢查這是否正確。請先用現代符號計算，然後再想一個方法，直接運用李奧納多的符號計算。

3. 既然我們將分數視為數目，很自然地我們想要知道兩分數如何做除法。但這真的有任何的應用可能性嗎？請設想一個實際情境，或一個故事問題，使得你需要計算 $\frac{3}{2} \div \frac{1}{2} = 3$。

素描5

習題

1. 正數 a, b, c, d 在何種條件下，會保證展開 $(a - b)(c - d)$ 的每一步驟中的每一個差都是正數？證明你的答案是合理的。
2. 歐拉處理負數的方式，是藉由描述負數「應該」如何與已知及被接受的

---

[6] 譯按：有限小數可視為後方附上「0」的循環。反之，循環小數都可寫成分數。

正數進行運算。

a. 請論證歐拉 $-a$ 乘 $-b$ 應該是 a 乘 $-b$ 的相反數的主張。「相反數」在這個脈絡中是甚麼意思？

b. 如何由a.得知兩負數的乘積是正的？

c. $-a$ 乘 b 與 a 乘 $-b$ 有何關聯？為什麼？

3. 如果負數具有正當性，那麼，算術法則必須擴張到包含負數。這裡有一個令人感到迷惑的奇特之處，是關於亞諾所關心的比值：
   - 乘法是累加概念的延伸。
   - 任兩數 a、b，$a < b$ 意味著 $(-5) + a < (-5) + b$，不過 $(-5) \cdot a > (-5) \cdot b$。

   你如何解決這顯然的不一致？

4. 沃利斯與其他十七世紀的數學家，對於如何把負數放到適當的算術位置而不導致前後矛盾，都感到掙扎。

   a. 解釋沃利斯的矛盾推論：若負數小於零，則負數一定大於無限。

   b. 沃利斯的論點部分依靠 $\frac{3}{-1} = -3$ 的主張，這必然是正確的嗎？為什麼？

   c. 假如學生提出沃利斯的主張，你會如何回應？

5. 負數已成為初等算術中司空見慣的一部分。這使人不由得認為，在負數不被瞭解的時代，科學是很原始的。其實不然。在負數為人接受，不再是爭議與懷疑的焦點之前，科技上就已有許多出現許多高度的進展。請按年代順序排列下列的事件。在沒有提供詳細資訊的項目中，請給出大約的年代和事件發生的國家。

   a. 在 1550 年代，史蒂費爾認為負數是虛構的。

   b. 約翰沃利斯主張負數大於無限。

   c. 在 1630 年代，笛卡兒稱負根是謬誤的。

   d. 在 1760 年代，著名的法國百科全書表達對負數本質的猶豫。

   e. 笛摩根把負的答案歸類為無法想像的。

   f. 刻卜勒提出行星運動定律。

   g. 諾貝爾發明炸藥。

   h. 哈維證明血液循環。

   i. 哥白尼發表日心說理論。

j. 庫倫建立電荷與作用力的定律。
k. 富蘭克林出版《電流的實驗與觀察》（*Experiments and Observations on Electricity*）。
l. 吉爾伯特（William Gilbert）著作《磁石論》（*De magnete*），描述地球是一個有南北磁極的巨大磁石。
m. 伽利略發表論文，說明支配自由落體與拋物體運動的基本原則。
n. 伏特發明「伏特電柱」（voltaic pile），是現代電池的前驅。

專題

1. 笛摩根的引文取自《論數學的研究與困難》。請找出更多關於笛摩根及其著作的資料，為引文提供一些背景。
2. 上面的習題第 2 題顯示出，如果我們想要維持基本的加法性質（尤其是分配律），必須將兩負數的乘積視為正數。這樣是不錯，但如果定義有個令人信服的實際理由，我們會覺得更好。你能在真實世界中，提出涉及兩負數乘積的情境嗎？這個情境是否告訴我們乘積應該為正？
3. 這個素描沒有談論負數使用什麼符號。會計帳目上紅色代表負數。近代數學家在前面只放個減號，這樣 –3 就表示負的三。在一些美國課堂中，-3 代表負的三，而 –3 表示為「減三」，兩者是有區分的。請研究過去還有什麼符號被人們使用。這種「負三」和「減三」不同，是歷史上已有的區別，或者這只是近代的發明？

素描6

習題[7]

1. 有時測量問題講求的是快速估計，而不是小心、精確的單位換算。
   a. 當你開車往北時，先以一加侖 1.4 美元的價錢加了汽油；當你靠近邊

[7] 譯按：原著本節中的習題與專題內容，是專為美國學生所設計，國內的教師與家長若要使用這些習題讓學生練習，建議可將其內容修改，除了可以熟悉公制與英制單位之外，尚可加入臺制單位（臺斤、臺尺）與公制單位的換算，並可比較兩類系統在不同場合使用的優缺點。

界時，卻發現一張廣告看板上寫著汽油每升 39.9 分，這比你之前付過的錢要貴還是便宜？差很多還是很少？

b. 有一種跑步的距離稱為「公制哩」（metric mile），以米來算的話，它是多少米呢？比 1 英哩多還是少？大概差了多少？

c. 如果你最喜歡的飲料不再以夸脫（quart）販賣，改以用公升來計算的瓶裝販賣。假設所賣的價錢比例一樣，現在每一瓶你預計要多付還是少付錢呢？如果一夸脫要 0.99 美元，那麼一公升你必須要付多少錢呢？

d. 在國外，你拿出美金 2 元要求買 6 磅的麵粉，但是店家沒有辦法以磅來秤重，他給你三公斤的量來代替，你要接受嗎？為什麼要或為什麼不要？

e. 你將要飛行到一個外國城市去，那個城市在你預計到達的時間的溫度預測為 18℃ 到 23℃，那麼，你應該帶厚重的外套或是薄夾克呢？為什麼？

2. 在本文中，我們陳述了法國科學院拒絕用 grade，而以徑度當成角度測量的基本單位。

a. 什麼是「徑度」？一個直角以徑度測量時是多少？

b. 30°、45° 以及 60° 改成用徑度來表示時是多少呢？

c. 一徑度的角度換成以度來表示時是多少呢？

d. 一米的標準長度計算來自於真實世界的物體（現在以光在特定時間經過的距離來定義）。對於徑度，是否有類似的物理標準？為什麼有或為什麼沒有？

3. 在設定一種新的單位系統時，法國科學院有企圖去將時間單位合理化嗎？關於曆法又是如何？

4. 用兩到三個句子以內來回答下列的問題。

a. 在亨利一世統治下的英格蘭是什麼樣子？

b. 塔列蘭（Charles de Talleyrand）是一個著名的政治家。他的其他主要成就還有哪些？

c. 1780 到 1850 年間，法國的整個政治領導層面有些什麼改變？

d. 在 1866 年時，美國一般性的政治與經濟風潮是什麼？你覺得為什麼這個時間點對於通過法律，來將公制測量單位在商業使用上合法化是個好時機？

5. 古老的測量系統常常會有奇怪的規則。針對這一點，有一個極端的例子可以說明，即是關於在古巴比倫泥版上所發現的壕溝問題。在泥版上說，壕溝的面積為 7.5 SAR（我們以現代的符號來寫這個數字，而不是以巴比倫的形式）體積為 45 SAR，而且深度等於它的長與寬之間的差的七分之一。泥版上的解法給出答案為長 5 GAR，寬是 1.5 GAR。
   上述這個例子中，有兩件事看起來有點怪。首先，史料上 SAR 當成面積也當成體積單位使用，為什麼能夠這麼做呢？第二，這些數目合理嗎？「深度等於它的長與寬之間的差的七分之一」真的可能嗎？如果不是，你能夠猜測一下什麼才是合理的？

專題

1. 按照下列的條件，「從頭開始」建構你自己的測量系統：
   - 選擇某些一般隨手可得的物件（例如汽水罐的高度）去定義測量的基本單位。以這個單位測量你的身高。
   - 定義相關的長度測量單位，以便測量較大或較小的物件。用這些單位表示紐約到洛杉磯的距離、足球場的長度、這一頁書頁的寬度，以及這本書的厚度。
   - 定義相關的測量面積與體積的單位。用這些單位表示一張標準影印紙的面積和自行選擇的一件較大的物件，還有一加侖牛奶的體積和自行選擇的一件較小的物件。
   - 製作關於你的系統與英制系統和公制系統間的換算表。
   - 將你的系統與公制和英制系統作比較，哪一種比較好？在什麼情況下沒 那麼好用？
2. 寫一篇報告包含下面兩個等量的部分：一部分為「美國應該正式地採用公制系統」的主張辯護，另一部分為「美國不應該正式地採用公制系統」的主張辯護。在你為每一邊陳述過最好的理由之後，決定哪一邊對你而言較為方便，並且簡短的解釋你的理由。

素描7

習題

1. 在《蘭德紙莎草文書》中，並沒有真正的給出π的值，只給出圓形田地面積的計算規則：[8]

   以直徑為 9 khet 的圓形田地為例。它的面積為何？
   從直徑中取走 1/9，亦即 1，剩下的為 8；將 8 乘以 8，得64；所以此土地的面積為 64 setat。

   請算出在此過程中使用的π值，並檢驗一下是否符合本文所給的數據。
2. 地球在赤道的直徑大約為 8000 英哩，在下列的問題中，假設其恰好為 8000 英哩。
   a. 使用下列所用的各種π值，計算地球在赤道的周長至十分之一英哩：
      (i) 《蘭德紙莎草文書》
      (ii) 托勒密
      (iii) 祖沖之
      (iv) 阿耶波多
   b. 阿基米德在估計π的近似值時，給出π的上限與下限，而不是給出π的近似值。使用他的結果去計算地球周長的上限與下限。你所得到的這兩個值之間的距離多遠呢？
   c. 現代計算器算出π的近似值為 3.141592654。使用這個π值求出地球在赤道的周長；再將這個π值的最後一位數字改成 0，以這個新的近似值再求一次周長。你的這兩個答案之間的差距是多少英哩呢？又是多少英吋呢？
3. 如果π的值分別使用$\frac{22}{7}$（如同海龍一般），以及在 2.(c) 所給的現代計算器得出的值，對直徑為 d 的圓，你將會得到兩個不同的圓周長。哪一個比較大？如果想要讓兩者的差為 1cm，那麼直徑 d 要取多大的值呢？

---

[8] 見 [16]，P. 1。

4. 在π的近似值中，$\pi \approx \frac{355}{113}$是最有名的一個，大約在西元 480 年左右由祖沖之所給出，並且後人還重複發現了很多次，這個值之所以會有名，在於它給出了相當多的正確位數，卻使用了一個相對小的分母，畢竟較小的分母在計算上比較容易。事實上，當我們以小數的形式給出估計值時，可以藉由計算估計值正確的位數與使用分母位數之間的比值，用來測量估計「品質」的好壞。使用這樣的測量方式來評價《蘭德紙莎草文書》、阿基米德、托勒密、祖沖之與阿耶波多的近似值品質好壞。
5. 因為π是一個無理數，對任何進位制而言，它的小數形式都是無窮的、不會重複的。有時候簡單的二進位制的 0-1 模式會讓我們有某種洞見，然而用十進位制的十個數字來表示時可能模糊不清。找出π的前二十個二元數字（二進位制）一甚至如果你有耐心的話，解釋一下你是如何得到這些數字的。陳述在這種表現形式之下，你所發現到的模式或問題。
6. 楚維諾斯基兄弟的工作一開始先尋找會快速收斂到π（或是與π有密切關係）的級數。有一個這樣的級數來自於印度的拉馬努真（Srinivasa Ramanujan）：

$$\frac{1}{\pi}=\frac{\sqrt{8}}{9801}\sum_{n=0}^{\infty}\frac{(4n)![1103+26390n]}{(n!)^4 \quad 396^{4n}}$$

   a. 請找出分別使用這個級數的一項、二項、三項時，所得到的π的近似值。將你的結果與本素描最後所顯示的π的各個位數做比較。
   b. 在第二個步驟之後，$\frac{1}{\pi}$有多少個位數是可靠的？在第三個步驟之後呢？你是如何知道的？
7. 阿基米德生活在西西里島的敘拉古。西元前 240 年左右的敘拉古是什麼樣的城市呢？當時阿基米德在敘拉古過著什麼樣的生活呢？

專題

1. 阿基米德如何估計π的近似值？
2. 在本文中提到π已經被證明是一個無理數，它也是一個超越數。有些人相信它是一個正規數，但是還沒有人能夠證明它確實是。找出這些字（無理數、超越數、正規數）的意思，寫一個短文來解釋它們，文中請包含前兩個性質證明的相關資訊（誰證明它，什麼時候以及如何證明）。

3. 測量角度時常用的兩個普遍的方法，一是使用度的單位，另一種使用徑度。在徑度的測量中，π 扮演了一個關鍵性的角色，但是在使用度的單位時則否。寫一個短篇報告來比較和對比這兩種測量角度的方法，包括解釋為何 π 在其中一種會明確的出現，而另一種卻沒有。

素描8

習題

1. 按下列各來源可能出現的形式，分別寫出下列方程式：

$$2x^2 - 3x + 7 = x^3 + \sqrt{x-1}$$

a. 皮薩的里奧納多的寫法，大約 1200 年左右（但是以英文寫出）
b. 1494 年帕奇歐里的《算術、幾何及比例性質之摘要》
c. 1544 年史蒂費爾的《整數算術》
d. 1484 年許凱的手抄本
e. 1637 年笛卡兒的《幾何學》

2. 下列的各個式子都來自於習題 1 中所列的各個來源。辨別出各式子的作者並把它翻譯成現代的代數記號：

a. $12\mathfrak{z}\mathfrak{z} + 16\mathcal{C}e - 36\mathfrak{z} - 32\mathcal{X} + 24$

b. $z \propto \frac{1}{2}a \text{ -- } \sqrt{\frac{1}{4}aa \text{ -- } bb}$

c. $1.\ co.\ \bar{p}\,\mathcal{R}v.\ 1.\ ce.\ \tilde{m}\ 36.$

d. $\mathcal{R}^2.\underline{1.\frac{1}{2}.\bar{p}\mathcal{R}^2.24}.\bar{p}.\mathcal{R}^2.1.\frac{1}{2}.$

3. 按照十七世紀哈里奧特的形式，要如何寫出 $3a^3 + 2b^2 + c$ 呢？又如果是海里岡的形式呢？休姆的形式呢？笛卡兒的形式呢？

4. 文辭代數從來沒有真正的消失不見。譬如在十九世紀的教科書中，我們可以發現一種計算三角形面積的規則：

　分別從三邊長的和的一半中減去各邊長，將三個剩餘的量與半周長連續相乘，最後的乘積再開平方根就是三角形的面積。

將這個規則以現代的代數符號重新改寫。哪一個版本比較清楚？你能夠瞭解這個規則嗎？

5. 希臘數學家曾經說過，$a, b, c, ..., y, z$ 中如果每一量和它的下一個量的比值都相同，$a, b, c, ..., y, z$ 就稱為「連續比例」的量。也就是說，如果

$\frac{a}{b}=\frac{b}{c}=\cdots\frac{y}{z}$ ，$a, b, c, ..., y, z$ 就稱為「連續比例」的量。

將這段敘述翻譯成現代的代數記號表示。（提示：以第一項和共同的比值寫出第 n 項。）

6. 將下面所列的事件和習題 1 中所列的數學作品相配對，使得發生的時間與地點能夠最接近。
   (i) 查理八世成為法國的國王，大約十年之後，他侵略與征服了大部分的義大利半島。
   (ii) 弗朗索瓦・拉柏雷（François Rabelais）完成他著名的社會諷刺小說系列：《巨人傳》（*Gargantua and Pantagruel*）
   (iii) 第四次十字軍東征佔領和掠奪君士坦丁堡。
   (iv) 貝多芬完成他的「田園」交響曲。
   (v) 加爾文（John Calvin）結束在外國的流放生活，並成為瑞士日內瓦人民精神與道德的領導者。
   (vi) 米開朗基羅開始他的藝術生涯。

專題

1. 本節素描清楚的呈現了在今日記號發展的很久以前，人們就已經在使用代數了。寫一篇報告闡述下面的問題：
   - 如果你想要開始教授一個代數課程，用以鼓勵學生發展他自己的代數記號，你要從何與如何開始呢？
   - 讓學生創造自己的代數記號有什麼優點？這樣做的話又會有什麼缺點？
   - 你覺得如果某人完全不懂代數時，要如何開始學習呢？
2. 如何表徵未知量次方的這個問題，在代數符號化的發展過程中一直是主

要困擾的來源，這點特別見證於十五、十六與十七世紀的歐洲。當時由於活版印刷技術的出現，確定印刷的方便性與表徵數學敘述的標準化方法，就變得日益重要。在本節素描中，我們簡短描述了幾種表示次方的方式，但是，在這個故事當中，還有相當多的部分仍未提及。請研究這個問題，然後寫一篇簡短的報告陳述你的發現。按照一些重要的主題或是概念性的議題來試著組織你的報告，使得它不僅只是一份不同記號的表列而已。（為什麼一個方法比另一個好？哪一個表示法導致哪一個？為什麼？等等。）[23] 這本書有相當好的資源，其中一個章節中包含了相當多又仔細的相關資訊，但是，試著不要將你自己僅僅侷限在這份來源，並確保你的報告內容不只是單純引用或改寫那本書的內容。

素描9

習題

1. 利用試位法求解在素描一開始所提的蘭德紙莎草文書上的問題：

   有一個數量，它的一半和三分之一再加上它本身的和為10。

   這個數量為何？
2. 以文字（不使用現代的代數符號）造出一個可用試位法解決的問題情境，再以試位法解這個問題，最後，以代數形式解這個問題來驗算你的答案。
3. 利用雙設法解下列所提的問題，此問題來自皮薩的里奧納多《計算書》第 12 章中的一個問題：[9]

   有一個人到盧卡去做生意，獲利使他的錢加倍，而且他在此花費了 12 個貨幣。然後他離開此地到了佛羅倫斯；在此他獲利使他的錢加倍，且又花費了 12 個貨幣。最後他回到皮薩，獲利使他的錢加倍，而且花費了 12 個貨幣。在這三段旅途的最後和

[9] 參考辛格勒（L. E. Sigler）的《斐波那契的計算書》（*Fibonacci's Liber Abaci*）（Springer Verlag, 2002），372 頁。

所有花費之後，他還有 9 個貨幣。請求出他在一開始時有多少錢。

4. 上述的問題里奧納多給了數種不同的問題形式。一開始的問題是這位旅行者最後沒有剩下錢。以下是他針對這種情形提供的解法，你能解釋他的解法嗎？

   在題目中，因為他總是賺了 2 倍他的錢數，很明顯地 2 來自於 1。由於 1 的一半是$\frac{1}{2}$，因為有三段旅程，所以他將$\frac{1}{2}$寫三次，即 $\frac{1}{2}$，$\frac{1}{2}$，$\frac{1}{2}$，然後將分母的三個 2 相乘，得 8；將其乘以$\frac{1}{2}$得 4；再將 4 乘以$\frac{1}{2}$得 2；再將 2 乘以$\frac{1}{2}$得 1。將 4、2、1 相加得 7；將 7 乘以他花費的 12 個貨幣，得 84，將其除以 8，商為 $10\frac{1}{2}$ 貨幣，此即為此人一開始所有的錢數。

5. 在前面說明試位法的過程中，有提到兩種情形：一種是兩個誤差都是同類型，另一種為不同類型。然後文中說：「這正是避免負數的一種方法。」請說明之。
6. 用文字（不用現代的代數符號）創造一個可以用雙設法求解，但不能以較簡單的試位法求解的問題，然後，以雙設法來求解，最後，以代數方法解這個問題以檢驗你的答案。
7. 有一天強尼上數學課遲到了，當他走進教室時，老師看著他說：「強尼，你知道現在幾點了嗎？」強尼回答說：「當然啊。如果你將從午夜到現在的時間的四分之一，加上從現在到午夜的時間的一半，你就可以得到現在的時間了。」在本章中所討論的哪一個方法可以用來解這個問題？當時的時間為何？

專題

1. 為了要以代數的形式來解方程式，我們必須要用到幾種不同的抽象概念：用來代表未知數、0，以及負數的符號，還有方程式兩邊運算的相消運算的概念。寫一篇短文解釋為何試位法可以迴避對這些概念的需求。

而這一點使得在學習解線性方程式時會更簡單或更困難？

2. 雷科德在《礪智石》中曾寫下一段一位師傅和他的學生間的對話。在師傅解釋完建立與解方程式背後的基本概念後，學生說：

> 如此規則看來即為試位法規則，是以吾人可以此呼之，因其取一錯誤數字，以之開始求解。[10]

然而，師傅回答說這個方法「此非設誤，乃是設置一正確數字，且此數將會迅速被求出。」又說這個方法「教導吾人起始時為正確數字命名，在確定所命名之數為何之前。」

這位師傅所做的區分的重點是什麼？關於用代數方式來解題，它陳述了什麼論點？寫一篇簡短論文來回答這些問題。

3. 在十九世紀前半世紀的美國，《校長的好幫手》是最廣泛使用的一本算術書。從 1799 年開始的四十多年，它曾被許多不同的公司所出版。請寫一篇有關它的論文，研究這本書、它的作者（納森・達伯（Nathan Daboll）），以及這一段時間的美國發生了什麼事，可以用來解釋為何這本書這麼受歡迎。

素描10

習題

1. 阿爾・花剌子模將方程式分成六種。其中三種僅有兩項（例如：一個平方等於多物），另外三種有超過兩項（例如：一個平方與多物等於一數）。請解釋為什麼他需要如此分類，然後（用現代形式）將全部六種方程式列出。

2. 本節素描所敘述的幾何論證只適用於「一個平方與多物等於一數」，亦即只適用於形如 $x^2 + bx = c$ 的方程式（b 與 c 皆為正）。請想出類似的幾何論證，來解「一個平方等於多物與一數」，亦即解形如 $x^2 = bx + c$ 的

[10] 取自雷科德，《礪智石》，Da Capo 出版社, 1969 年出版。本版本為 1557 年倫敦發行版本的複製本。這段對話出現在第二次描述「方程式的規則，通常稱為代數規則」的第二頁。英文版將標點符號和拼字現代化。

方程式。

你還能想出解「一物之平方與一數等於多物」的幾何論證嗎？（注意！這題的方法複雜得多。）

3. 二次方程式在古代數學中隨處可見。這裡有一個來自丟番圖的例子：

> 試求二數，使其和與其平方和為給定之數。

丟番圖令其和為 20，平方和為 208。他同時也指出，要解此方程式，必須要有「平方和之兩倍比和之平方多一平方」這個條件。請用現代符號說明及解答本題，接著解釋為何丟番圖需要加上那個條件。

4. 艾布．卡米勒（Abū Kāmil，約公元850 - 930年）是阿爾．花剌子模之後不久的人，（可能）住在埃及。在他的代數書中，他宣稱自己能解那六種形式以外的方程式（見習題 1）。下面有一個這種問題：[11]

> 有人說，將 10 分為兩部分，每份被另一份所除，且當兩商數自乘，由大數減去小數後，則所剩之數為 2。

用現代符號說明並解答艾布．卡米勒的問題。這題真的不屬於那六種形式之一嗎？

5. 阿爾．花剌子模活在九世紀初期的中東，大約的年代是公元 780 - 850 年。當時的歐洲是怎樣的時代？

專題

1. 中學代數教材常要學生用下面的方法解方程式：
   - 移項使方程式一邊為 0。
   - 找出幾個（整）數，放入十字交乘法將（老師精心設計的）二次式分解成兩個一次式。
   - 令兩個一次式為 0，解出兩根。

   二次公式解一般出現在十字交乘法之後，而（沒有圖解的！）配方法通

---

[11] 引自李維（Martin Levey），《艾布．卡米勒的代數，附芬濟注》（*The Algebra of Abū Kāmil, in an commentary by Mordecai Finzi*），（University of Wisconsin Press，1966），第156頁。

常是拿來導出公式用。

請解釋為何這樣的進路與歷史發展相反。特別，請找出在阿爾・花剌子模當時並不存在，且對因式分解十分重要的關鍵數學概念。（參見素描 3 與素描 8。）接著請討論，你是否認為忠於歷史的進路適用於中學。請用令人信服的論述支持你的意見。

2. 許多古巴比倫泥版中，包含有能化約成二次方程式的題目。下面是兩組附解答的問題（取自 [54]，第 31 頁）。請用現代符號解釋其問題與解答。（建議你先用代數方法解題，然後再嘗試解讀巴比倫式的解答會比較好。）

   在閱讀題目時，請記得巴比倫人使用六十進位計數法。我們用逗號來分隔不同的「位」，且用分號將整數部分與小數部分隔開。例如「1, 0; 30」意思是 $60\frac{1}{2}$ 。（更多關於六十進位計數法的內容，請參見素描 1 與素描 4。）

   a. 我將正方形面積與邊長相加得：0; 45。你寫下係數 1。將 1 折半得：0; 30，再乘 0; 30 得：0; 15。你將 0; 15 加給 0; 45 得：1。這是 1 的平方。從 1 你減去你乘的 0; 30。0; 30 即為正方形邊長。

   b. 我將兩正方形面積相加得：21, 40。我將兩正方形邊長相乘得：10, 0。你將 21, 40 折半。得 10, 50，你乘 10, 50 得：1, 57, 21, 40。你將 10, 0 乘 10, 0。得 1, 40, 0, 0 你從 1, 57, 21, 40 除去得：17, 21, 40。4, 10 是邊。4, 10 你首先到 10, 50 得：15,0。30 是邊。30 是第一個正方形。4, 10 你接著從 10, 50 除去得：6, 40。20 為邊。20 是第二個正方形。

素描11

習題

1. 數學家開始研究三次方程式之時，他們並不使用負數或零作為係數。這表示他們必須考慮許多不同的方式來組合數字、物、平方與立方。請找出共有幾種類型，以及每種類型的方程式。

2. 數學史上最早的三次方程式公式解只能用於缺平方項的方程式。以現代符號表示，就如

$$x^3 + px + q = 0$$

（有時我們稱之為簡化三次方程式。）試證，給定一完整的三次方程式

$$y^3 + ay^2 + by + c = 0$$

且令 $y = x - \frac{a}{3}$，則平方項會被消去。請問，為什麼這意味著若我們能解簡化三次方程式，其實就等於能解所有的三次方程式？

3. 以現代符號表示，卡丹諾給 $x^3 + px + q = 0$ 的公式解為

$$x = \sqrt[3]{-\frac{q}{2} + \sqrt{\frac{q^2}{4} + \frac{p^3}{27}}} + \sqrt[3]{-\frac{q}{2} - \sqrt{\frac{q^2}{4} + \frac{p^3}{27}}}$$

這個公式有時很有用，有時則不一定。試解下列三方程式：

a. $x^3 - 9x + 26 = 0$

b. $x^3 + 3x - 4 = 0$

c. $x^3 - 7x + 6 = 0$

4. 這一節素描說到邦貝利證明了 $x^3 = px + q$ 必有一正數解，不論 p、q 的（正）值為何。

a. 請畫圖來解釋為什麼這個說法是合理的。（你可以使用電腦程式來幫助你說明與圖示。）

b. 將你(a)部分的解答擴充，找出 p、q（正）值的條件，使得 $x^3 = px + q$ 只有一個實數解。（用一點點的邦貝利當時沒得用的微積分，會很有幫助的。）

c. 你剛找到的條件跟卡丹諾的公式有何關係？

5. 法蘭西斯卡（Piero della Francesca, 1412-1492）以繪畫聞名於世，但他也有一些數學著作。其中之一，《論計算》（*Trattato d'Abaco*），裡面有下列文字：

> 當物與平方與立方與平方的平方等於數字，你須將物之數目除以立方之數目，將其平方再與數字相加。則物等於和之平方根的平方根再減去物除以立方的結果之根。

這似乎給出了四次方程式的解。請將上述文字翻譯成現代代數符號，然後將其試用在下列方程式

$$x^4+12x^3+54x^2+108x=175$$

與

$$x^4+2x^3+3x^2+2x=8$$

法蘭西斯卡的方法奏效了嗎？

6. 卡丹諾生於 1501 年，卒於 1576 年。下面是一些義大利文藝復興時期有名的人物。請將他們分成三組：活在卡丹諾時代之前的人物，與他大約同時代的人物，以及活在他之後的人物。他們每一位因何聞名？

達文西（Leonardo da Vinci）　麥第奇（Leonardo de Medici）
伽利略（Galileo Galilei）　米開朗基羅（Michelangelo Buonarroti）
薄伽丘（Giovanni Boccaccio）　卡拉瓦喬（Caravaggio）
多納太羅（Donatello）　拉斐爾（Raffaello Sanzio 或 Raphael）
塔索（Torquato Tasso）　托里切利（Evangelista Torricelli）
但丁（Dante Alighieri）　維薩流斯（Andreas Vesalius）

專題

1. 我們要如何找出三次方程式的公式解？做一些研究並寫一篇短文說明這個過程。要給出這個論證的幾何版本有多困難？
2. 使得解三次方程式很困難的原因，是我們堅持要找到精確的答案。如果我們只要求近似值呢？做一些研究，找一找求方程式近似值的做法。請至少找到一種方法，並與卡丹諾的方法比較，討論其優點與缺點。

素描12

習題

1. 三角函數中，哪個基本的恆等式其實是在描述畢氏定理？請證明你的答案。

2. 歐幾里得證明畢氏定理的逆敘述的方法，要用到畢氏定理為真的條件。論證的內容（以現代語言描述）是這麼開始的：

   在△ABC 中，令 BC 邊上的正方形等於 AB 邊與 AC 邊上正方形之和。
   求證：∠BAC 為直角。
   過 A 作 AC 的垂線（在 B 的另一側），在其上取 D 使得 AD = AB。（如右圖。）

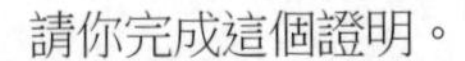

   請你完成這個證明。
3. 本節素描提到歐幾里得證明了畢氏定理的一般化結果，可應用至直角三角形三邊上的任意相似圖形。這是在《幾何原本》第六卷的命題 31。請你去找一本《幾何原本》，閱讀這個命題和它的證明。證明的內容是否依賴畢氏定理？（如果不是，那麼它就提供了另一個畢氏定理的證法，因為正方形是相似圖形的特例。）
4. 從古代開始，許多數學家就致力於尋找整數邊長的直角三角形。根據畢氏定理，這個問題就變成尋找三整數 a、b、c 使得 $a^2 + b^2 = c^2$。有一組眾所周知的解：$a = 3, b = 4, c = 5$。一組使得 $a^2 + b^2 = c^2$ 成立的整數（a, b, c）常被稱為畢氏三元數（Pythagorean Triple）。這一題是關於如何找到它們。
   a. 驗算（6, 8, 10）是一組解。這組解與（3, 4, 5）有何關聯？
   b. 驗算（5, 12, 13）是一組解。像這樣的解，三個數之間互相沒有公因數，稱為互質。
   c. 畢式學派發現了，若你從 1 開始將連續奇數相加，和永遠是平方數。所以：

$$1 + 3 + 5 + 7 = 16 = 4^2，且$$

$$1 + 3 + 5 + 7 + 9 + 11 + 13 + 15 + 17 + 19 = 100 = 10^2$$

   你能否解釋何以上述發現為真？你能證明它嗎？（畢氏學派可能是用小石子在地上排出方陣來證明的。你可以比較一下兩個這樣的正方形。）

d. 如果最後一個加上的數字是平方數，那麼我們就得到一組畢氏三元數。例如，由

$$1+3+5+7+9=(1+3+5+7)+9=25$$

我們得到（3, 4, 5）這組解。請用這個想法找出更多的畢氏三元數。你能用這個方法找到所有的畢氏三元數嗎？

e. 假設（a, b, c）是一組互質畢氏三元數。證明 c 必為奇數。

5. 請用畢氏定理導出三維座標空間中，兩點 (x_1, y_1, z_1) 與 (x_2, y_2, z_2) 之間的距離公式：

$$d=\sqrt{(x_2-x_1)^2+(y_2-y_1)^2+(z_2-z_1)^2}$$

（把這兩點想像成一個三維的盒子對角線上的兩端點，然後應用畢氏定理兩次。）你能從這裡想出四維座標空間的距離公式嗎？

6. 在老電影《綠野仙蹤》【米高梅，1939】中，稻草人為了證明自己有大腦，他背誦出畢氏定理。他講對了嗎？

7. 在畢氏學派（約西元前 500 年）與歐幾里得（約西元前 300 年）之間有兩個世紀左右。這段時間是古希臘文明豐富燦爛的時代，也是多事之秋。將下列每一個事件歸類為「畢氏學派之前」，「畢氏學派與歐幾里得之間」或「歐幾里得之後」。

a. 蘇格拉底與柏拉圖成為著名希臘哲人。

b. 雅典人在馬拉松之役打敗波斯人。

c. 德拉科（Draco）為雅典人建立第一部法典。

d. 希波克拉底（Hippocrates）開始以實證科學的方式研究醫學。

e. 雅典劇作家尤里庇狄斯（Euripides）寫下《米蒂亞》（*Medea*）。

f. 普魯塔克（Plutarch）寫下《希臘羅馬名人傳》（*Parallel Lives*）。

g. 荷馬（Homer）寫下史詩《伊里亞德》（*Iliad*）與《奧德賽》（*Odyssey*）。

h. 希羅多得（Herodotus）寫下一部波斯與希臘戰爭的歷史。

專題

1. 閱讀歐幾里得對畢氏定理的證明（在《幾何原本》第一卷命題47）。接著請「溫柔地」改寫他的論證，使得難度適合高中生。
2. 對畢達哥拉斯與畢氏學派的眾多故事進行一點研究。它們如何描述畢達哥拉斯的圖像？請寫一篇短文，總結這些故事，以及討論畢達哥拉斯這位（神秘的）人物。

素描13

習題

1. 首先引起費馬興趣的「關於數的問題」似乎是尋找完美數一當一個數所有（本身以外的）正因數之和等於本身時，就稱為完美數。
   a. 檢查 6、28、496 是完美數。
   b. 在《算術入門》（*Introduction to Arithmetic*）一書中，尼克馬庫斯（Nichomachus of Gerasa，約公元60-120年）認為一位數的完美數有一個，兩位數的有一個，三位數的也有一個，以此類推。這是費馬研究過的其中一個主張。這個主張是真的嗎？
   c. 在歐幾里得的《幾何原本》中，有一個證明是說，若 2^n-1 為質數，則 $2^{n-1}(2^n-1)$ 為完美數。請檢查上述三個例子是屬於這種形式。然後使用歐幾里得的公式，另外找出兩個完美數。
   d. 歐幾里得證明了，每個偶完美數必具有(c)的形式。請用這個事實證明以十進位表示的偶完美數的個位數必為 6 或 8。
2. 費馬在他的信中不斷提到下面的問題：給定一個不為平方數的整數 N，我們能否找到一個平方數，使得當我們將之乘以 N 再加 1時，結果也是平方數？
   a. 設 $N=2$。檢查費馬的問題有一解為 4。你能找到其他解嗎？
   b. 你能找到 $N=3$ 的解嗎？ $N=5$ 呢？
   c. 若 $N=7$，其中一解為 9，因為 $7\times9+1=64=8^2$。但還有許多解存在。你能再找出一個嗎？你能找出一個方法造出任意多個解嗎？

d. 你能找到一個 $N = 61$ 的解嗎？（十分困難！）

3. 如同 $a^2 + b^2 = c^2$ 的整數解描述了一個長、寬、對角線長均為整數的長方形， $a^2 + b^2 + c^2 = d^2$ 的整數解描述了一個長、寬、高、對角線長均為整數的長方體。我們可以結合平面的解來找到三維的解；例如，結合 $3^2 + 4^2 = 5^2$ 與 $5^2 + 12^2 = 13^2$ 可得 $3^2 + 4^2 + 12^2 = 13^2$。
   a. 也會有一些解，其中任兩個邊長在平面上不會產生整數的對角線，但長方體的對角線長為整數。請找出至少一組這樣的解。
   b. 在這種情況下，與費馬最後定理類比的敘述為何？你認為那是正確的嗎？你能證明你的答案嗎？

4. 下方左欄每個人物的數學生涯與一位右欄人物的音樂生涯時間大致相當，請將他們配對。

費馬	卡爾・巴哈（Karl Philipp Emanuel Bach）
歐拉	貝多芬（Ludwig van Beethoven）
姬曼	伯恩斯坦（Leonard Bernstein）
庫默爾	李斯特（Franz Liszt）
懷爾斯	蒙臺威爾第（Claudio Monteverdi）

專題

1. 費馬有名的空白處筆記是寫在丟番圖的書中，在下面問題與其解答的旁邊（此處的翻譯當然是使用較為現代的說法）。

> 將給定數分為兩平方。
>
> 欲將 16 分為兩平方。
>
> 令第一平方 $= x^2$；則另一為 $16 - x^2$；是以須使 $16 - x^2 =$ 一平方。取任意個單位減去 16 之邊再求平方；例如，令邊為 $2x - 4$，其平方為 $4x^2 + 16 - 16x$。則 $4x^2 + 16 - 16x$ 等於 $16 - x^2$。兩邊加負項且消去同數。則 $5x^2$ 等於 $16x$，故 x 為 $\frac{16}{5}$。
>
> 所以，一數為 $\frac{256}{25}$，另一為 $\frac{144}{25}$，兩數之和為 $\frac{400}{25}$，或16，且各

者皆為平方。[12]

請用現代符號改寫丟番圖的解。請注意，這個解應具有一般性，所以，我們可以將 16 換成任何平方。這個方法正確嗎？注意丟番圖的解有分數。你能找到整數解嗎？

2. 請找出更多有關姬曼的資料，然後寫一篇報告，描述她的生活與她的數學。
3. 請找出更多有關懷爾斯的資料，然後寫一篇報告，描述他至今的生活。

素描14

習題

1. 歐幾里得的其中一條公設中說，凡直角都相等。這句話對現代人而言很奇怪，因為我們是用角的度量來思考直角的：如果一個直角就是一個 90° 的角，那當然凡直角都相等。但是，歐幾里得對直角的定義與我們不同。請找出他的定義，然後解釋為什麼需要那個公設。
2. 在歐氏平面幾何中，只有能用無刻度的直尺與圓規作出的圖形才是被允許的圖形，因為這兩種工具反映了前三條設準的限制。很多命題都致力於證明某些圖形是可用這種方式作出的。第一卷的第一個命題（命題 I.1）就是這種命題：

在一條已知有限直線上，作一個等邊三角形。

證明：設 AB 是已知有限直線。

(1)以 A 為圓心，且以 AB 為距離畫圓。

(2)以 B 為圓心，且以 AB 為距離畫圓。

(3)由兩圓的交點 C 到點 A、B 連線 CA、CB。

(4)由於點 A 是過 B 與 C 之圓的圓心，$AC = AB$。

(5)由於點 B 是過 A 與 C 之圓的圓心，$BC = AB$。

---

12 （原書中之英文）翻譯是略為改編自 Ivor Thomas, *Selections Illustrating the History of Greek Mathematics*, Volume II. The Loeb Classical Library, Harvard University Press, 1980. 相關的內容從 550 頁開始。

(6)由(4)與(5)，BC 也等於 AC。

(7)因為 AB、AC 與 BC 彼此相等，所以三角形 ABC 是等邊三角形，且是在已知有限直線上作出的，這就是所要求作的。

請執行這個作圖，且在每一步驟之後引用一條公理、設準或定義，來說明這一步驟是正當的。

3. 在學校中常用的圓規可以固定開口，所以它讓使用者能將某段長度由一處移至另一處。但一付歐幾里得圓規（Euclidean compass）就不能做這件事；只要它離開平面，圓規開口的長度就無法固定。然而，命題 I.2 與 I.3 證明了距離可以被移動，從而使現代的圓規在歐氏幾何中合法化。

   a. 《幾何原本》優雅地利用了命題 I.1 來證明命題 I.2，這個基礎的命題是說，一條給定線段，在指定任意點為一頂點後，可以重新作出等長線段。以下是作圖與證明的過程。請執行這個作圖，且在每一步驟之後引用一條公理、設準、定義或命題 I.1，來說明這一步驟是正當的。

給定一點 A 與線段 BC（如右圖）。我們必須以點 A 為一端點作一線段等於已知線段 BC。

C

A B

(1)作線段 AB。(2)在 AB 上作等邊三角形 DAB。(3)以 B 為圓心，以 BC 為距離畫圓。(4)延長 DB 交此圓於 E。(5)以 D 為圓心，以 DE 為距離畫圓。(6)延長線段 DA 交此圓於 F。(7)因為 C 與 E 均在圓心為 B 的圓上，BC 與 BE 相等。(8)因為 E 與 F 都在以 D 為圓心的圓上，DE 與 DF 相等。(9)又 DA 等於 DB。(10)所以餘量 AF 與 BE 相等。(11)但已證明 BE 與 BC 相等（步驟 7），所以 AF 與 BC 必相等。因此，由已知點 A 為端頂作出了線段 AF 等於已知線段 BC。這就是所要求作的。

   b. 只有命題 I.2 不足夠使得固定開口的圓規合法。我們還必須知道可以任意指定我們所「移動」之線段的方向。命題 I.3 就允許此事。它說：給定兩條不相等的線段，由較長的線段上可截取一條線段等於較短的線段。請證明這個命題。

4. 哪個歐幾里得的定理被稱為「驢橋定理」？為什麼被如此稱呼？

5. 本節素描提到了幾位不同的希臘數學家與哲學家：歐幾里得、泰利斯、畢達哥拉斯、柏拉圖、亞里斯多德、歐多克索斯。請找出每一位生存的時代與地點。

專題

1. 《幾何原本》成書於公元前三世紀，比起印刷術的發明要早了很多，所以這本書一定曾以手抄本方式保存。用手抄寫的文本必然會有差異、插入文字，以及筆誤。請你對歐幾里得的《幾何原本》做一些研究。現存最早的手抄本是哪個？學者們如何找出與原書最接近的文字？
2. 路易斯·卡羅（Lewis Carroll）是《愛麗絲夢遊仙境》（*Alice's Adventures in Wonderland*）與《愛麗絲鏡中奇遇》（*Through the Looking-Glass*）的作者，他也寫了一本書名叫《歐幾里得與他的現代對手》（*Euclid and His Modern Rivals*）。這本書內容為何？卡羅為什麼要寫這本書？

素描15

習題

1. 有一個美術作業，請你嘗試設計盛水果的碗，要以正方形為底。想法是要將全等的正多邊形接在底面上，再將它們「折起來」，直到相鄰多邊形的邊互相接觸為止。例如，把底面接上正方形，我們會得到一個無蓋正方體的盒子，但這個設計很無趣。
   a. 有什麼其他的正多邊形可以使用（來做出有趣的設計）？你的選擇會如何影響碗的形狀？
   b. 如果你在底面用不同的正多邊形，有哪些可能的選擇？
2. 下面的圖形是正二十面體的一種展開圖。

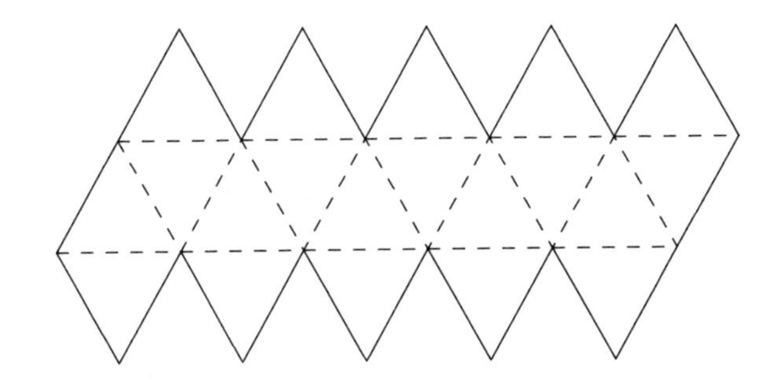

a. 請畫出此圖的放大圖，使得每個三角形的邊長為 4 公分。（請記得：所有的三角形均為正三角形。）然後請將展開圖上所有的外圍邊（實線部分）加上編號，使得折成立體後會相接的邊有同樣的編號。

b. 把你的展開圖剪下，折成正二十面體。檢查看看，你寫的編號正確嗎？

c. 仿上畫出正四面體與正八面體的展開圖並編號。將它們剪下，折成立體，並檢查你的設計。

3. 本節素描提到了阿基米德立體，也被稱為「半正多面體」（semi-regular polyhedron），共有十三種。請找出「半正多面體」的精確定義，並列出所有十三種可能。

4. 下面兩小題問到關於各種正多面體的頂點、邊與面個數的問題。正多面體的邊與面可運用下列方法有效率地計算：(1)正多面體的每個面上之邊與頂點數目相等；(2)每個邊被兩個面共用；(3)每個頂點上有同樣多邊聚集。要計算半正多面體的點線面個數也是用類似的策略。

a. 對五個柏拉圖立體，分別計算頂點的個數 V（Vertex），面的個數 F（Face），以及邊的個數 E（Edge）。檢查看看是否 $V-E+F=2$。

b. 使用你在第 3 題得到的結果計算每個阿基米德立體的 V、F、E。$V-E+F=2$ 仍然為真嗎？

5. 找兩個全等的正四面體，把它們靠著某個面黏起來。我們得到一個稱為「三角雙錐體」的立體圖形。它所有的面均為全等的正三角形。可是為什麼它不是正多面體？

6. 何謂「Dymaxion Map」？[13]它與柏拉圖立體有何關連？（請做一些研究。）
7. 假設我們想要將正方體著色，使得每個面的顏色均不同，請問有幾種方法？如果是別的柏拉圖立體的話，有會有多少種呢？
8. 柏拉圖立體可用來做 4、6、8、12、20 面的骰子。有些遊戲會用到它們。你認為它們作為骰子的功能如何？如果用不同面數的阿基米德立體做骰子，行得通嗎？

專題

1. 製作五個柏拉圖立體的紙板模型。（參見習題 2。）
2. 十三種不同的阿基米德立體曾被發現與重新發現許多次。請研究它們的歷史，並寫一篇短文說明發現的過程。
3. 在上面的習題中，你檢查了 $V - E + F = 2$ 在正多面體與半正多面體上均成立。這件事在所有的多面體均會成立嗎？你能證明它嗎？

素描16

習題

1. 這裡有兩題簡單的軌跡問題。
   a. 距離兩固定點等距之所有點所成的軌跡圖形為何？
   b. 與兩固定點距離和為 6cm 的所有點所成的軌跡圖形為何？兩固定點須符合什麼條件，本題才能定義出一個（非空的）圖形？
2. 一般而言，圖形的代數描述方式不是唯一的；這要看你將座標軸置於何處，以及你用的單位長是多少。請用直角座標與一般的距離公式回答下列問題。
   a. 請寫出習題 1(a)的代數方程式，其中一點定為原點，另一點距離 x 軸一單位長。接著重複做一次，這次讓 x 軸通過兩點，且原點在兩點正

---

13 譯按：此名詞目前尚無通用之中文翻譯。

中央一半的地方。你比較喜歡哪一種座標軸的選擇？

b. 本節素描說，對固定點距離與對給定直線垂直距離相等的點軌跡為拋物線。請寫出其代數方程式，其中令 x 軸為給定直線，且 y 軸通過固定點。接著重複做一次，這次令原點為固定點，且使給定直線位於 x 軸下方並平行 x 軸。如果你讓 x 軸平行給定直線，但置於給定直線與固定點中間一半的地方，且 y 軸通過固定點，這樣方程式為何？這三種你最喜歡哪一種？

3. 如同本節素描所說，費馬與笛卡兒並未總是使用垂直 x 軸的 y 軸。本題將幫助你探究這麼做的結果。

a. 用費馬與笛卡兒的方法繪製 $x^2 + 1$ 的圖形。請選擇一條與 x 軸「不」垂直的參考線。（你可以畫一些點再將點連接起來。）先從正值的 x 座標開始，然後再將 x 軸延伸至負值（雖然費馬與笛卡兒並未這麼做）。

b. 請用另一條不同的（非垂直）參考線畫出 $x^2 + 1$ 的第二個圖。你的兩個圖有何相似，有何不同？

c. 選擇使 y 軸垂直 x 軸有任何的好處嗎？

4. 在直角座標系中，我們通常在兩座標軸使用相同的單位長。這麼做有什麼好處與壞處？

5. 在費馬與笛卡兒發展他們的數學理論的時代，歐洲還發生了什麼事？請找出一些發生在那個時代的政治事件與文化成就。當時的美洲發生了哪些事情？

專題

1. 任一兩條相交的直線均可作為平面座標軸，只要令交點為原點，並且在兩線上各取一正向與單位長。那麼，對平面上的任意點而言，經過它平行兩軸的直線與兩軸的交點就會決定其座標。（常用的直角座標系就是這種系統的特例。）請建立一個二維座標系統，其中 y 軸與 x 軸成 $60°$ 角，且兩軸單位長相同（或許可取1cm）。請畫一些圖形，解釋這個座標系如何運作，然後用它來回答下列問題。

a. 畫出兩座標軸並標出 (1, 2) 與 (3, 5)。用它們的座標計算兩點間的距離；接著實際測量兩點間的距離，檢查你的答案與測量值是否至少約略相等。再計算 (2, 5) 與 (6, 3) 的距離，點出這兩點，再實際測量檢查你的答案。

b. 將(a)部分一般化：請敘述用任意兩點座標計算兩點之距離的一般法則。

c. 用你在(b)部分的結果，找出代數方法，描述圓心在原點，半徑為 5 的圓。請用它計算出四個點的座標，其中兩點的 x 座標為4，另兩點的 x 座標為 -3。接著實際畫出這四個點，用圓規檢查它們是否的確在圓上。

d. 請將(c)部分一般化，寫出圓心在 (0, 0)，半徑為 r 的代數方程式，接著寫出圓心在 (a, b)，半徑為 r 的代數方程式。

e. 你如何用代數描述水平線？你如何描述鉛直線？

2. 對凡司頓譯注笛卡兒《幾何學》的增訂版，德維特（Jan de Witt）貢獻良多，但在德維特的祖國，今日卻大多是因為其他事而紀念他。請查閱他的生平，寫一篇關於他的短文。

素描17

習題

1. 考慮卡丹諾的問題，他想要找兩數使其和為 10，積為 40。
   a. 卡丹諾事先就知道沒有這種（實）數存在。他如何會知道？你能證明這件事嗎？
   b. 請解方程組 $x + y = 10$ 及 $xy = 40$，找出卡丹諾的（複數）解。
   c. 請驗算此解-亦即，檢查你的複數解之和為 10，積為 40。
2. 以 $x^2 + y^2 = 1$ 定義的圓，與用 $y = x + 2$ 定義的直線不相交。請檢查笛卡兒的說法，即若你嘗試解這個方程組來找交點，會得到一個只有複數根的二次方程式。
3. 檢查 $(2+\sqrt{-1})^3 = 2+\sqrt{-121}$ ，就如同本節素描內文所說的一樣。
4. 要解他的三次方程式，邦貝利必須要從如同 $2+\sqrt{-121}$ 的複數開始，再想出它的立方根。這比檢查某個數是它的立方根要困難得多了。你能想到方法來解這個問題嗎？

5. 檢查 $\cos x + i \sin x$ 乘以 $\cos y + i \sin y$ 的確是 $\cos(x + y) + i \sin(x + y)$。請解釋為什麼這會推得棣美弗公式。

6. 阿爾龔的複數平面表徵帶給我們有用的複數算術圖像。若你將平面上每一點視為尾部在 (0, 0) 的箭頭尖端（向量），則此點可用箭的長度及其與 x 軸正向的夾角來表示。

   a. 請計算 $3 + 4i$、$-5 + 7i$ 與 $1 - i$ 的向量長度與角度。請說明如何對一般的複數 $a + bi$ 做這樣的計算。

   b. 哪個複數有向量長 6 與角度 45°（$\frac{\pi}{4}$ 弧度）？哪個複數有長度 1 與 $\frac{\pi}{2}$ 弧度的角？

   c. 向量可用來表示兩複數之和，方法就是向量加法的「平行四邊形和」。請畫出 $(2 + 5i) + (4 + 3i)$ 與 $(3 + 6i) + (5 - 2i)$ 的圖形來說明這種做法。

   d. 單位圓（圖二中的虛線圓）上的乘法特別好算。請證明此圓上的兩複數之積可用它們角度之和求得。

   e. 圖二與(d)部分應該讓你清楚知道，1 有四個相異的的四次方根。請將此結果一般化，解釋為何對每個正整數 n 而言，1 都有 n 個相異的 n 次方根。請寫出 1 的六個六次方根。

   f. （本題適合懂一點抽象代數的人。）請證明，對每個 n 而言，1 的 n 次方根形成一個有 n 個元素的乘法循環群。

7. 本節素描所描述的複數發展跨越數個世紀，從邦貝利（1526-1572）經過歐拉（1707-1783）到高斯（1777-1855）。下面每一個事件都發生於他們三人其中之一在世之時；請將事件配對到數學家。

   a. 貝多芬寫下他的第九交響曲。

   b. 克里默（Gerhard Kremer）發展出麥卡托地圖（Mercator map）使航海技術進步。

   c. 達爾文搭上英國皇家海軍小獵犬號，開始他有名的旅程。

   d. 由於與法國殖民者的戰爭以及印地安戰爭的結果，大英帝國從法國得到加拿大，從西班牙得到佛羅里達。

   e. 哥白尼發表他的日心說理論。

   f. 韓德爾寫下他的神劇《彌賽亞》（*Messiah*）。

g. 馬克斯與恩格斯發表《共黨宣言》（*Communist Manifesto*）。

h. 瓦特成功申請到蒸汽機的專利。

i. 帕勒斯特利納（Giovanni Palestrina）成為教會音樂著名的作曲家。

j. 福頓（Robert Fulton）打造出第一艘商業輪船。

專題

1. 中學生通常很難記住三角恆等式，例如用 $\sin x$ 與 $\cos x$ 表示 $\sin 3x$的公式。聯結至複指數提供了一個導出這些等式的直接方法。畢竟，$\sin 3x$ 就是 $e^{i(3x)} = (e^{ix})^3$ 的虛部。請將 $e^{ix} = \cos x + i \sin x$ 兩邊三次方，導出 $\sin 3x$ 的公式。你能將之一般化嗎？
2. 想像數線，然後考慮把它乘以一個負數的結果。幾何上來說，我們可以將之形容為旋轉 180°，再讓它伸長或縮短（依照那個數的絕對值而定）。乘以正數就只是讓數線伸縮。乘以一個數，再乘以第二個數的效果，就等於乘以那兩數之積的效果。請用這些想法解釋，為何將「乘以一個負數的平方根」想成旋轉 90°是有意義的。這樣的想法會如何導致複數平面的概念？

素描18

習題

1. 在計算機發明之前，人類對於巨大量的計算經常仰賴對數表。在1916 年出版，附有正弦對數表曾寫到：$\log \sin 30° = 9.6989700$，請問意義為何？
2. 在半徑為 R 的圓中，若 α 與 β 兩圓周角的和為 180°，則等式 $\text{chord}^2(\alpha) + \text{chord}^2(\beta) = 4R^2$ 成立嗎？證明之，並以現在的符號表示這個等式。
3. 在直角$\triangle ABC$ 中，若給定其中一個銳角的大小及其斜邊 $\overline{AB}$ 長，如何求兩股？雷喬蒙塔努斯的作法如下：令 $\angle ABC$ 為36°，$\overline{AB}$ 為 20 呎，90 減 36 得到 54°，接下來，由正弦弦表得知，當完整正弦（whole sine）AB 長為 60000 時，線段 BC 長為 48541，而線段 AC長為 35267。於是將 35267 乘 20 得705340，再將它除以60000，約得 $11\frac{45}{60}$，所以 AC 邊長為 $11\frac{3}{4}$

呎。

a. 從我們現在的觀點，解釋雷喬蒙塔努斯為何這樣做？用現在的計算機來計算當時雷喬蒙塔努斯所得到 sin 36° 的值，比較兩者有多接近？

b. 利用雷喬蒙塔努斯的方法，計算線段 BC 的長，再利用現在方式計算一次，試比較兩者的結果。

c. 你認為雷喬蒙塔努斯的正弦弦表中，45° 的值為何？解釋之。

4. 本節素描提到：阿拉伯數學家加入一個「投影函數」（"shadow" function），即是我們現在的正切（tangent）。

a. 如何連結「投影」與「正切函數」？

b. 如果「tangent 函數」源於「shadows」，tangent 這個字如何得到？又，tangent function（正切函數）與 tangent lines（切線）之間有何關聯？

5. 雷喬蒙塔努斯出生在神聖羅馬帝國（Holy Roman Empire），請問：那是怎樣的一個帝國？領土範圍為何？當時的皇帝是誰？

專題

1. 在托勒密的《大成》著作中，弦表是用半徑 60 的圓所建造的，要知道如何開始著手計算這些正弦值相當容易。

a. chord (180°) 是什麼？

b. 想像一個內接於圓的正方形，其每一邊的邊長都是 90° 圓心角所對應的弦，而圓的半徑剛好是對角線的一半，試利用這樣的關係，計算 chord (90°) 的值。

c. 哪些角度所對應的弦長也可以很容易的找到？

d. 為了要得到其他正弦值，我們會使用三角形的和（差）角公式，你知道這些公式嗎？有「半角公式」嗎？

e. 即使有了上述那些方法，要找出 1° 角所對弦長的精確值是不可能的。請做一些研究，找出托勒密是如何處理這個問題。

2. 印度早期的三角學發展，大都發生在第六世紀的阿耶波多（Āryabhata）到第十二世紀的婆什迦羅二世（Bhāskara）期間，請研讀這 600 年之間的歷史，並寫一篇小論文。

3. 正弦函數的和角公式是三角學中最重要的一個等式，請講述為何可以用托勒密定理（Ptolemy's Theorem）來證明？實際上該公式基本的立足點就是托勒密定理：

   一個圓內接四邊形，其兩對角線的乘積等於對邊的乘積和

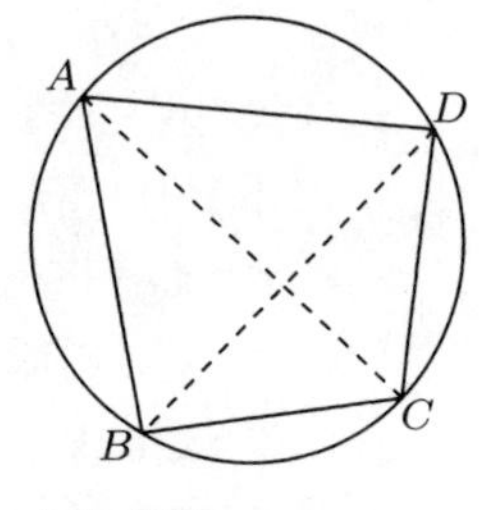

$AC \cdot BD =$
$AB \cdot CD + BC \cdot DA$

   a. 給一直徑為 1 的圓，試證：圓內接三角形任一內角所對應的正弦值恰等於其對邊長。
   b. 已知 α 與 β 為兩個角，畫一直徑為 1 的圓，令 AC 為直徑，試在圓上找到 B、D 兩點，使得 $\angle CAB = \alpha$且 $\angle CAB = \beta$。
   c. 為何 $\angle ABC$ 與 $\angle ADC$ 皆為直角？
   d. 證明：$BD = \sin(\alpha + \beta)$，$AB = \cos\alpha$，$BC = \sin\alpha$，$CD = \sin\beta$，且 $DA = \cos\beta$。
   e. 利用托勒密定理證明三角形的和角公式。

素描19

習題

1. 要想像非歐幾何，一個簡單的方法是將「平面」解釋為「曲面」，再把直線的概念看成最短距離的路徑。沿著最短路徑行進的線稱為測地線（geodesic）。黎曼幾何的球面模型大概是最容易想像的非歐幾何模型。要感覺球面上的測地線如何運作，你可以找一個地球儀和幾條細繩來回答下面的問題。
   a. 東京的緯度只比紐約稍微往南幾度。請用你的細繩找出兩個城市間的最短航線。（把細繩繃緊。）這條航線往北走了多遠？接下來延長你的細繩，繞地球儀一圈，形成一個圓。這條線有多長？它在何處跨過赤道？
   b. 重複(a)部分，但城市換成加州的舊金山與伊拉克的巴格達。
   c. 重複(a)部分，但城市換成烏干達的坎帕拉（Kampala, Uganda，在中

非），以及巴西北部的亞瑪遜河出海口。

d. (a)、(b)、(c)三小題中的三個圓中，有無任何一個（約略）是緯線？這三個圓周的長度何者較長？

e. 地球儀上的每條緯線都是一個圓。它們之中有任何一個是大圓嗎？它們每一個都是大圓嗎？

f. 從美國南卡羅萊那州的哥倫比亞市（Columbia, South Carolina）往正西方向飛，會到達洛杉磯。這是最短的路徑嗎？為什麼？[14]

2. 在黎曼幾何的球面模型中，三角形的邊是大圓上的弧。假設這裡球面模型的半徑是 1 英尺。[15]

a. 選擇一個特定的大圓（比如赤道），在其上標出長度為 $\frac{\pi}{2}$ 英尺的線段 AB。在它的兩端點上分別作垂直（測地）線段，然後延長兩線段直到它們相交。（它們為何必定相交？它們在何處相交？）令交點為 C。$\triangle ABC$ 的內角和是多少？$\triangle ABC$ 是等邊三角形嗎？請證明你的答案。

b. 在點 C 作一 60° 角，角的一邊為 AC。將另一邊延長使其與 AB相交；令交點為 D。[16]$\triangle ACD$ 的內角和是多少？AD 長度為何？CD 長度為何？

c. 令 M 為 AB 中點。你能不能以 AM 為一邊作一個三角形，使其與$\triangle ABC$ 相似？你能否作出任何一個與$\triangle ABC$ 相似但不全等的三角形？請解釋你的答案。

3. 在本節素描接近結尾處，說到在非歐幾何中圓周與半徑的比值不為 π。事實上，這個比值在兩種非歐幾何中皆非定值。接下來的問題會讓你瞭解黎曼幾何的情形。假設你的黎曼「平面」是半徑 1 公尺的球面。把上面任一點稱為 N（北極），再將以 N 為圓心的大圓想像成赤道。

a. 一個圓心在 N，黎曼直徑$\frac{\pi}{2}$ 的圓是一條從北極到赤道半途的緯線；用

---

[14] 譯按：本題中提到的八個城市或地區，部分是臺灣學生不熟悉的。如果這一題要讓臺灣中學生練習，筆者建議保留 a 與 b 的城市，但 c 的非洲城市改成新加坡（因為它們都在接近赤道的地方），而 d 的題目修改為：由高雄往正東方向飛，會到達夏威夷的檀香山（Honolulu）。

[15] 譯按：本題內容與單位換算無關，所以單位可直接換成公尺無妨。

[16] 譯按：這個角必須包含在$\triangle ABC$ 的內部，否則另一邊延長不會與 $\overline{AB}$ 相交。

地理術語表示，那是北緯 45° 線。（黎曼直徑必須要沿著球面測量其長度。）它的圓周有多長？圓周 C 與其黎曼直徑 d_r 的比值為何？$\frac{C}{d_r}$ 與 π 差多少？（關於最後一個問題的答案，請給出一個小數的估計值。）

b. 北緯 60° 線的 d_r 有多長？請計算 $\frac{C}{d_r}$ 及 $\pi - \frac{C}{d_r}$ 的小數估計值。

c. 當緯線從北極往下移動至赤道時，$\frac{C}{d_r}$ 如何變動？如果可以，請造出一個從緯度計算 $\frac{C}{d_r}$ 的公式。

4. 羅巴秋夫斯基、波耶與黎曼都在十九世紀的第二個 25 年之間發表他們的研究成果。對整個歐洲來說，那是個社會與政治動亂的年代。請查閱資料，在這三位數學家的母國歷史中，分別找出那個年代的一件政治劇變。

專題

1. 做一點研究，描述某種羅巴秋夫斯基幾何的模型。請描述其中的「平面」以及「直線」的樣子，以及說明為何經過同一點的兩條相異直線可以平行於同一條直線。
2. 本節素描說到，文中的三種平面幾何—歐氏、黎曼及羅巴秋夫斯基—每一種在某些情況會比另兩種好用。請寫一篇短文，分別用三個長度約略相等的部分描述三種幾何。在每個部分中，請寫出一個情況或脈絡，在其中那種幾何比其它的幾何更適當，以及說明你如此判斷的理由。請註明你引用的文獻，並且用你自己的話寫出所有的想法。
3. 十九世紀上半葉，歐洲在藝術上有非凡的成就，科學上有重要的進展，社會思想也有深刻的變化。這種大量豐富的創造力，是巧合？還是從更廣泛的角度來說有原因在其中？請寫一篇短文討論這個主題。

素描20

習題

1. 圖二說明了「光源」的位置之改變，如何可以改變三角形投射在影像平面上的形狀。如果將光源定位，使得通過原三角形最高頂點的光線平行於影像平面，那麼，投射所成的影像，看起來會是什麼模樣？
2. 寫出下列各敘述的對偶。
   a. 兩個不同的點在而且只在一直線上。
   b. 至少有三個相異點不在同一直線上。
   c. 一些點如果都在同一直線上，稱為共線。（其對偶是共點的定義。）
   d. （笛沙格定理）如果兩個三角形適當放置，使三條各通過一對對應頂點的直線共點，則它們各組對應邊的三個交點共線。
3. 圖三說明了橢圓上巴斯卡的神秘六角星形定理，試畫圖說明該定理在圓上與拋物線上的應用。
4. 應用圓的內接正六邊形，畫一個有關巴斯卡神秘六角星形定理的圖形。
   a. 為什麼此一情況不是該定理的反例？
   b. 此一情況的對偶是什麼？引用「點—線對應」。
5. 令 L 是平面 $\mathcal{P}$上的一定直線。$\mathcal{P}$上所有經過 L 上一特定點 p 之其他直線的集合記作 L_p。
   a. 證明：若 q 是 L 上一點，且 $p \neq q$，則 $L_p \cap L_q = \phi$。
   b. 令Λ是 $\mathcal{P}$上所有直線的集合，請證明以下敘述：
   若 $\mathcal{P}$是射影平面，則

$$\{L\} \cup \bigcup_{p \in L} L_p = \Lambda$$

   但若 $\mathcal{P}$是歐幾里得平面，則此敘述不真。
   c. 若 $\mathcal{P}$是射影平面，且 L 是它的無窮遠線，則特別集合 L_p 上所有的直線彼此如何關連？
6. 射影幾何研究當圖形從一平面射影到另一平面時，其圖形之性質的不變性。長度沒有此一性質，長度的比例也沒有此一性質。然而，令人驚訝的是，有一種由長度比所構成的某種東西卻具有此一性質，這種稱為交

比（cross ratio）的東西，自從十九世紀初期以來，就已成為射影幾何的一個有力工具。以下舉例（小心選擇的）說明交比。

令 $\mathcal{L}$ 與 $\mathcal{L}'$ 是相交於 A 點的兩垂直線，且 B、C、D 是 $\mathcal{L}$ 上位在 A 上面的連續單位點，選擇一直線經過 D 點，且與 $\mathcal{L}'$ 直線成 30°角，又 P 在所選直線上，且越過 D 點共 6 單位長。（如下圖。）從 P，投射 $\mathcal{L}$ 到 $\mathcal{L}'$。

a. A、B、C 與 D（按那順序）的交比是 $\dfrac{AC/CB}{AD/DB}$，這裡每一對字母代表的是線段長（正數）。計算 $\mathcal{L}$ 上那些點的交比。

b. 找出 $A'C'$、$C'B'$、$A'D'$ 與 $D'B'$ 等線段的長度，利用它們來顯示射影將會改變長度和長度比。

c. 計算 A'、B'、C' 與 D' 的交比，並比較你的結果和(a)部分的答案。（提示：你的計算要試著避免利用計算機求近似值。）

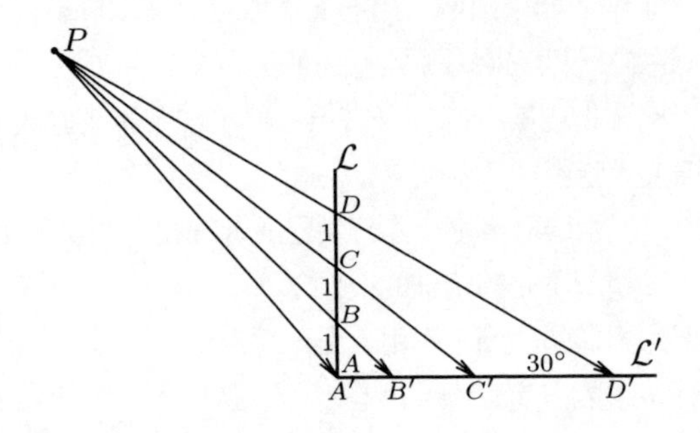

7. 笛沙格有關射影幾何的工作，在當代並沒有真正造成很大的影響，可能除了巴斯卡以外。請推想為何如此？

8. 射影幾何在十九世紀，被蒙日（Gaspard Monge）、夏斯萊（Michel Chasles）和彭塞利再發現，像笛沙格和巴斯卡，這些人都住在法國。在笛沙格和巴斯卡的時代，法國是什麼樣的國家？十九世紀的法國又是什麼樣的國家？

專題

1. 寫一篇論文，論述射影幾何早期在藝術上的應用。尋找本節素描中所曾提到的一些藝術家的工作實例，並描述那些工作如何使用射影幾何的原理。

2. 彭瑟（Marie Ponsot）的詩〈皇家之門〉（*The Royal Gate*）如下：

> 小賈桂琳・巴斯卡和布萊錫一起玩，[17]
> 重新發明發歐幾里得（老爹要他們去做），
> 當他做出圓錐曲線時，她寫了劇本
> 幫老爹擺脫了監獄，因為黎希留[18]
> 稱讚她，說喜歡她的即興表演。

找出更多有關埃提安（「老爹」）[19]、布萊錫和賈桂琳的事跡，並寫篇文章，談談他們對數學與文化的貢獻。

素描21

習題

1. 下面的問題是本節素描開頭所提之點數問題的簡化。
   a. 我們用（X_2, Y_1）來表示在中斷遊戲中，賽維爾得 2 點和伊凡得 1 點的情形。還有多少其他情形呢？那些情形分別為何？
   b. 分析(a)部分其餘的情形。（提示：其餘情形中只有兩個是「有趣的」；你可以先迅速分析完其他的狀況。）
   c. 回答(b)部分中的各種情形，可分得總賭金之比例或百分比。
   d. 假設這遊戲要得到 4 點才獲勝。那等同於在得 3 點獲勝的中斷遊戲中表成（X_2, Y_1）的例子是什麼？並請寫出，遊戲推廣到要得到 n 點才獲勝時，賭金仍是以 $\frac{3}{4}:\frac{1}{4}$ 分配的等同例子。
   e. 分析（X_2, Y_1）在得 4 點獲勝遊戲的情形（總賭金為 20 元）。
   f. 推廣(b)和(e)至得 n 點獲勝的情形。

2. 到此為止，我們已用巴斯卡的進路去分析點數問題：持續化約至我們所

---

[17] 譯按：布萊錫（Blaise Pascal），即法國數學家巴斯卡。
[18] 譯按：黎希留（Richelieu, 1585-1642），法國政治家，路易十三世的大主教與國務卿。
[19] 譯按：埃提安（Etienne Pascal），數學家巴斯卡的父親，也是業餘數學家。

瞭解的例子。費馬的進路是不一樣的：他計算每一個玩家獲勝的機率。在這（X_2, Y_1）例子中，他以下面的方式去論證。在下一次的投擲會有兩個可能：X 可以馬上獲勝，或者到（X_2, Y_2）的結果。在後者的情形，每一個玩家有 50% 的機會獲勝。所以 X得勝的機率為 $\frac{1}{2}+\frac{1}{2}\cdot\frac{1}{2}=\frac{3}{4}$，$Y$ 得勝的機率為$\frac{1}{4}$。因此，我們分配 $\frac{3}{4}$ 的賭金給 X，$\frac{1}{4}$的賭金給 Y。

a. 用這方法來分析習題 1(a)中「有趣」的例子和解習題 1(e)。再將你的答案與之前所算出來的答案比較一下。

b. 比較這兩個方法，哪一個較有說服力？哪一個比較容易？

3. 一些早期機率的著作集中焦點於骰子和其他機遇遊戲。

a. 請列出投擲兩個骰子所得的 11 種可能結果的機率，並檢查這些機率總和是否為 1。

b. 有一個機率基本法則是這樣的：兩個（或多個）事件會發生的機率是這些事件個別機率的乘積。請利用這個事實和你從(a)部分得到的結果來計算依序擲出點數和是下列情形的機率：

(i) 7, 7, 7 (ii) 2, 2, 2 (iii) 3, 4, 5

4. 一次發行 1000 張公益彩券中，有一張價值 100 元的頭獎，兩張價值各 50 元的貳獎及 100 張價值各 2 元的參獎。

a. 如果你買了一張公益彩券，那你贏得頭獎的機率為何？贏得貳獎的機率為何？中任何一獎的機率為何？

b. 你的這張公益彩券期望值是多少呢？你願意用多少錢買它呢？為什麼？

5. 拉普拉斯活在 1749 到 1827 年的法國。這是法國政治上巨大變動的時期。在這時期的法國有什麼重要的政治事件呢？在美國又發生了什麼呢？

專題

1. 朋友邀請你來玩一個遊戲。他提議你重複擲硬幣，直到擲出正面為止。如果你馬上擲出正面，那他會付你 2 元。如果你是在第二次擲時得到正面，他付你 4 元。如果在第三次擲時得到正面，他付你 8 元。如果你擲了 n 次才第一次得到正面，你可得 2^n 元。當然，你要付費玩這遊戲。

沒錯，你應該付超過 2 元來玩這遊戲才公平（畢竟你的朋友也該有一次贏錢的機會）。你應該付多少錢來玩這遊戲？你願意付多少錢來玩這遊戲？請詳述你的論證。

2. 在拉普拉斯的著作《機率的哲學小品》（*Philosophical Essay on Probabilities*）中，他宣稱人文科學和社會科學在本質上是不可靠的。想像一組包含很多步驟的複雜立論（如我們常在法庭的審判中看到的）。因為這些學科的本質，沒有一個步驟是前一步驟的絕對確定結果。它們只是有高度可能性而已。假設每一個步驟為前一步驟結果的機率是 90%，且共有 20 個步驟。則開始的假設導致最後結果的機率是 $(0.9)^{20} = 0.12$，即 12%。所以，有其他結果為真的機率遠高於這個特定結果為真的機率。你相信這樣的說法嗎？為什麼？

3. 假設你進入一間教室，看到黑板上寫著

   s i z d j u i n c v k l j e

   你或許會推論是有人寫了一個隨機的字母數列。但若你看到的是

   c o n s t a n t i n o p l e

   你或許會推論這些字母是故意以這次序選取的。為什麼？不是所有的 14 個字母的序列出現機會均等嗎？

素描22

習題

1. 在 π 的十進位展開式中，每個數碼出現的頻率是否相等？如果它們的頻率相等，那麼根據伯努利的大數法則，當你記錄愈多的數字，你所得的每個數碼將會愈接近總數的 10%。請依下面所述完成這個實驗：
   - 利用素描七最後所附 π 的 1000 位的十進位展開式，記錄每個數碼在小數點之後前 50 位中各出現幾次，並且以總數 (50) 百分比形式寫下來。
   - 繼續記錄至 100 位，且同樣以總數百分比的形式寫下十個結果。

· 繼續記錄而且記下百分比至 200 , 300 , 400 和 500 位小數。（這將會考驗你的耐心，但並不難。）

a. 每個數碼的分佈均接近 10% 嗎？你如何說明這個結果？

b. 你認為最後是不是全部 10 個數碼出現的頻率會相等？為什麼？

2. 「二項分佈」所討論的，是當一個試驗恰有兩種可能的結果時—贏或輸、是或否、正面或反面—重複這個過程所得結果的模式。伯努利的一個定理陳述了這種分佈的形狀。在當兩種可能結果出現機會相等（如擲一枚公正的硬幣）這個特殊的情形時，伯努利的定理說：

如果這個過程重複 n 次，那麼期待出現的結果恰出現 r 次的機率是 $C_r^n(\frac{1}{2})^n$。（C_r^n 是從 n 件物件一次取出 r 件的組合數。）

a. 投擲公正的硬幣 6 次，恰出現 3 次正面的機率是多少？恰出現 1 次正面的機率是多少？沒有出現正面的機率是多少？請以圖列出這個試驗中七種不同結果的機率值。（將可能出現的結果作水平軸。）然後連接這些點。

b. 圖列出投擲公正的硬幣 10 次可能出現的所有結果的機率值，然後連接這些點。然後換投擲 20 次，再作一次。請利用本節素描中的常態曲線來對照一下你的結果。

伯努利的定理陳述了事情應該如何發生。他的大數法則說：如果你一再地重複某個兩種結果的實驗，那你所得結果的模式將會愈來愈接近二項分佈。

c. 你可以利用隨機數字來模擬這個試驗，以便察看它是否正確。將奇數視為正面而偶數視為反面。讓你的計算器或是電腦產生一個隨機號碼，然後數出這個數的前六個位置中奇數的個數。重複這個試驗 50 次（如果你有耐心的話可以做 100 次），將你的結果畫成長條圖，而且和你在(a)中所做出的答案作比較。它們有什麼相似或不同？

3. 勒讓德的最小平方法，是對平面上所描繪的二變數的數據散佈點，尋找「最適直線」的基礎。最適直線通常被想成，使此直線到這些數據點的（y - 坐標）距離之和為最小的直線。那是一個很棒、很直觀的想像，但它並不完全正確。如同這個名詞「最小平方」所提示的，最適合直線是使這些數據點的 y - 坐標距離的平方和為最小的直線。為了理解這兩種最「最適」的想法並不總是導出同一條曲線，考慮這個非常小的數據集合：{(1, 2), (3, 3), (5, 7)}。

a. 找出這些點所決定的三條直線方程式。這三條直線中，哪一條對數據點的 y - 坐標距離之和最小？
b. 使用計算器找出這個數據集合的最適直線（也稱為「迴歸直線」），然後計算它到這些數據點的 y - 坐標距離之和。
c. 比較你在(a)、(b)中所得到的答案，它們如何呈現出本題一開始所提及的差異？

4. 優生學運動是要做什麼？它現在還存在嗎？

專題

1. 通常有兩種方法來決定某事件發生的可能性，一種用機率，而另一種用統計。例如，在擲一個硬幣時，我們可以假設只有兩種發生可能性相同的結果，然後，推論出丟出一個正面的可能性是 $\frac{1}{2}$。或者我們可以擲硬幣很多次，記錄這些結果，然後，從這些數據中做出我們的結論。試寫一篇短文，來討論在不同的情況下，這兩種方式的優點與缺點。
2. 某些老師「在一條曲線上打成績」，也就是說，他們使用常態曲線來對考試的結果分配等第。這個方法的使用奠基在什麼假設之下？你覺得它是一個公平的評分方法嗎？為什麼？
3. 請寫一篇非專門性的短文，來解釋為民意調查和品質管制中，關於抽樣的基本觀念，其中需包括對「容許誤差」（margin of error）及「信賴區間」（confidence interval）這兩個名詞的陳述。

素描23

習題

電腦的正式名稱為「計算機」（computer），因為它們計算。根本而言，那就是它們所做的所有事。計算機的整個複雜的、老練的世界，是建立在 1 與 0 的算術上。很難相信嗎？這是真的。每一個指令、展示（display）和功能都被翻譯成為長串的 0 與 1，多少對應到兩種電力狀態，亦即關與開。素描 24 將描述邏輯運算如何可以表示成那種方式。在本節中，我們檢視某些基本鍵盤和展示項（display terms）如何被翻譯。

1. 將每一件事化約為 0 與 1 的第一步，就是將所有的數按ニ進位制，表示成 0 與 1 的組合。這類似印度—阿拉伯十進位制，不過，使用基底 2 以取代基底 10。也就是說，一個數碼的位數，從右到左，都表現成為 2 的連續乘冪。
    a. 說明何以這個系統只需要數碼 0 與 1。運用你的理論來說明何以十進位數 23（二十三）在二進位中寫成 10111。
    b. 將十進位數 52，147，200，255 及 256 寫成二進位制的形式。
    c. 將二進位數 10001，111000，10011001，11011110，以及11100110 寫成十進位制的形式。
2. 在許多計算機編程語言中，整數被編碼成為 32 個位元（bit）的一串串。[20]第一個位元提示記號的意義：0 代表正，1 代表負。其他31 個位元就按二進位制記錄這個數。
    a. 可以按這種方式編碼的最大的數是什麼？最小的數是什麼？
    b. 你正在玩一個電腦遊戲，而且玩得十分順手。你的積分越來越高，然後，突然之間你注意看，赫然發現你得到一個負分。這究竟怎麼回事呢？
3. 一個數值碼（numerical code）利用計算連結了語言和視覺物件。但是，位元串對我們人類而言太過累贅，所以，我們重寫二進位數碼成為十六進位數碼（*hexadecimal*）。在這個十六進位制中，0，1，…，9 等符號具有尋常的意義，然而，A，B，…，F 則代表 10，11，…，15。
    a. 將十六進位數碼 37，5A，B9 及 ED 翻譯成尋常的十進位數碼。有多少個不同的數目可以寫成二位數的十六進位數碼？
    b. 如果我們將一個八位數的位元組分開成兩個四位數的一半，每個一半可以轉換成一個單一的十六進位數。利用上述習題 1(c) 中的二元數碼，說明這一程序。這結果中的二位數的十六進位數碼，永遠都是這個位元組的正確翻譯嗎？請說明之。

---

[20] 譯按：bit 是 binary digit 的縮寫。

c. 在 1960 年代，一種稱作 ASCII（你知道這是哪幾個字的縮寫嗎？）的標準碼對每一個鍵盤字賦予一個數。例如，間隔鍵是十進位數 96，小寫字母a 到 z，則是 97 到 122。利用這組碼將「talk to me」翻譯成十六進位數碼，然而成為一串位元組。

d. 一個類似的編碼程序也應用在圖解法（graphics）中。例如，要想在一個網頁上塗上一種背景顏色，你會說像 BGCOLOR= "#EEFFEE" 一類的東西。數目 EE，FF，EE 確定化顏色中的紅色、綠色及藍色的成分。在本案例中，R = 238，G = 255（最高可能值），以及 B = 238，會給出一個淺綠色。

i.有多少種顏色（RGB 的組合）可以造得出來？你認為 #FFFFFF 與 #000000 將是什麼顏色？#808080 又如何呢？

ii.R = 252，G = 188，B = 16 造出一個柔和的橘色。將此轉換成為一個十六進位制的形式。

iii.轉換 #27277A 成為 RGB 的值。

專題

1. 檢視並製作一個時間系列圖表，包括自從 1950 以來，計算機硬體或軟體出現的十個主要進展（就像電晶體的發明或 ASCII 碼的採用）。針對每一個條目，列出一個項目或程序，現在社會已經習以為常，而計算機技術要是沒有相應的進展，則不會存在。對每一個選擇，撰寫一個簡短的理由說明。

2. ASCII 碼的問題之一，就是它很容易出錯。考慮上述習題 3 中的訊息「talk to me」為一串位元。[21]隨機選一個位數，並從 0 到 1 或反過來從 1 到 0 加以改變之。現在，這條訊息為何？

   為了避免這一現象，吾人可以利用一個具有足夠多的內建累贅以致於我們容易注意並改正的密碼。這種密碼就稱作「錯誤—更正編碼法」（error-correcting code）。針對這種錯誤—更正編碼法作一點研究，並撰寫一篇短論文。

---

[21] 譯按：原文誤植為習題 2，茲改正之。

素描24

習題

1. 要檢查邏輯敘述是否為真，一個有效率的方法是做 0-1 表。
   a. 「否定」會使真的敘述為假，使假的敘述為真，所以「否定」會在 0-1 真值表中反轉真值。設參考行與參考列上分別標記出 P 與 Q 的真值，請你造出「非（P 與 Q）」以及「（非 P）或（非 Q）」的真值表。你的結果與笛摩根法則有何關係？
   b. 請用 0-1 真值表驗證第二個笛摩根法則。
2. 除了「且」、「或」以及「非」之外，還有一個較基本的邏輯算子。那就是「若……則……」的條件形式。在數理邏輯中，只有當 P 為真且 Q 為假的時候，敘述「若 P 則 Q」才為假，其他的情形此敘述皆視為真。
   a. 請造一個「若…則」的 0-1 真值表。請在表中註明何者代表 P（假設），何者代表 Q（結論）。
   b. 在 1(a)的假設之下，請造出「非（若 P 則 Q）」的 0-1 真值表。這個敘述與「若（非 P）則（非 Q）」在邏輯上等價嗎？（若兩敘述在所有情況下真值均相同，則兩敘述在邏輯上等價。）請用一個日常生活的例子來說明你的答案。
3. 要將邏輯論證轉譯為機械懂得語言，一個常用的中介步驟就是用符號代表邏輯連接詞。如此，複雜的文章可被拆解為一連串簡單的宣告敘述，而這些敘述之間則是用前面提過的四種基本的連接詞所串起。過去有很多不同的符號被使用過，下面是現在常用的符號：

   非：$\sim$　　且：$\wedge$　　或：$\vee$　　若…則：$\rightarrow$

   例如，「如果陽光不強烈，那麼我 ∨ 就會去買東西或看電影」可以寫成「$\sim P \rightarrow (Q \vee R)$」，其中 P、Q、R 分別代表「陽光強烈」、「我去買東西」、「我去看電影」。請將下列敘述改寫為以本題定義之四種符號所連接的一連串簡單肯定敘述。
   a. 若且 $x^2 = y^2$ 且 x 非負，則 x 不小於 y。
   b. 如果平行公設不真，或者畢氏定理不真，則這裡所討論的幾何不是歐氏幾何。

4. 為了讓電腦處理邏輯論證，邏輯算子必須被轉換成電路。（查爾斯・皮爾斯似乎最早展現這種可能性給世人。）例如，如果兩個 *on-off* 開關並聯可以表示「或」，串聯表示「且」。為了生產與運算的需要，邏輯算子必須越簡單越好。如果兩個算子永遠都有同樣的真值，那麼它們就在邏輯上等價，所以比較簡單的就可以取代複雜的算子。請用 0-1 真值表幫你回答下列問題。
   a. 「Q 與『非（若 P 則 Q）』」是否可被「Q 或 P」取代？
   b. 「若『（非 P）且 Q』則 P 且 Q」可被下列其中之一所取代：「若 P 則非 Q」，「若 Q 則 P」，「若非 P 則 Q」。何者為正確答案？
5. 我們都認為布爾與笛摩根是英國人，但他們都與大英帝國的其他部分有關連。
   a. 笛摩根出生時，馬得拉司與南印度大部分地區都在大英帝國統治之下。英國人是如何將大部分的印度置於自己的控制之下？印度何時正式納入大英版圖？印度又是何時成為獨立國家？
   b. 當布爾在都柏林當教授時，愛爾蘭的政經局勢如何？
   c. 布爾與笛摩根從事數學研究的大部分時間，是在哪位大英帝國君王的統治之下？

專題

1. 本節素描告訴你許多關於布爾與笛摩根的故事，但是關於第三位重要的人物—查爾斯・皮爾斯—提到的就很少。請找些他的資料，寫一篇報告，內容是關於他與他的研究。
2. 只有當 P 為真且 Q 為假時，敘述「若 P 則 Q」才為假。這在數學上沒問題，但是有一些其他的後果。例如，這意味著當 P 為假時，「若 P 則 Q」恆真。或者 Q 為真時，「若 P 則 Q」也恆真。所以這代表了「如果豬有翅膀，則每個偶數都是兩質數和」、「如果黎曼假設為真，則天空是藍的」這兩句話為真。這會對你造成困擾嗎？為什麼？我們對「若 P 則 Q」的解讀與它實際在生活中的應用有何不同？（要回答這個問題，其中一種做法就是從書籍與各種來源中，收集實際出現的「若……

則……」句子，然後思考我們理解這些句子的方式。）你能否說明為什麼「若……則……」敘述的真值是如此定義的？

素描25

習題

1. 下面這些問題解說了無限程序（infinite processes）與無限物件（infinite objects）的差別。
   a. 作為一個程序，無限小數 0.999... 表徵一個愈來愈接近 1 的數列：

   $$0.9, 0.99, 0.999, 0.9999, \text{等等}$$

   本數列中的每一項分別比 1 小多少？
   b. 不過，如果一個像 0.999... 這樣的無限小數用以表徵一個特定的數，它將是如(a)部分所形容的數列之極限，在本題中，此數為1，也就是說，0.999...=1。如果一個數與逼近數列每項的差，最終小於你所選定的距離，不管多小，那麼這個數就是極限。如此一來，0.4999... 表徵什麼？7.562999... 又如何？為什麼？
   c. 延拓(b)部分來論證：若 $d_n \neq 9$，則

   $$0.d_1d_2d_3...d_n999... \quad \text{與} \quad 0.d_1d_2d_3...(d_n+1)000...$$

   表徵同一個數。（其中每一個 d 都代表一個單一的位數。）
2. 兩個集合中間的一一對應，將一個集合中的每一元素，恰好配對了另一集合的每一元素。這種有關「大小」概念的常識，是計算及核對的基礎。即使一位剛學步的小孩都可以利用配對方式，看到她是否公平地分到與哥哥一樣多的橡皮糖。
   a. 譬如說吧，$n \leftrightarrow 2n$ 定義了一個在自然數的集合 N 與偶數之間的一一對應關係，意即我們「拋棄」半數的 N，而留下一個具有同樣大小的集合。由於對任何數 a 與 b 而言，$2a=2b$ 蘊涵 $a=b$，所以，這種配對當然一對一。現在，給出至少四個有關特定數目之間的配對例子，說明 N 與偶數集合之間的對應。

b. 延拓這個論證以證明我們可以拋棄 99% 的 N，而仍然留下一個同樣大小的集合。利用特定的例子說明你的對應。

c. 進一步延拓以證明：對任何非零的數 k 而言，所有自然數的 k 倍所成的集合 kN 與 N 之大小相同。給一些特定例子。

d. 同樣類型的配對證明：在實數線上，兩個長短不一的區間的點集之間也存在一一對應。說明 $x \leftrightarrow 2x$ 如何地證明了 [0, 1] 與 [0, 2] 這兩個區間「有相同多的點」。如此說這兩個區間之大小相同（same size）公平嗎？

e. 延拓(d)部分以證明：區間 [0, 1] 可以跟實數線上的區間 [a, b] 建立一一對應關係。（這說明了「基數」（cardinality）—康托意義中的大小—完全與長度無關。）

3. 康托的生活與工作，都處在一個中歐政治社會極端動盪不安的時代環境，大部分歷史事件都與德國有關。
   a. 在 1871 年，最主要的政治事件為何？
   b. 在康托生前，哪一位德國作曲家轉變了歌劇風格？
   c. 在康托去世前幾年，哪一件國際衝突事件發生？

專題

1. 撰寫一篇文章，比較和對比下列概念或想法：無限的數學概念，發生在其他的領域的有關無限之想法，或者是出自其他觀點的看法。你可以利用任何你喜歡的外部資訊，不過，請記住要敘明你所引用的想法與敘述之來源出處。
2. 搜尋、寫下，並準備呈現或說明至少下列一個由康托所建立的事實：
   a. 有理數的集合與自然數的集合之大小（size）相同。
   b. 實數的集合與自然數的集合之大小不同。
   c. 沒有一個集合在「大小」上等同於它的所有子集合所成的集合。（這意味著無限集合有無限多種不同的大小！）
3. 或許由於亞里斯多德的影響，希臘數學家都對無限相關的論述小心翼翼。不過，到了近代早期，像伽利略、克卜勒與卡瓦列利這些數學家對於無限集體，都比較處之泰然。儘管如此，要一直等到康托的研究工作之後，真實無限（actual infinity）才成為數學知識的正規內容。書寫一篇論文，推測哪些文化面向的變革可能影響了這個發展。

參考文獻

[1] Asger Aaboe. *Episodes From the Early History of Mathematics.* Mathematical Association of America, Washington, DC, 1964.

[2] Irving Adler. *Probability and Statistics for Everyman.* The John Day Co., New York, 1963.

[3] Donald J. Albers and Gerald L. Alexanderson, eds. *Mathematical People.* Birkhäuser, Boston, 1985.

[4] Donald J. Albers and Gerald L. Alexanderson, eds. *More Mathematical People.* Birkhäuser, Boston, 1990.

[5] Vladimir I. Arnold, Michael Atiyah, Peter Lax, and Barry Mazur, eds. *Mathematics: Frontiers and Perspectives.* American Mathematical Society, Providence, RI, 2000.

[6] Benno Artmann. *Euclid: The Creation of Mathematics.* Springer-Verlag, Berlin, Heidelberg, New York, 1999.

[7] Marcia Ascher. *Ethnomathematics: A Multicultural. View of Mathematical Ideas.* Brooks/Cole, Pacific Grove, CA, 1991.

[8] William Aspray, ed. *Computing Before Computers.* Iowa State University Press, Ames, IA, 1990.

[9] Michael Atiyah. "Mathematics in the 20th century." *American Mathematical Monthly*, 108: 654-666, 2001.

[10] Isabella Bashmakova and Galina, Smirnova, *The Beginnings and Evolution of Algebra*. Mathematical Association of America, Washington, DC, 2000.

[11] Petr Beckmann. *A History of Pi.* Barnes & Noble, New York, 1993.

[12] Nadine Bednarz, Garolyn Kieran, and Lesley Lee, eds. *Approaches to Algebra: Perspectives for Research and Teaching.* Kluwer Academic, Dordrecht, Boston, London, 1996.

[13] E. T. Bell. *Men of Mathematics.* Simon & Schuster, New York, 1937.

[14] Deborah J. Bennett. *Randomness.* Harvard University Press, Cambridge, MA, 1998.

[15] J. L. Berggren. *Episodes in the Mathematics of Medieval Islam.* Springer-Verlag, Berlin, Heidelberg, New York, 1986.

[16] Lennart Berggren, Jonathan Borwein, and Peter Borwein. *Pi: A Source Book.* Springer-Verlag, Berlin, Heidelberg, New York, 1997.

[17] David Bodanis. *$E = mc^2$: A Biography of the World's Most Famous Equation.* Berkley Books, New York, 2000.

[18] Roberto Bonola. *Non-Euclidean Geometry: A Critical and Historical Study of its Development.* Dover Publications, New York, 1955.

[19] Carl B. Boyer. *History of Analytic Geometry.* Scripta Mathematica, New York 1956.

[20] Lucas N. H. Bunt, Phillip S. Jones, and Jack D. Bediant. *The Historical Roots of Elementary Mathematics.* Dover Publications, New York, 1976.

[21] David M. Burton. *The History of Mathematics.* McGraw-Hill, New York, fourth edition, 1998.

[22] Florian Cajori. *A History of Mathematics.* AMS Chelsea Publishing, Providence, RI, fifth edition, 1991.

[23] Florian Cajori. *A History of Mathematical Notations.* Dover Publications, New York, 1993.

[24] Ronald Calinger ed. *Vita Mathematica: Historical Research and Integration with Teaching.* Mathematical Association of America, Washington, DC, 1996.

[25] Georg Cantor. *Contributions to the Founding of the Theory of Transfinite Numbers.* Dover Publications, New York, 1955.

[26] Girolamo Cardano. *Ars Magna, or the Rules of Algebra.* Dover Publications, New York, 1993.

[27] Girolamo Cardano. *Autobiography.* I Tatti Renaissance Library. Harvard University Press, Cambridge, MA, forthcoming.

[28] Roger Cooke. *The History of Mathematics: A Brief Course.* John Wiley & Sons, New York, 1997.

[29] H. S. M. Coxeter, *Non-Euclidean geometry.* Mathematical Association of America, Washington, DC, sixth edition, 1998.

[30] Peter R. Cromwell. *Polyhedra.* Cambridge University Press, Cambridge, 1997.

[31] John N. Crossley and Alan S. Henry. "Thus spake al-Khwārizmī: a translation of the text of Cambridge University Library ms. Ii. vi. 5." *Historia Mathematica*, 17: 103-131, 1990.

[32] S. Cuomo. *Ancient Mathematics*. Routledge, London and New York, 2001.

[33] Tobias Dantzig. *Number: The Language of Science.* The Free Press, New York, fourth edition, 1967.

[34] Lorraine Daston. *Classical Probability in the Enlightenment.* Princeton University Press, Princeton, NJ, 1988.

[35] Joseph Warren Dauben. *Georg Cantor: His Mathematics and Philosophy of the Infinite.* Princeton University Press, Princeton, NJ, 1990.

[36] Martin Davis. *The Universal Computer: The Road from Leibniz to Turing.* W. W. Norton, New York, 2000.

[37] R. Decker and S. Hirschfield. *The Analytical Engine.* Wadsworth, Belmont, CA, 1990.

[38] René Descartes. *The Geometry of René Descartes: With a facsimile of the first edition.* Dover Publications, New York, 1954. Translated by David Eugene Smith

and Marcia L. Latham.

[39] Keith Devlin. *Mathematics: the New Golden Age.* Columbia University Press, New York, second edition, 1999.

[40] William Dunham. *Journey Through Genius: The Great Theorems of Mathematics.* John Wiley & Sons, New York.

[41] Björn Engquist and Wilfried Schmid, eds. *Mathematics Unlimited -2001 and Beyond.* Springer-Verlag, Berlin, Heidelberg, New York, 2000.

[42] Euclid. *The Thirteen Books of Euclid's Elements.* Dover Publications, New York, 1956. Translated by Thomas L. Heath.

[43] Leonhard Euler. *Elements of Algebra.* Springer-Verlag, Berlin, Heidelberg, New York, 1984.

[44] Howard Eves. *A Survey of Geometry.* Allyn and Bacon, Boston, 1963.

[45] Howard Eves. *In Mathematical Circles.* Prindle, Weber & Schmidt, Boston, 1969.

[46] Howard Eves. *Mathematical Circles Revisited.* Prindle, Weber & Schmidt, Boston, 1972.

[47] Howard Eves. *Mathematical Circles Squared.* Prindle, Weber & Schmidt, Boston, 1972.

[48] Howard Eves. *An Introduction to the History of Mathematics.* Holt, Rinehart and Winston, New York, fourth edition, 1976.

[49] Howard Eves. *Mathematical Circles Adieu.* Prindle, Weber & Schmidt, Boston, 1977.

[50] Howard Eves. *Great Moments in Mathematics (before 1650).* Mathematical Association of America, Washington, DC, 1980.

[51] Howard Eves. *Great Moments in Mathematics (after 1650).* Mathematical Association of America, Washington, DC. 1981.

[52] Howard Eves. *Return to Mathematical Circles.* Prindle, Weber & Schmidt, Boston, 1987.

[53] Howard Eves and Carroll V. Newsom. *An Introduction to the Foundations and Fundamental Concepts of Mathematics.* Holt, Rinehart and Winston, New York, rev. ed. edition, 1965.

[54] John Fauvel and Jeremy Gray, eds. *The History of Mathematics: a Reader.* Macmillan Press Ltd., Basingstoke, 1988.

[55] John Fauvel and Jan van Maanen, eds. *History in Mathematics Education: an ICMI Study.* Kluwer Academic, Dordrecht, Boston, London, 2000.

[56] J. V. Field. *The Invention of Infinity: Mathematics and Art in the Renaissance.* Oxford University Press, Oxford and New York, 1997.

[57] David Fowler. "400 years of decimal fractions." *Mathematics Teaching*, 110: 20-21, 1985.

[58] David Fowler. "400.25 years of decimal fractions." *Mathematics Teaching*, 111: 30-31, 1985.

[59] David Fowler. *The Mathematics of Plato's Academy*. Oxford University Press/The Clarendon Press, Oxford and New York, second edition, 1999.

[60] Paulus Gerdes. *Geometry from Africa: Mathematical and Educational Explorations.* Mathematical Association of America, Washington, DC, 1999.

[61] Judith L.Gersting and Michael C. Gemignani. *The Computer: History, Workings, Uses & Limitations.* Ardsley House, New York, 1988.

[62] Charles Coulston Gillispie, ed. *Dictionary of Scientific Biography.* Scribner, New York, 1970-1980.

[63] Herman H. Goldstine. *The Computer from Pascal to von Neumann.* Princeton University Press, Princeton, NJ, 1972.

[64] Ivor Grattan-Guinness, ed. *Companion Encyclopedia of the History and Philosophy of the Mathematical Sciences.* Routledge, London and New York, 1994. Paperback reprint, Johns Hopkins University Press, 2003.

[65] Ivor Grattan-Guinness, ed. *From the Calculus to Set Theory, 1630-1910: An Introductory History.* Princeton University Press, Princeton, NJ, 2000.

[66] Ivor Grattan-Guinness. *The Rainbow of Mathematics: A History of the Mathematical Sciences.* W. W. Norton, New York, 2000.

[67] Jeremy Gray. *The Hilbert Challenge.* Oxford University Press, Oxford and New York, 2000.

[68] Marvin Jay Greenberg. *Euclidean and non-Euclidean Geometries: Development and History.* W. H. Freeman and Company, New York, third edition, 1993.

[69] Louise S. Grinstein and Paul J. Campbell, eds. *Women of Mathematics.* Greenwood Press, Westport, CT, 1987.

[70] Ian Hacking. *The Emergence of Probability: A Philosophical Study of Early Ideas About Probability, Induction, and Statistical Inference.* Cambridge University Press, Cambridge, 1975.

[71] Cynthia Hay, ed. *Mathematics from Manuscript to Print. 1300-1600*, Oxford and New York, 1988. Oxford University Press/The Clarendon Press.

[72] J. L. Heilbron. *Geometry Civilized: History, Culture, and Technique.* Oxford University Press/The Clarendon Press, Oxford and New York, 1998.

[73] Claudia Henrion. *Women In Mathematics: The Addition of Difference.* Indiana University Press, 1997.

[74] C. C. Heyde and E. Seneta, eds. *Statisticians of the Centuries.* Springer-Verlag, Berlin, Heidelberg, New York, 200l.

[75] Victor E. Hill, IV. "President Garfield and the Pythagorean Theorem." *Math Horizons*, pages 9-11, 15, February 2002.

[76] Jens Høyrup. *In Measure, Number, and Weight: Studies in Mathematics and Culture.* State University of New York Press, Albany, NY, 1994.

[77] Jens Høyrup. "Subscientific mathematics: Observations on a pre-modern phenomenon." In *In Measure, Number, and Weight: Studies in Mathematics and*

Culture [76], pages 23-43.

[78] George Gheverghese Joseph. *The Crest of the Peacock. Non-European Roots of Mathematics.* Princeton University Press, Princeton, 2000.

[79] Robert Kaplan. *The Nothing That Is.* Oxford University Press, Oxford and New York, 2000.

[80] Victor J. Katz. *A History of Mathematics.* Addison-Wesley, Reading, MA, second edition, 1998.

[81] Victor J. Katz, ed. *Using History to Teach Mathematics: an International Perspective.* Mathematical Association of America, Washington, DC, 2000.

[82] Omar Khayyam. *The Algebra of Omar Khayyam, translated by Daoud S. Kasir.* Columbia University Teachers College, New York, 1931.

[83] Muhammad ibn Musa Khuwarizmi. *The Algebra of Mohammed ben Musa*, edited and translated by Frederic Rosen, volume 1 of *Islamic Mathematics and Astronomy.* Institute for the History of Science at the Johann Wolfgang Goethe University, Frankfort am Main, 1997.

[84] Jacob Klein. *Greek Mathematical Thought and the Origin of Algebra.* Dover Publications, New York, 1992.

[85] Morris Kline. *Mathematical Thought from Ancient to Modern Times.* Oxford University Press, Oxford and New York, second edition, 1990.

[86] Wilbur R. Knorr. *The Ancient Tradition of Geometric Problems.* Dover Publications, New York, 1993.

[87] Steven Krantz. *Mathematical Apocrypha.* Mathematical Association of America, Washington, DC, 2002.

[88] Federica La Nave and Barry Mazur. "Reading Bombelli." *The Mathematical Intelligencer*, 24: 12-21, 2002.

[89] R. E. Langer. "Josiah Willard Gibbs." *American Mathematical Monthly*, 46: 75-84, 1939.

[90] Reinhard Laubenbacher and David Pengelley. *Mathematical Expeditions: Chronicles by the Explorers*. Springer-Verlag, Berlin, Heidelberg, New York, 1999.

[91] Yan Li and Shi Ran Du. *Chinese Mathematics.* Oxford University Press/The Clarendon Press, Oxford and New York, 1987.

[92] Michael S. Mahoney. *The Mathematical Career of Pierre de Fermat, 1601-1665.* Princeton University Press, Princeton, NJ, second edition, 1994.

[93] Eli Maor. *Trigonometric Delights.* Princeton University Press, Princeton, NJ, 1998.

[94] Jean-Claude Martzloff. *A History of Chinese Mathematics.* Springer-Verlag, Berlin, Heidelberg, New York, 1997.

[95] Barry Mazur. *Imagining Numbers (Particularly the Square Root of Minus Fifteen).* Farrar, Strauss and Giroux, New York, 2002.

[96] Karl Menninger. *Number Words and Number Symbols: A Cultural History of Numbers.* Dover Publications, New York, 1992.

[97] N. Metropolis, J. Howlett, and Gian-Carlo Rota, eds. *A History of Computing in the Twentieth Century.* Academic Press, New York, 1980.

[98] Henrietta O. Midonick, ed. *The Treasury of Mathematics.* Philosophical Library, Inc., New York, 1965.

[99] Robert Edouard Moritz. *Memorabilia Mathematica.* Mathematical Association of America, Washington, DC, 1993.

[100] C. Morrow and Teri Perl. *Notable Women in Mathematics: A Biographical Dictionary.* Greenwood Press, Westport, CT, 1998.

[101] Paul J. Nahin. *An Imaginary Tale: The Story of* $\sqrt{-1}$. Princeton University Press, Princeton, NJ, 1998.

[102] Reviel Netz. *The Shaping of Deduction in Greek Mathematics.* Cambridge University Press, Cambridge, 1999.

[103] Otto Neugebauer. *The Exact Sciences in Antiquity.* Dover Publications, New York, second edition, 1969.

[104] James R. Newman, ed. *The World of Mathematics.* Dover Publications, New York, 2000.

[105] Lynn M. Osen. *Women in Mathematics.* The MIT Press, Cambridge, MA, 1974.

[106] Robert Osserman. *Poetry of the Universe.* Anchor Books, New York, 1996.

[107] Marla Parker, ed. *She Does Math!* Mathematical Association of America, Washington, DC, 1995.

[108] Teri Perl. *Math Equals.* Addison-Wesley, Reading, MA, 1978.

[109] Walter Prenowitz and Meyer Jordan. *Basic Concepts of Geometry.* Ardsley House, New York, 1989.

[110] R. Preston. "Profile: The Mountains of Pi." *The New Yorker*, pages 36-67, March 2, 1992.

[111] Helena M. Pycior. *Symbols, Impossible Numbers, and Geometric Entanglements: British Algebra Through the Commentaries on Newton's Universal Arithmetick.* Cambridge University Press, Cambridge, 1997.

[112] R. Rashed, ed. *Encyclopaedia of the History of Arabic Sciences.* Routledge, London and New York, 1996.

[113] Constance Reid. *Julia: a Life in Mathematics.* Mathematical Association of America, Washington, DC, 1996.

[114] H. L. Resnikoff and R. O. Wells, Jr. *Mathematics in Civilization.* Dover Publications, New York, 1984.

[115] Eleanor Robson. *Mesopotamian Mathematics, 2100-1600* BC: *Technical Constants in Bureaucracy and Education.* Clarendon Press, Oxford, 1999.

[116] John J. Roche. *The Mathematics of Measurement: A Critical History.* Athlone Press/Springer-Verlag, London/New York, 1998.

[117] B. A. Rosenfeld. *A History of Non-Euclidean Geometry: Evolution of the Concept of a Geometric Space.* Springer-Verlag, Berlin, Heidelberg, New York, 1988.

[118] Margaret Rossiter. *Women Scientists in America.* Johns Hopkins University Press, Baltimore, 1982.

[119] David Salsburg. *The Lady Tasting Tea.* W. H. Freeman, New York, 2001.

[120] Rosemary Schmalz. *Out of the Mouths of Mathematicians.* Mathematical Association of America, Washington, DC, 1993.

[121] Denise Schmandt-Besserat. "Oneness, twoness, threeness." In Swetz [136], pages 45-51.

[122] Denise Schmandt-Besserat. *The History of Counting.* Morrow Junior Books, New York, 1999. Illustrated by Michael Hays.

[123] Helaine Selin and Ubiratan D'Ambrosio, eds. *Mathematics Across Cultures: The History of Non-Western Mathematics.* Kluwer Academic, Dordrecht, Boston, London, 2000.

[124] Kangshen Shen, John N. Crossley, and Anthony W.-C. Lun. *The Nine Chapters on the Mathematical Art: Companion and Commentary.* Oxford University Press, Oxford and New York, 1999.

[125] John R. Silvester. Decimal déjà vu. *The Mathematical Gazette*, 83: 453-463, 1999.

[126] Simon Singh. *Fermat's Enigma*. Walker and Co., New York, 1997.

[127] David Singmaster. *Chronology of recreational mathematics.* Online at http://anduin.eldar. org/~problemi/singmast/recchron. html.

[128] David Singmaster. "Some early sources in recreational mathematics." In Hay [71], pages 195-208.

[129] David Eugene Smith. *History of Mathematics.* Dover Publications, New York, 1958.

[130] David Eugene Smith. *A Source Book in Mathematics.* Dover Publications, New York, 1959.

[131] Dava Sobel. *Longitude: The True Story of a Lone Genius Who Solved the Greatest Scientific Problem of His Time.* Penguin Books, New York, 1995.

[132] Stephen M. Stigler: *The History of Statistics.* Harvard University Press, Cambridge, MA, 1986.

[133] Jeff Suzuki. *A History of Mathematics.* Prentice Hall, Upper Saddle River. NJ. 2002.

[134] Frank Swetz, John Fauvel, Otto Bekken, Bengt Johansson, and Victor Katz, eds. *Learn from the Masters.* Mathematical Association of America, Washington, DC, 1995.

[135] Frank J. Swetz. *Capitalism and Arithmetic: The New Math of the 15th Century, including the full text of the Treviso Arithmetic of 1478, translated by David Eugene Smith.* Open Court, La Salle, IL, 1987.

[136] Frank J. Swetz, ed. *From Five Fingers to Infinity.* Open Court, Chicago, 1994.

[137] Richard J. Trudeau. *The Non-Euclidean Revolution.* Birkhäuser, Boston, MA, second edition, 1995.

[138] V. A. Varadarajan. *Algebra in Ancient and Modern Times.* American Mathematical Society, Providence, RI, 1998.

[139] D. T. Whiteside, ed. *The Mathematical Papers of Isaac Newton.* Cambridge University Press, Cambridge, 1972.

[140] Robin J. Wilson. *Stamping Through Mathematics.* Springer-Verlag, Berlin, Heidelberg, New York, 2001.

[141] Benjamin H. Yandell. *The Honors Class: Hilbert's Problems and Their Solvers.* A K Peters, Natick, MA, 2001.

譯名對照

數學簡史

蘭德　Rhind, A. Henry
劉徽　Liu Hui
柏拉圖　Plato
亞里斯多德　Aristotle
歐幾里得　Euclid
阿基米德　Archimedes
泰利斯　Thales
內茲　Netz, Reviel
畢達哥拉斯　Pythagoras
阿波羅尼斯　Apollonius
帕普斯　Pappus
托勒密　Ptolemy, Claudius
哥白尼　Copernicus
丟番圖　Diophantus
泰昂　Theon
海帕蒂雅　Hypatia
潘德蘿湘　Pandrosian
普洛克羅斯　Proclus
歐德姆斯　Eudemus
辛麥斯特　Singmaster, David
阿耶波多　Āryabhata
婆羅摩笈多　Brahmagupta
婆什迦羅一世　Bhāskara Ⅰ
婆什迦羅二世　Bhāskara Ⅱ
希帕恰斯　Hipparchus
阿爾・花剌子模　Al-Khwārizmī, Muhammad Ibn Mūsa
阿爾・海亞米　Al-Khāyammī, 'Umar
歐瑪・海雅姆　Khayyam, Omar
阿爾・卡西　Al-Kashi
多瑞拉　d'Aurrillac, Gerbert
契斯特的羅勃　Robert of Chester
奧雷姆　Oresme, Nicole
皮薩的李奧納多（譯按：即斐波那契）　Leonardo of Pisa
巴爾・希亞　bar Hiyya, Abraham
帕奇歐里　Pacioli, Luca
穆勒　Müller, Johannes
雷喬蒙塔努斯　Regiomontanus
杜勒　Dürer, Albrecht
雷科德　Recorde, Robert
弩斯　Nunes, Pedro
史蒂費爾　Stifel, Michael
費羅　del Ferro, Scipione
塔爾塔利亞（尼柯洛・馮塔納）　Tartaglia (Niccolò Fontana)
卡丹諾　Cardano, Girolarmo
費拉里　Ferrari, Lodovico
邦貝利　Bombelli, Rafael
韋達　Viète, François
笛卡兒　Descartes, René
費馬　Fermat, Pierre de
伽利略　Galileo
刻卜勒　Kepler, Johannes
梅森納　Mersenne, Marin
哈里奧特　Harriot, Thomas
卡瓦列利　Cavalieri, Bonaventura
牛頓　Newton, Isaac
萊布尼茲　Leibniz, Gottfried Wilhelm
雅各・伯努利　Bernoulli, Jakob
約翰・伯努利　Bernoulli, Johann
羅必達　L'Hospital, Marquis de
丹尼爾・伯努利　Bernoulli, Daniel
阿涅西　Agnesi, Maria Gaetana

夏德萊夫人 Châtelet, Emilie de
歐拉 Euler, Leonhard
拉普拉斯 Laplace, Pierre Simon
拉格朗日 Lagrange, Joseph-Louis
柏克萊 Berkeley, George
達朗貝爾 d'Alembert, Jean le Rond
高斯 Gauss, Carl Friedrich
柯西 Cauchy, Augustin Louis
外爾斯特拉斯 Weierstrass, Karl
戴德金 Dedekind, Richard
皮亞諾 Peano, Giueseppe
康托 Cantor, Georg
勒讓德 Legendre, Adrien-Marie
阿貝爾 Abel, Niels Henrik
伽羅瓦 Galois, Evariste
高斯・波耶 Bólyai, János
羅巴秋夫斯基 Lobachevsky, Nicolai
黎曼 Riemann, Bernhard
愛因斯坦 Einstein, Albert
傅立葉 Fourier, Joseph
姬曼 Germain, Sophie
克萊因 Klein, Felix
龐卡赫 Poincaré, Henri
希爾伯特 Hilbert, David
哥德爾 Gödel, Kurt
諾特 Noether, Emmy
阿廷 Artin, Emil
布爾巴基 Bourbaki, Nicolas
格雷 Gray, Jeremy
揚德爾 Yandell, Benjamin

素描1

戴維斯 Davis, Martin
夏農 Shannon, Claude
施曼特—巴塞瑞特 Schmandt-Besserat, Denise

素描2

維德曼 Widman, Johann
吉拉德 Girard, Albert
卡裘利 Cajori, Florian
勒讓德 Legendre, Adrien-Marie
藍恩 Rahn, Johann

素描3

瑪哈維拉 Mahāvīra
婆什迦羅 Bhāskara

素描4

斐波那契 Fibonacci
斯蒂文 Stevin, Simon
納皮爾 Napier, John
賈丁納 Gardiner, Tony

素描5

亞諾 Arnauld, Antoine
沃利斯 Wallis, John
笛摩根 De Morgan, Augustus

素描6

塔列蘭 Talleyrand

素描7

海龍 Heron
祖沖之 Zu Chongzhi
威廉・瓊斯 Jones, William
威廉・尚克斯 Shanks, William
馮紐曼 von Neumann, John
金田康正 Kanada, Yasumasa
楚諾維斯基兄弟 Chudnovsky, Gregory & David
藍伯特 Lambert, Johann
貝克蒙 Beckmann, Petr

素描8

塞維利亞的約翰 John of Seville

伊夫斯　Eves, Howard
魯登道夫　Rudolff, Christoff
許凱　Chuquet, Nicholas
海里岡　Herigone, Pierre
休姆　Hume, James

素描11

尼柯洛・馮塔納（塔爾塔利亞）
Fontana, Niccolo (Tartaglia)
費奧　Fiore, Antonio Maria

素描12

吉德斯　Gerdes, Paulus
塔比・伊本・庫拉　Thâbit ibn Qurra

素描13

狄里克利　Dirichlet, Lejeune
劉維爾　Liouville, Joseph
拉梅　Lamé, Gabriel
庫默爾　Kummer, Ernst
沃爾夫斯凱爾　Wolfskehl, Paul
懷爾斯　Wiles, Andrew
里貝特　Ribet, Kenneth
理查・泰勒　Tayler, Richard

素描14

歐多克索斯　Eudoxus
史賓諾沙　Spinoza, Baruch
林肯　Lincoln, Abraham
貝爾　Bell, E. T.
西斯爵士　Heath, Sir Thomas L.

素描16

麥納奇馬斯　Menaechmus
凡司頓　van Schooten, Frans

素描17

棣美弗　De Moivre, Abraham
阿爾龔　Argand, J. R.
漢密爾頓　Hamilton, William Rowan
哈德蒙　Hadamard, Jacques
皮秋兒　Pycior, Helena M.

素描18

瑞提克斯　Rheticus, George Joachim
芬可　Fincke, Thomas
皮蒂斯克斯　Pitiscus, Bartholomew
羅貝瓦爾　Roberval, Gilles de
瑞奇　Rickey, V. Frederick
莫爾　Maor, Eli

素描19

普羅菲爾　Playfair, John
薩開里　Saccheri, Girolamo
奧瑟曼　Osserman, Robert

素描20

布魯涅內斯基　Brunelleschi, Filippo
阿爾貝蒂　Alberti, Leone Battista
法蘭西斯柯　Francesca, Piero della
達文西　da Vinci, Leonardo
笛沙格　Desargues, Gérard
彭賽列　Poncelet, Jean Victor

素描21

迪默勒　Chevalier de Méré
巴斯卡　Pascal, Blaise
海更斯　Huygens, Christiaan
笛摩根　De Morgan, Augustus

素描22

格朗特　Graunt, John
伯提　Petty, William

哈雷 Halley, Edmund
克威特列特 Quetelet, Lambert
達爾文 Darwin, Charles
嘉爾頓 Francis Galton
愛格伍斯 Edgeworth, Francis
皮爾遜 Pearson, Karl
優爾 Yule, G. Udny
哥薩 Gosset, William
費雪 Fisher, R. A.
杜基 Tukey, John
史蒂格勒 Stigler, Stephen

素描23

納丕爾 Napier, John
奧特雷德 Oughtred, William
寇馬 Charles de Colmar
巴貝吉 Babbage, Charles
雅各 Jacquard, Joseph-Marie
羅夫萊斯 Lovelace, Augusta Ada
布爾 Boole, George
海倫里斯 Hollerith, Herman
圖靈 Turing, Alan
努曼 Newman, Max
斐羅爾斯 Flowers, Tommy
祖司 Zuse, Konrad
阿塔納索夫 Atanasoff, John
貝里 Berry, Clifford
艾坎 Aiken, Howard
艾克特 Eckert, J. Presper
馬科林 Mauchly, John

素描24

查爾斯・皮爾斯 Charles Pierce
班傑明・皮爾斯 Benjamin Pierce

素描25

考納克 Kronecker, Leopold
羅素 Russell, Bertrand
阿奎納 Aquinas, Saint Thomas

延伸閱讀

卡茲 Katz, Victor
伊夫斯 Eves, Howard
伯頓 Burton, David M.
格頓—吉尼斯 Grattan-Guinness, Ivor
庫克 Cooke, Roger
傑夫・鈴木 Jeff Suzuki
史都克 Struik, Dirk
瑟琳 Selin, Helaine
達布洛修 D'Ambrosio
約瑟夫 Joseph, George Gheverghese
斯懷茲 Swetz, Frank
紐曼 Newman, James R.
彭特 Bunt, Lucas N. H.
瓊斯 Jones, Phillip S.
貝狄恩 Bediant, Jack D.
梅林格 Menninger, Karl
海里奧 Henrion, Claudia
歐森 Osen, Lynn
克蘭茲 Krantz, Steven
威爾森 Wilson, Robin
但澤 Dantzig, Tobias
鄧漢 Dunham, William
梭貝爾 Sobel, Dava
波但尼斯 Bodanis, David
阿鮑 Aaboe, Asger
古歐墨 Cuomo, S.
薩爾斯伯格 Salsburg, David
阿爾伯斯 Albers, Donald J.
亞歷山德森 Alexanderson, Gerald L.
道本周 Dauben, J. W.
路易士 Lewis, A. C.

思考與討論

布拉克 Bullock, James O.
拉瑪努真 Ramanujan, Srinivasa
考克斯 Cox, Elbert F.
艾布・卡米勒 Abū Kāmil
尼克馬庫斯 Nichomachus of Gerasa
德維特 de Witt, Jan

RE03

溫柔數學史：從古埃及到超級電腦

作　　者　比爾・柏林霍夫
　　　　　佛南度・辜維亞
譯　　者　洪萬生、英家銘暨 HPM 團隊
發 行 人　楊榮川
總 經 理　楊士清
總 編 輯　楊秀麗
主　　編　高至廷
編　　輯　張維文
封面設計　郭佳慈
封面完稿　姚孝慈
出 版 者　五南圖書出版股份有限公司
地　　址　106台北市大安區和平東路二段339號4樓
電　　話　(02)2705-5066
傳　　真　(02)2706-6100
劃撥帳號　01068953
戶　　名　五南圖書出版股份有限公司
網　　址　https://www.wunan.com.tw
電子郵件　wunan@wunan.com.tw
法律顧問　林勝安律師事務所　林勝安律師
出版日期　2008 年 5 月初版一刷
　　　　　2014 年 3 月二版一刷
　　　　　2022 年 7 月三版一刷
定　　價　新臺幣 360 元

國家圖書館出版品預行編目資料

溫柔數學史：從古埃及到超級電腦/比爾.柏林霍夫,佛南度.辜維亞著;洪萬生.英家銘暨HPM團隊譯. -- 三版. -- 臺北市：五南圖書出版股份有限公司, 2022.07
面；　公分
譯自：Math through the ages:a gentle history for teachers and others.
ISBN 978-626-317-916-5（平裝）

1.CST: 數學 2.CST: 歷史

310.9　　111008481